干热河谷典型生态脆弱区优良牧草栽培利用与评价

龙会英　张　德　等　编著

U0214158

科学出版社

北　京

内 容 简 介

　　本书主要针对干热河谷自然、生态环境特征，阐述干热河谷生态系统的特征及其区域分布规律、区域植被和天然草场资源；针对干热河谷缺少优良牧草，开展牧草的引进、筛选、栽培技术，以及在生态治理和种草养殖的应用；在草业前人研究基础上，提出生态适应性、抗逆性、生产价值、营养价值等方面的科学评价体系和方法，筛选出适应区域种植的优质、高产、适应性强的牧草，集成技术规范和高效种植与利用模式，提出优良牧草在退化山地草被恢复与改良、林（果）草畜复合经营、种草养殖（种草养羊、种草养兔、种草养鹅、种草养鱼）、草产品加工及良种繁育的利用技术，同时对利用和模式进行生态、经济与社会效益评价。

　　本书可供草学、草地生态学、牧草育种学、水土保持学等领域的科技工作者和高校学生，以及环境保护、生态建设与水土保持、农业生产等领域的管理人员参考使用。

图书在版编目（CIP）数据

干热河谷典型生态脆弱区优良牧草栽培利用与评价/龙会英，张德等编著. —北京：科学出版社，2016.7
　ISBN 978-7-03-049507-5

　I. ①干… Ⅱ. ①龙… ②张… Ⅲ. ①干谷–牧草–栽培技术
Ⅳ. ①S54

中国版本图书馆 CIP 数据核字(2016)第 179304 号

责任编辑：王淑云　翟亚丽 / 责任校对：刘凤英
责任印制：关山飞 / 封面设计：张云峰

科学出版社 出版
北京东黄城根北街 16 号
邮政编码：100717
http://www.sciencep.com
北京科信印刷有限公司 印刷
科学出版社发行　各地新华书店经销

*

2016 年 7 月第　一　版　开本：B5 (720×1000)
2016 年 7 月第一次印刷　印张：14 5/8　插页：2
字数：290 000
定价：69.00 元
(如有印装质量问题，我社负责调换)

《干热河谷典型生态脆弱区优良牧草栽培利用与评价》编辑委员会

主　　笔　龙会英　张　德

编写成员　金　杰　史亮涛　方海东　张明忠　何光熊

　　　　　杨艳鲜　冯光恒

编写单位　云南省农业科学院热区生态农业研究所

前　　言

　　干热河谷是指横断山脉地区特殊的地理和气候类型,我国干热河谷面积约 3.2 万 km^2,主要分布在云南省、台湾省西北部、海南省西南部、四川省西南部的金沙江河谷地带,其中以云南省干热河谷分布最广,主要分布在金沙江、元江、怒江、南盘江等干流及某些支流。受高山峡谷地貌和焚风效应的影响,区内气候干热,植被为"河谷型萨瓦纳植被",植被较为单纯,土壤以燥红土为主,抗蒸发能力弱,土壤贫瘠,有机质含量低,是我国典型生态脆弱区。同时干热河谷耕地面积小、荒山荒坡及旱地多、干旱缺水、水热分布不平衡等限制了该区农业生产,因此,以放牧为主的畜牧业成为该区农户经济收入的来源之一。而在该区以往畜牧业发展中,以自然放牧为主,再加上人类其他活动干扰,致使干热河谷地区的植被覆盖率低,出现荒漠化的倾向,水土流失强度及范围加大,生态系统自身的调节能力及抗灾能力下降,旱、洪灾害日益频繁。因此畜牧业的发展与生态环境间的矛盾已成为该区生态经济发展的限制因子。而滇川地区的干热河谷正是一些大江、大河和国际性河流的上游,该区的生态环境问题对下游中东部经济发达省(自治区、直辖市)及东南亚地区都将产生重大影响。该区域资源丰富、山地面积多,山地开发利用虽取得了较大进展,并形成一定规模,但由于山地开发、畜牧业的发展与脆弱的生态环境保护脱节,山地水土流失、农田及山地土壤退化、土壤保水性差和养分衰退的生态现象依然存在。因此,建立以果园表土保育、退化农田与山地生态恢复为目标的综合利用良性循环体系在必行。

　　近年来,云南畜牧业生产已经成为农业和农村经济发展中名副其实的重要支柱产业,畜牧业已经成为云南农民经济收入的主要来源,对提高人民生活水平、增加农民收入起到了重要作用。但必须看到的是,当前的畜牧业生产中,尤其是在以山羊、肉牛为主的草食性畜牧生产中,还存在很多不足。由于河谷区现存的植被多为半稀树草原型植被,自然放养为主的畜牧业一直是该区一个重要产业,但养殖过分依赖于天然草山草坡,养殖效率低下,天然草地资源的利用一直处于掠夺式的自然放牧经营状态;加之农户生活能源缺乏,乱砍滥伐现象普遍等人为因素造成了区域原生植被受到毁灭和破坏,致使植被覆盖率低、水土流失强烈、土壤退化严重、生态环境恶化。同时,区域气候干旱燥热,水热矛盾突出,以稀树灌草丛为主的植被较为单纯和脆弱,植被恢复十分困难。因此,以畜牧业为主的经济建设与生态环境间的矛盾已成为该区发展的一个重要限制因子。针对以上科学问题,在该区域已经作了大量的相关研究,特别是自 2002 年以来,依托国家科技攻关、国家科技支撑计划及国家基金项目,开展了大量的饲草资源引进、筛选及优良牧草在生态治理和种草养殖的研究和试验示范工作,取得了明显的研究进展,取得了较好的生态、经济和社会效益。总的来说,经历了"豆科牧草治理退化土地研究"、"资源引进、评价与优良牧草筛选"再到"优良牧草利用与评价"这样"三步曲"程序。

本书是 1996~2015 年相关研究的部分成果,主要针对干热河谷自然、生态环境特征,阐述干热河谷生态系统的特征及其区域分布规律、区域植被和天然草场资源;结合干热河谷缺少优良牧草,开展牧草的引进、筛选、栽培技术及其在生态治理和种草养殖的应用;提出用科学评价体系和方法,筛选出适应区域种植的优良牧草,集成技术规范和高效种植与利用模式,同时对利用模式进行了生态、经济和社会效益评价;提出通过人工种草恢复植被,保持水土,改良土壤,改善区域生态环境;通过人工种草、舍饲和半舍饲圈养途径、家畜生态圈养等技术,提高牧草草产量和利用效益,增强饲料来源,减少因放牧对环境造成的破坏,有利于防止草山、草坡的进一步退化,改善区域生态环境,推动和促进区域畜牧业和生态环境建设的健康、持续发展。

本书的出版得到了许多同事的帮助与支持:在稿件编辑和整理过程中,草业科学研究的前辈做了文稿的修订工作;在牧草资源引种和研究中,中国热带农业科学院品种资源研究所牧草研究专家们给予了大力支持,在此表示衷心感谢。本书主要是作者十多年研究工作的总结,相关的科学问题并不是都完全解决了,必然有不完善之处,相关的研究仍然在深度和广度上继续进行和推进。

在成书过程中,还得到了众多相关学者的大力支持。参与本书各章节编写的主要人员如下:第一章,龙会英、方海东;第二章,龙会英、张德、方海东;第三章,张德、龙会英、史亮涛、金杰、何光熊;第四章,龙会英、张德、史亮涛、何光熊、杨艳鲜;第五章,龙会英、史亮涛、何光熊、冯光恒;第六章,张德、龙会英、杨艳鲜、何光熊、史亮涛、张明忠、金杰;第七章,张德、龙会英、杨艳鲜、何光熊、史亮涛、张明忠、金杰;后记,龙会英、张德。

另外,本书的完成和出版得到了云南省科技厅第十一批技术创新人才培养(2011CI066)依托项目云南省农业科学院热区生态农业研究所科技计划项目(RQS2006-1,RQS2008-1)、云南省应用基础研究面上项目(2008CD182)、国家自然科学地区基金(41361099)、国家"十一五""十二五"支撑计划课题、云南省外国专家局〔云外专(2016)14 号〕云南牧草标准化栽培技术实验推广项目等的资助以及科学出版社的大力支持。在此,一并对他们和本书的作者、参加本项工作的所有人员等致以真诚的谢意!

由于作者水平有限,不妥之处在所难免,敬请读者批评指正。

龙会英 张 德

2016 年 4 月于元谋

目　录

第一章 干热河谷概况

第一节 干热河谷的分布及其主要特征

纪中华等（2009）与刘刚才等（2011）都曾在其著作中对干热河谷的分布及其主要特征进行过如下描述。

一、干热河谷分布及面积

干旱河谷是我国典型的生态脆弱带之一，是西南山区一种特殊的地理区域和气候类型，也是我国生态系统退化的典型区域之一（杨兆平和常禹，2007），包括金沙江、雅砻江、大渡河、岷江等干支流，以及怒江、澜沧江、元江等江河中下游沿岸江河面以上一定范围的干旱、半干旱河谷地带，总面积 1.2 万 km^2；主要分布于云南和四川两省的元江、怒江、金沙江和澜沧江四大江河的河谷地带，涉及元江流域 12 个县、怒江流域 6 个县、金沙江流域 20 个县、澜沧江流域 5 个县，贵州和广西也有少量分布。中国干热河谷面积约有 3.2 万 hm^2，主要分布在云南省、台湾省西北部、海南省西南部、四川省西南部的金河江河谷地带。相关学者（张荣祖，1992）的科考报告表明，我国横断山区干旱河谷分为干热、干暖和干温三种类型。其中，干热河谷的长度为 1123 km，面积为 4840 km^2；干暖河谷的长度为 1542 km，面积为 4290 km^2；干温河谷的长度为 1578 km，面积为 2480 km^2。整个横断山区干旱河谷的总长度为 4243 km，面积为 11 610 km^2，分布在元江、怒江、金沙江、安宁河、大渡河、岷江、白龙江、雅砻江和澜沧江两边。干热河谷大部分分布在怒江下游、金沙江下游和元江。干暖河谷主要分布于澜沧江中游、金沙江中游、雅砻江下游、大渡河下游等地段，在地理分布上比干热河谷的分布偏北一些。干温河谷主要分布于怒江上游、澜沧江上游、金沙江上游、大渡河上游，在纬度上又比干暖河谷偏北一些。在横断山区，河谷之间没有太大的海拔差距，影响温度的主要原因就是太阳高度角，亦即纬度不同，太阳高度角不同，所得到的太阳的能量也不同，即得到横断山区干旱河谷从南往北依次是干热河谷、干暖河谷、干温河谷。

二、主 要 特 征

干热河谷是干旱河谷的重要组成部分（约占40%），是与周边地区湿润、半湿润等景观不相协调的、引人注目的、独特的地生态景观，以纵向岭谷横断山脉中段三江并流区，即28°~30°N间的怒江、澜沧江和金沙江峡谷段的干热河谷较为典型（明庆忠和史正涛，2007），较横断山中、北部的干暖河谷和干温河谷更具特殊性，具有光热资源丰富、气候干旱燥热、水热矛盾突出、植被覆盖率低、水土流失严重、生态恢复困难、社会经济条件差等特点；同时，干热河谷也是自然资源利用开发潜力大、特色资源丰富且经济潜力很大的地区。

干热河谷不同于其他干旱河谷类型，它在气候、土壤和植被等方面都表现出明显的特征（表1.1）：平均气温明显高于其他干旱河谷，无冬季气候；土壤属于南热带类型，一般是红壤、燥红土等；农作物以热带亚热带为主，作物一年两熟以上。

表1.1 干热河谷与其他干旱河谷的基本特征比较

类型	干热河谷	干暖河谷	干温河谷
最冷月平均气温/℃	>12	5~12	0~5
最暖月平均气温/℃	24~28	22~24	16~22
日均温≥10℃天数/日	>350	251~350	151~250
植被类型	稀树灌木草丛为主，中生小叶灌丛	稀树灌木草丛为主，小叶落叶灌丛	小叶落叶有刺，灌丛
土壤类型	燥红土	褐红土	褐土
农作物及其熟季	甘蔗、双季稻，一年三熟	甘蔗、水稻、小麦，一年两熟	小麦、玉米，基本上是旱作两熟

除此之外，干热河谷还具有以下特征。

（1）植被覆盖稀疏：由于干旱少雨、土壤贫瘠，干热河谷地区植被极为稀疏，大多为低矮、多刺的旱生性灌丛和草本植物，平均覆盖度仅为10%。在一些地区，原始植被遭到破坏后，出现寸草不生的荒漠化演变趋势，生态恶化发展到危机状态（沈有信等，2002）。

（2）土壤贫瘠，水土流失严重：干热河谷区主要以燥红土、红壤等为主，土壤质地黏重，养分贫瘠。区内沟蚀崩塌严重，以元谋盆地为例，该盆地内沟壑密度为 3.0~5.0 km/km^2，土壤侵蚀模数高达 1.64 万 t/（km^2·a），盆地内河流（龙川江）泥沙含量明显高于金沙江的其他支流（表1.2）（钟祥浩，2000）；而且，该区域内新老冲沟类型繁多，正在发育的冲沟所占比例较大。

（3）崩塌、滑坡、泥石流等自然灾害频发：植被稀疏和土地的不合理利用，导致水土流失严重，加之陡坡地区和岩石破碎带，使得干旱河谷区崩塌、滑坡、泥石流等自然灾害发生较为频繁（杨兆平和常禹，2007），造成的经济损失十分巨大。据统计，云南元谋县1950~1990年期间的严重旱灾发生频率增长了20%。

表1.2　金沙江流域的含沙量状况　　　　（单位：kg/m³）

河流名称		站名	20世纪		
			60年代	70年代	80年代
金沙江干流		屏山	1.62	1.66	1.83
		华弹	1.30	1.27	1.62
金沙江支流	安宁河	湾滩	1.16	1.18	2.12
	龙川江	黄瓜园	3.81	5.32	6.65
	黑水河	宁南	1.25	1.55	2.76
	昭觉河	昭觉	1.54	1.28	2.90
	美姑河	美姑	1.53	1.64	2.02
	横江	横江	1.08	1.54	1.82

第二节　金沙江干热河谷环境及植被特征

一、自然特征

金沙江下游河谷地带年平均温为20~23℃，≥10℃的积温达7000~8000℃，年降水量为600~800 mm，年蒸发量为2500~3800 mm。干湿季节分明，干季降水量仅为全年的10.0%~22.2%，降水极少，土壤相对含水量在5%以下，对植物生长极为不利。土壤以燥红土为主，抗蒸发能力弱，旱季土壤干旱相当严重。雨季由于高温高湿，土壤有机质分解极快，得不到及时补充。土壤侵蚀严重，有机质含量低，不足3 g/kg，林下枯落物少。温度高时，植物生长旺盛，但降水少，蒸发量大，导致旱季植物体内水分严重失调，多数林木在此期干枯死亡（方海东等，2005；龙会英等，2010）。

二、生态环境特点

金沙江干热河谷区生态环境十分脆弱，自然条件的特殊性是本区生态退化的内因，人类不合理的社会、经济活动是外因，如陡坡开荒种植、乱砍滥伐、过度放牧、强度樵采等。本区生态环境退化主要表现在以下三个方面。①植被退化，植被覆被率降低。干热河谷大面积分布着耐干旱的扭黄茅、拟黄茅、孔颖草等禾草类干旱草丛，植被退化严重。元谋县的森林覆盖率由20世纪50年代初期的12.8%下降到80年代末期的5.2%，巧家县海拔1200 m以下自然植被和经济林的覆盖率仅有5.04%。②干热河谷降水量少、蒸发量大，降雨年内分配不均，气候干旱，水热不平衡，尤其在春季和初夏的植物生长季节，水热矛盾尤为突出。③水土流失强烈、土壤退化严重，干热河谷土壤侵蚀严重，冲沟极为发育，大部分坡地土壤 A 层甚至 B 层被冲蚀，母质层大量出露。地处金沙江流域的元谋县水土流失面积占全县总面积的 53.5%，占东川市总面积的 62.3%。生态环境退化造成了本区大量的表土被冲蚀，土层变薄，肥力下降，土地生产力降低。如元谋县轻度侵蚀面积占全县总面积的 28.1%，中度侵蚀占 15.7%，强度侵蚀占 9.4%（方海东等，2009）。

三、植被资源特征

干热河谷独特的气候造就了其区域植被类型、植被种类组成、群落生态表现及其动态规律多样性。干热河谷植被多半是非地带性植被。滇川金沙江干热河谷植被为"河谷型萨瓦纳植被"（Savanna of valley type），它与北非的萨瓦纳植被有一定的相似性，又与地中海沿岸的马基植被具有一定的相似性，进一步确定为"河谷型马基植被"（Maquis of valley type）（Wu，1989；金振洲等，1994；金振洲和欧晓昆，1998），其总体景观是半干旱稀树草原。金振洲和欧晓昆（1998）用 Braun-Blanquet 植物群落学的分类原则和方法，把金沙江干热河谷的植被分为 30 个群丛，3 个群属，1 个群目，1 个群纲。群纲为余甘子-扭黄茅群纲，群目为明油子-扭黄茅群目，3 个群属分别为灰叶-扭黄茅群属、假杜鹃-扭黄茅群属、四棱锋-扭黄茅群属（金振洲和欧晓昆，2000）。从总体上看，干热河谷为成片草丛散生稀树、稀灌植被类型，都以常绿或落叶、扭曲、矮化、革质、小叶、毛叶、多刺的稀树与稀灌为特征，多半以丛生、狭叶、硬叶、毛叶旱生禾草等草类为草地背景植被，构成稀树林、稀灌丛、稀树草丛、灌草丛、草丛等从疏林至草丛的各类萨瓦纳植被景观，而且均有次生性，可以称之为"次生萨瓦纳"。植物共 1707 种，分别属于 752 个属，165 个科。科级区系成分中，除广布科外，以亚热带科为主。干热河谷特有的植物区系成分和区系的标志种均较好地反映了本河谷植物区系成分的组合特征、演化的近代趋势、区系的多样性及其独特性（方海东等，2009）。

四、草被资源特征

（一）草被资源特征

金沙江干热河谷海拔 1500 m 以下地区，蒸发量大、降雨量小，水分短缺。地形起伏大，大部分地境坡陡、箐深、河谷狭窄，交通不便。土壤以燥红土为主，水土流失严重。在上述特殊的生态环境条件下形成的植被，多为一些耐热抗旱的植物种类组成的以"稀树灌木草丛"结构为主的次生性草场植被，优势种较突出，以灌木类的车桑子（Dodonaea viscosa）、余甘子（Phyllanthus emblica）等为主，植被种类以禾草为主，草地植物群落中扭黄茅种群在数量上占绝对优势，草地植物群落以禾本科、豆科、莎草科、菊科为主，草地植物群落丰富度指数自上游至下游逐渐降低（张建利等，2010）。元谋干热河谷区的草场资源总的特征是分布广、面积大（张建平，1997）。河谷分布有大面积的退化草原生态系统，属于以耐旱禾草为优势种的草原群落。这些禾草主要为扭黄茅（*Heteropogon contortus*（L.）Beauv.）、拟金茅（*Eulaliopsis binata*（Retz.）C. E. Hubb.）、蔗茅（*Erianthus rufipilus*（Steud.）Griseb.）、芸香草（*Cymbopogon distans*（Nees）Wats.）、双花草（*Dichanthium annulatum*（Forssk.）Stapf）、孔颖草（*Bothriochloa pertusa*（L.）A. Camus）、裂稃草（*Schizachyrium brevifolium*（Sw.）Nees ex Buse）、刺芒野古草（*Arundinella setosa* Trin.）等旱性草类。其中饲用植物的比例较少，饲用价值不高，青绿期较短，草质易老化，开花后难以饲用，天然草地的载畜量不高。区域旱坡地干旱缺水，以雨季种植为主，种植玉米、花生、甘薯、豆类等作物。在这样的环境条件下，经过该区域老百姓的饲养培养和长期自然选择，形成了一些适应区域环境条件的草食家畜品种，如云岭黑山羊、本地牛、云南驴等（龙会英等，2013）。

（二）元谋干热河谷草场资源

1. 草场分布广、面积大，牧草种类丰富

元谋干热河谷区的草场广泛分布于海拔 1100 m 以上地区，各类草地面积为148 273.7 hm^2，占该区总面积的 73.35%。地质历史时期地壳抬升、河谷深切导致该区焚风效应显著、气候炎热干燥，原始森林植被破坏后不易恢复而退化为稀树灌木草地或灌丛草地。该区牧草种类丰富，共有 90 科 418 种。其中，禾本科 79 种，菊科 40 种，豆科 40 种，唇形科 17 种，莎草科和蔷薇科各 16 种，茄科 12 种，蕨类 10 种，其他科都在 10 种以下。主要牧草有扭黄茅、毛臂形草（*Brachiaria villosa*（Lam.）A. Camus）、刺芒野古草、拟金茅、卷柏（*Selaginella pulvinata*）、三芒草（*Aristida adscensionis* L.）、黄细心（*Boerhavia diffusa* L.）、孔颖草、茅根（*Perotis indica*（L.）Kuntze）、熊胆草（*Conyza blinii* Levl.）、银丝草（*Evolvulus alsinoides*（L.）L. var. decumbens（R. Br. Ooststr.））、丰花草（*Borreria stricta*（L. f.）G. Mey.）、百能葳（*Blainvillea acmella*（Linn.）Phillipson）、芜菁还阳参（*Crepis napifera*（Franch.）Babc）、地皮消（*Pararuellia delavayana*（Baill.）E. Hossain）、兔尾草（*Lagurus ovatus*）、短梗苞茅（*Hyparrhenia diplandra*（Hack.）Stapf）、戟叶酸模（*Rumex hastatus*）、鸡蛋参（*Codonopsis convolvulacea* Kurz）、云南兔儿风（*Ainsliaea yunnanensis* Franch.）、独穗飘拂草（*Fimbristylis ovata*（Bum. f.）Kern）、杏叶防风（*Pimpinella candolleana*）、微糙山白菊（*Aster ageratoides* Turcz. var. scaberulus（Miq.）Ling）、云南娃儿藤（*Tylophora yunnanensis* Schltr.）、三点金

（*Desmodium triflorum*（Linn.）DC.）、疏毛翅茎草（*Pterygiella duclouxii* Franch.）、
鸡脚参（*Orthosiphon wulfeinoides*（Diels）Hand.-Mazz.）、木豆（*Cajanus cajan*（L.）
Huth）等。这些牧草种类在样方调查中出现率均在 30%以上，扭黄茅的出现率达
100%，扭黄茅为区域草地优势草种。元谋干热河谷区光热资源丰富，有利于植物
生长，草场层片发育较好，结构稳定，覆盖度较大，生产能力较高（张建平，1997）。

2. 草场类型多，产草量较高

元谋干热河谷区生态环境垂直分异明显，故草地类型多。同时，由于热量充
足，产草量较高。各类型特征如下。

1）中低山、丘陵草丛类草场

分布在海拔 1500 m 以下的中低山、丘陵干热河谷地带，草场植被以草丛为
主，灌丛覆盖率在 10%以下，优势牧草有扭黄茅、拟金茅、三芒草、孔颖草、毛
臂形草、刺芒野古草、金发草（*Pogonatherum paniceum*（Lam.）Hack.）、臭根子
草（*Bothriochloa bladhii*）、旱茅（*Eremopogon delavayi*（Hack.）A. Camus）、滇榄
仁（*Terminalia franchetii* Gagnep.）等。该类草场分布地带阳光充足、气候炎热，
牧草萌发早，牧草生长季草产量高，是理想的夏秋牧场。但该区降水量少、蒸发
量大，冬春季土壤十分干燥，土壤含水量不足 3%，大多饲草枯黄，牲畜缺乏饲草。
元谋县 2011 年共有草原总面积 102 740 hm²，2007 年前，中低山、丘陵草丛类草
场草场毛面积为 63 129 hm²，占元谋草场总面积的 42.57%，其中有效面积 55 470
hm²，平均每公顷产鲜草 11 250 kg，年产鲜草总量 624 037.5 t，可载畜 34 169.25 个
牛单位。该类草场以放牧割草相结合，适宜放牧黄牛、水牛、山羊、马、驴、骡
等（张建平，1997）。

2）中山灌木草丛类草场

分布在海拔 1500~2000 m 的中山地带，草场植被主要由灌木和草丛组成，覆
盖率为 10%~30%；灌木层高 65~90 cm，草本层高 80 cm 左右，覆盖率达 80%。
该地带地势较平缓，气候温暖湿润，牧草生长期较长，优势牧草以扭黄茅、拟金
茅、旱茅、刺芒野古草等为主；灌木主要有华西小石积（*Osteomeles schwerinae*
Schneid.）、车桑子、余甘子、西南杭子梢（*Campylotropis delavayi*（Franch.）Schindl.）、
滇榄仁等。该类草场毛面积为 52 970.2 hm²，占该区草场总面积的 35.7%，其中有
效草场面积 46 740.7 hm²；平均每公顷产鲜草 8817 kg，年产鲜草总量 412 112.74 t，
可载畜 22 582 个牛单位。该类草场以放牧为主，适宜放牧云岭山羊、黄牛等（张
建平，1997）。

3）中高山地疏林草场

分布在海拔 1700~2500 m 的中高山地。草场植被由乔木、灌木和草丛组成，

高大乔木的覆盖率在20%左右，该类型为森林植被破坏后的次生植被类型。种类组成较为复杂，乔木以云南松（*Pinus yunnanensis*）、高山栲（*Castanopsis delavayi* Franch.）、锥连栎（*Quercus franchetii*）等为主；灌木以西洋杜鹃（*Rhododendron* sp.）、杨梅（*Myrica* rubra（Lour.）Sieb Zucc.）、西南杭子梢、华西小石积等为主；草本以旱茅、野古草（*Arundinella anomala* Steud.）、扭黄茅、西南委陵菜（*Potentilla fulgens*）、三点金、黄背草（*Themeda triandra* Forsk. Var. Japonica（Willd.）Makino）、白健杆（*Eulalia pallens*（Hack.）Kuntze）、四脉金茅（*E. quadrinervis* (Hack.) Kuntze）等为主。该类草场毛面积为24 440.6 hm²，占该区草场总面积的16.5%，其中有效面积为21 943.6 hm²；平均每公顷产鲜草4050 kg，年产鲜草总量88 871.58 t，可载畜4866个牛单位。该类草场适于放牧，主要放牧绵羊、山羊和黄牛（张建平，1997）。

4）中高山地林间草场

主要分布在海拔2000 m以上的中高山地，草场周围为树林，中间生长着灌木草丛，乔木及灌木覆盖率在30%以上。乔木以云南松、高山栲为主；灌木为杂生的藤本、攀延和荆棘类；草本以西南委陵菜、荩草（*Arthraxon hispidus*（Thunb.）Makino）、蕨类、扭黄茅、芸香草、画眉草 *(Eragrostis pilosa)*、细柄草（*Capillipedium parviflorum*（R. Br）Stapf）等为主。湿度较大的地方生长着苔藓、地衣类植物。该类草场毛面积为7734 hm²，占该区草场总面积的5.21%，其中有效面积6960.6 hm²；平均每公顷产鲜草2760 kg，年产鲜草总量为19 174 t，可载畜1051个牛单位。该地带气候寒冷，光照较差，草层低矮，产草量较低，利用方式以放牧为主，适宜放牧绵羊和山羊。

（三）草地存在的主要问题

干热河谷典型脆弱区——元谋干热河谷天然草地退化，饲用草本植物物种单一，草品质低，牲畜日增重小，牧民经济效益不显著。地面植被覆盖度小致使水土流失严重，大量的表土随着雨水的冲刷，从而造成肥力流失和形成严重侵蚀的冲沟，草地生态系统环境相当脆弱。此外，干旱导致该区人畜饮水困难、草场返青推迟、枯草期延长，对草食畜生产造成了较大影响。缺乏扩大牲畜饲养育肥的饲草饲料，以及单家独户式的小农经济，导致大多数农户从事小而全的生产模式，难以集中耕地从事发展本区畜牧业必须的饲草饲料生产，因为规模小了不见效益，规模大了又难以满足饲草饲料的供应。元谋干热河谷区的草场广泛分布于海拔1100 m以上的广大地区，各类草地面积为148 273.7 hm²，占该区总面积的73.35%，2011年共有草原总面积102 740 hm²。据2004年统计，元谋现有可利用草场面积97 066.7 hm²，占总土地面积的48.02%，平均每公顷天然草场年可利用鲜草

8715.0 kg。由于人为因素，目前其中已有 30 586.6 hm^2 发生严重退化，17 480.0 hm^2 发生中度退化，退化面积达总面积的 49.52%（龙会英等，2013）。

参 考 文 献

方海东, 段昌群, 潘志贤. 2009. 金沙江干热河谷生态恢复研究进展及展望. 三峡环境与生态, 2(1): 5–9

方海东, 纪中华, 杨艳鲜, 等. 2005. 金沙江干热河谷新银合欢人工林枯落物层持水特性研究. 水土保持学报, 19(5): 52–54

纪中华, 杨艳鲜, 方海东, 等. 2009. 干热河谷生态农业研究与实践. 昆明: 云南科技出版社

金振洲, 欧晓昆, 区普定, 等. 1994. 金沙江干热河谷种子植物区系特征的初探. 云南植物研究, 16(1): 1–16

金振洲, 欧晓昆. 1998. 滇川干热河谷植被布朗喀群分类单位的植物群落学分类. 云南植物研究, 20(3): 279–294

金振洲, 欧晓昆. 2000. 元江、怒江、金沙江、澜沧江干热河谷植被. 昆明: 云南大学出版社

金振洲. 1991. 滇川干热河谷种子植物区系成分研究. 广西植物, 19(1): 1–14

刘刚才, 纪中华, 方海东, 等. 2011. 干热河谷退化生态系统典型恢复模式的生态响应与评价. 北京: 科学出版社

龙会英, 沙毓沧, 朱红业, 等. 2010. 干热河谷草和灌木资源引种及综合利用研究. 昆明: 云南科技出版社

龙会英, 张德, 沙毓沧, 等. 2013. 对云南金沙江干热河谷草地资源合理利用的探讨. 西南农业学报, 9(S): 182–185

明庆忠, 史正涛. 2007. 三江并流区干热河谷成因新探析. 中国沙漠, 27(1): 99–105

沈有信, 张彦东, 刘文耀, 等. 2002. 泥石流多发干旱河谷区植被恢复研究. 山地学报, 20(2): 188–193

杨兆平, 常禹. 2007. 我国西南主要干旱河谷生态及其研究进展. 干旱区农业研究, 25(4): 90–94

张建利, 柳小康, 沈蕊, 等. 2010. 金沙江流域干热河谷草地群落物种数量及多样性特征. 生态环境学报, 19(7): 1519–1524

张建平. 1997. 元谋干热河谷区的草场资源特点及其保护利用探讨. 中国草地学报, (1): 9–12

张荣祖. 1992. 横断山区干旱河谷. 北京: 科学出版社

钟祥浩. 2000. 干热河谷区生态系统退化及恢复与重建途径. 长江流域资源与环境, 9(3): 376–383

Wu S K. 1989. The biological control of dry wallys in the Hengduan mountains area in southwest China. Chinese Journal of Arid Land Research, 2(4): 375–381

第二章 试验区自然、社会、经济状况

第一节 金沙江干热河谷基本情况

一、地 貌 特 征

金沙江干热河谷属高山峡谷地形，区内地貌类型主要为河谷、山地、丘陵、河谷盆地、河流阶地等。区内大多数县（市）的山地面积占其总面积的90%以上。最低海拔为520 m（巧家县金沙江与牛栏江交汇处），最高海拔为4344.1 m（东川市火石梁子），最大高差达3824.1 m。区内河谷狭窄，其谷底以窄谷和峡谷为主，两侧普遍有谷肩分布，谷中谷现象较为明显。谷肩以上较宽缓，有的逐渐过渡到高原面；谷底狭窄，主要为河床所占，两侧有零星的阶地分布。宽谷盆地型的河谷主要见于宾川盆地、元谋盆地，它们大多是沿着近南北断裂发育的宽谷盆地，元谋盆地海拔为1050 m，宾川盆地海拔为1400~1500 m；它们与两侧山地相对起伏较小，高差一般在200~400 m；河谷和盆地底部宽为3~8 km，以河漫滩、洪积扇、低阶地和洪积台地为主。

二、气 候 条 件

（一）日照、光能资源丰富

该区空气湿度低、云量少、日照时间长，是我国光照资源最丰富的地区之一。该区年日照时数多为2400~2800小时（最高可达2829.3小时），年总辐射量多为130~150 kcal[①]/cm^2（最高可达155 kcal/cm^2）。丰富的日照和光能资源是本区的一大优势，但目前利用率低，有效光能利用率仅为10%~20%，可开发潜力巨大。

（二）热量丰富

该区由于焚风作用，气温高于同纬度地区，热量资源丰富。区内各县（市）年均温多为17.7~21.9℃，7月均温多为19.0~27.3℃，1月均温多为13.4~4.9℃，≥10℃积温多为6100~7985.0℃，丰富的热量资源有利于植物的生长及农业开发，

---

① 1 cal=4.18 J

这是本区的一大优势。

（三）降水少而集中，蒸发量大，气候干旱

金沙江干热河谷区由于受焚风作用的强烈影响，降水少而集中，雨季（6~10月）降水量占年总降水量的90%以上，旱季（11月至翌年5月）降水量不足10%。降雨量多为564.2~700 mm，而蒸发量却高达2791.2~3604.1 mm，是降水量的3~6倍，可见本区干旱之甚。气候垂直分异明显，由于受地形和海拔影响，气候发生垂直分异，气温及降水随海拔升高发生明显变化。

（四）植物群落的代表类型是稀树灌丛

常见树种有攀枝花、滇红椿（*Toona ciliata* var. *yunnanensis*（C. DC.）C. Y. Wu）、苦楝（*Melia azedaraeh*（Linn.）、麻疯树（*Jatropha curcas* L.）、余甘子、苦刺花（*Sophora viciifolia* Hance）、毛叶柿（*Diospyros kaki* Linn.）、车桑子等。草本层主要为禾本科植物，以扭黄茅为主，其次有旱茅、黄背草、芸香草等。在阴坡土层较厚的地段可见稀树灌木草丛。乔木层破坏后，退化为灌木草丛或禾本科草丛。在局部岩石露头较多的陡坡地段，分布有呈簇状的以仙人掌（*Opuntia stricta*（Haw.）Haw. var. *dillenii*（Ker-Gawl.）Benson）为主的肉质多刺植物。在水分条件好的个别沟谷还有落叶阔叶混交林群落分布。

三、土壤特点

在上述独特的地形和生物气候条件下，金沙江干热河谷区发育了多样的土壤类型，主要土壤类型有燥红土、红壤、变性土、紫色土、黄棕壤、棕壤、暗棕壤、水稻土。

四、社会经济概况

金沙江干热河谷区位于云南、四川两省交界地区，包括13县2市，人口561.83万，本区是少数民族分布较多的地区，主要少数民族有彝族、回族、傈僳族、藏族、布依族、白族、苗族、壮族、满族、傣族、土族等。

五、土地利用构成

该区为典型的农业区，各县（市）均以农业占主导地位。土地利用结构中，农林牧业用地占土地的绝大部分。由于干热河谷区生态环境脆弱，农业用地主要分布在河谷地区，可灌溉的水田，由于光热充足而产量较高；山坡耕地，由于干

旱缺水而产量和产值均较低。林业用地面积虽大，但真正的有林地面积却较小，低值残林及疏林灌丛占了林业用地的绝大部分。牧草地面积较大，但牧草质量不佳、产量不高，多为荒山荒坡。

六、农业产值结构

干热河谷区的农业生产不断发展，人民生活水平不断提高。尤其是近10年来，河谷坝区利用充足的光热资源发展冬春错季蔬菜，使土地产值大大提高。主要粮食作物为稻谷、玉米、杂豆、小麦、蚕豆等，经济作物以甘蔗、油料、蔬菜等为主。

七、元谋干热河谷基本情况

（一）地貌特征

根据元谋的地貌特征，元谋干热河谷可分为5个地貌小区。

（1）中部盆地：南起丙间，北至江边，包括187 km^{2}的元谋盆地、19 km^{2}的老城坝子和17 km^{2}的江边坝子及其周边地区。盆地呈南北向条形展开，长约17 km，宽约9 km，面积约275 km^2，海拔980~1400 m，系南北向大断裂发育的断陷盆地。大断裂纵贯全区，具压性或压扭性特征，盆地东陡西裂，南高北低，龙川江由南而北纵贯其间；两岸阶地发育，东岸尤为明显。

（2）东部山区：高出盆地1200~1400 m，由山顶至盆地间呈明显的阶梯状下降，可大致分出三级夷平面，其高程分别为2500~2803 m、1900~2100 m、1500~1600 m。

（3）西部山地丘陵：盆地两侧多低山丘陵，呈浑圆平坦山顶及平川排列的长垄状山脊，峰峦联绵，山顶海拔一般为1300~1500 m，一般高出元谋盆地200~400 m。在山峰、丘陵间，有斑果、华竹、物茂坝子。

（4）南部山区：包括盆地南面的老城乡部分地区，以及羊街乡和花同乡。位于元谋县最南端的花同乡，各村社海拔均在2000 m以上，由南而北，呈缓坡状下降至羊街乡（海拔1855 m）；再下降至老城乡的燕子岩（海拔仅1380 m），花同乡西部南端和羊街乡西部边缘地带，是龙川江峡谷，海拔仅1200 m。其间有花同乡、羊街坝子。

（5）北部山区：金沙江以北的姜驿乡的贡茶—画匠—羊腊昔一线以北地带，海拔在1800 m以上，山丘起伏、少有大块平地；此线以南，坡度急剧下降至海拔最低的金沙江（黑者村）（海拔899 m）。其间有姜驿坝子。这种典型的地貌特征，导致土地容易退化，生态环境恶劣，在发展农业的同时，应注重环境的建设与保护，在提高经济效益的同时，要兼顾生态效益与社会效益。因此建立发展农林复合生态农业是必要的。

（二）气候条件

研究区位于南亚热带和中亚热带气候区，总的气候特点是光热资源丰富、降水少而集中、蒸发量大、干旱现象严重、气候垂直分部明显。元谋年平均日照时数为 2670 小时，全年太阳辐射总量为 6400 J/m^2，日照率为 60%，年均气温为 21.9℃，最热月（5 月）平均气温为 27.1℃，最冷月（12 月）平均气温为 14.9℃，日均温≥18℃有 244 天，积温 6046℃，平均降雨量为 610 mm，年相对湿度为 53%。

根据本地的气候特点与光热资源，本区应建设农林复合模式，充分利用自然资源，发挥最大的经济效益，提高系统的植被覆盖率，改善干热环境，为生态系统的可持续发展奠定基础。

（三）社会经济概况

2004 年元谋县面积为 2021.69km^2，全县可耕地面积 308.72km^2。人口 20.65 万，农业人口 18.58 万，占全县总人口的 90% 以上，从事农、林、牧、渔劳动力占农村劳动力总数的 94.28%。非农业人口为 2.0644 万，占总人口的 10%。交通、邮电等基础设施完善，108 国道、成昆铁路、昆明至攀枝花高速公路穿过本区。

研究区为典型的农业区，农林牧业用地占土地的绝大部分。由于干热河谷区生态环境脆弱，农业用地主要分布在河谷地区，可灌溉的水田，产量和产值均较低。林业用地面积虽大，但真正有林地面积却较小，低值残林及疏林灌丛占了林业用地的绝大部分，牧草地面积较大，但牧草质量不佳，产量不高，为荒山荒坡。

项目主区元谋县土地面积 546.60 km^2，其利用现状为：耕地 8052.33 hm^2，占土地面积的 14.7%，其中水田 4027.27 hm^2，旱地 4045.06 hm^2；林地 1013.73 hm^2，占土地面积的 1.9%；荒山荒地 38 253.80 hm^2，占土地面积的 70%；其他占地 7341.33 hm^2，占土地面积的 13.4%。

按第二次土壤普查土地评级标准，该区土地情况主要为：一级地全年粮食亩[①]产 1000 kg 以上，面积 2393.20 hm^2，是耕地面积的 30%；二级地粮食亩产 600~650 kg，面积 1749.07 hm^2，占耕地面积的 22%；三级地为坡地、沙地漏水漏肥，干旱较重，土壤侵蚀较重，全年亩产 300~400 kg，面积为 2782.73 hm^2，占耕地面积 34%；四级地为旱田旱地，全年粮食亩产 100~200 kg，面积 1127.33 hm^2，占耕地面积 14%。从以上数据分析：约 50% 的土地生产力较为低下，并且按照现有的掠夺式种植方式，土地会越来越退化，农民会越来越贫穷。现有的经济状况及土地利用现状决定了本地区必须发展农林复合生态农业，特别是旱坡地的农林复合系统建设，只有这样，才能解决贫困山区的经济，为山区农民脱贫致富，为坝区农民提高经济收入。

---

① 1 亩≈666.67 m^2

（四）研究区自然条件

1. 元谋县小跨山流域

试验地在云南省农业科学院热区生态农业研究所退化土地植被恢复研究基地进行，基地位于元谋县南城街 150 号侧郊。海拔 1120 m，25°41′N、101°52′E。气候总特点是夏季高温多雨，冬季低温干旱。

例如，试验期的 30 个月期间，年均降雨量为 608.9 mm，最大日降雨量为 63.9 mm，集中于 6~10 月。年均温为 21.5℃，平均最高气温为 28.69℃，平均最低气温为 15.89℃，极高气温为 39.4℃，极低气温为 2.5℃。年均日照时数为 2538 小时，年均无霜期为 363~365 天，蒸发量为 1690.7 mm。年均地表温度为 25.45℃，极高气温为 75.9℃，极低气温为 0.2℃。年均相对湿度为 59.08%，平均最小相对湿度为 16.44%，平均最大相对湿度为 92.74%。土壤以燥红土为主，试验地 0~20 cm 深土层有机质质量分数为 0.717%，全氮质量分数为 0.066%，速效磷为 6.87 mg/kg，速效钾为 89.6 mg/kg，pH 为 6.67。20~40 cm 深土层有机质质量分数为 0.499%，全氮质量分数为 0.053%，速效磷为 1.98 mg/kg，速效钾为 58.8 mg/kg，pH 为 6.90。

2. 元谋县小新村流域

小新村属典型金沙江干热河谷气候，年平均气温为 22.0℃，年日照时间为 2670.4 小时，最热月（6 月）气温为 28.5℃，最冷月（12 月）气温为 15.9℃，≥10℃年均积温为 8552.7℃。年均降雨量较低，为 615.1 mm，但雨季较为集中，5~10 月降雨量占全年的 94.6%。全村行政区划面积 186.7 hm²，可用耕地 29.57 hm²，其中灌溉水田 5.23 hm²，旱地 24.34 hm²，其余为荒山、林地和宅基地。荒山荒坡主要植被类型以野生草本植被为主，包括扭黄茅、三芒草、叶下珠（*Phyllanthus urinaria* L.）等，种植作物主要是水稻、蔬菜、西瓜（*Citrullus lanatus*（Thunb.）Matsum. et Nakai）、甘薯、落花生（*Arachis hypogaea* Linn.）、玉米和部分台湾青枣（*Ziziphus mauritiana* Lam.）。土壤沙性，大多为燥红土。部分样地 0~20 cm 深土层有机质质量分数为 0.838%，全氮质量分数为 0.072%，速效磷为 35.90 mg/kg，速效钾为 103.00 mg/kg，pH 为 7.11。20~40 cm 深土层有机质质量分数为 0.508%，全氮质量分数为 0.086%，速效磷为 40.9 mg/kg，速效钾为 132.00 mg/kg，pH 为 7.24。该区干旱缺水，降雨分配不均，水资源总量严重不足（目前全村灌溉用水和饮用水皆采用深层地下水）。据初步测算，近似"土林"的严重水土流失区面积占全流域面积的近 60%，生态环境退化现象日趋恶化，土壤退化是小新村目前存在的最大的生态问题。2003 年全村有农户 84 户，共 316 人，均为彝族，大多为小学毕业，整体文化素质偏低，村民普遍存在"靠天吃饭""安土为本"的传统农业生产生活，以及"小富即安"等落后的观念。产业结构以种植业、养殖业为主,经济来源单一,经济收入以劳务输出及出售农产品、家畜(主要指山羊)为主,2003年农户人均纯收入为1433.4元、2004年为1775元。到2014年,全县农村常住居民人均可支配收入达8774元,比2013年增长13%(李自恩,2015;刘明康,2015)。

3. 元谋县苴林小雷宰基地

地处101°35′E、25°23′N,属南亚热带干热季风气候,光热资源充足。年均日照时数为2670.4小时,年平均气温达23.1℃,最高气温为42℃,最低气温为-0.8℃,≥10℃年积温为7996℃;年均降雨量为613.8 mm,主要集中于5~10月,7月降水最多;蒸发量为降雨量的6.4倍,无霜期为350天。

第二节　怒江干热河谷基本情况

一、地貌特征

云南怒江流域是中国西南横断山脉的主要分布区之一,区域自然地理特征复杂,地形破碎而陡峭,高山狭谷是构成区域地形景观的主体。主要由起伏巨大,南北纵贯,东西并列的高黎贡山、怒江河谷和怒山山脉组成,属青藏高原向云贵高原过渡的狭长地带,山体与河谷底的相对高差在2000 m左右,怒江干热河谷区主要是指海拔670~1300 m的区域。

二、气候条件

本区在大地理单元上属印度洋西南季风区,干湿季非常明显。本区气候为南亚热带向热带过渡的干热河谷气候。由于河流切割形成高山峡谷地形,深陷封闭的地形所产生的背风雨影作用、焚风效应、辐射效应使这种干燥更趋严重,是本区干热的主要原因。据对潞江坝28年的气象资料统计,年太阳总辐射为579.7 kJ/cm^2,年均温为21.5℃,最冷月均温为13.9℃,最热月均温为26.4℃,极端最低温为0.2℃,极端最高温为40.4℃,≥10℃积温为7800℃,年日照时数为2005~2334小时,年降雨量为751.4 mm,雨季5~10月,降雨量为618.6 mm,占全年降雨量的82%,旱季11月至翌年4月,降雨量132.8 mm,占年降雨量的18%。平均相对湿度为67%~70%,年蒸发量2097~2111 mm,年均干燥度为1.9。

三、土壤和植被类型

土壤以燥红壤为主,主要由坡残积母质和老冲积母质发育而成。

植被主要为稀树灌木草丛。常见树种有木棉（*Bombax malabaricum* DC.）、虾子花（*Woodfordia fruticosa*（L.）Kurz）、厚皮树、余甘子、毛叶柿、车桑子、紫荆（*Cercis chinensis*）、金合欢（*Acacia farnesiana*（Linn.）Willd）和银合欢（*Leucaena leucocephala*（Lam.）de Wit）。下层草被主要是狗牙根（*Cynodon dactylon*（Linn.）Pers）、马唐（*Digitaria sanguinalis*（L.）Scop.）、狗尾草、白茅和孔颖草。

四、社会经济概况

本区地处怒江中下游河谷地区，涉及怒江州泸水县六库镇、大理州云龙县、保山市芒宽乡、潞江镇、龙陵县木城乡、施甸县旧城乡等。本区是多民族聚居地区，除汉族外，还分布有傣族、傈僳族、白族、彝族、怒族、藏族、德昂族等。

五、土地利用构成

怒江流域林地面积 149.78×10^4 hm^2，占土地面积的 62.7%，但林地有相当一部分是疏林地，结构欠佳，覆盖率偏低。怒江流域耕地占总面积的 12.52%，园地、林地、牧草地、水域和未利用地分别占 1.12%、62.73%、2.19%、1.33% 和 18.44%。怒江流域陡坡垦殖很普遍，坡度大于 15°的耕地面积占耕地总面积的 58.5%。坡度大于 25°的耕地面积占耕地总面积的 14.7%。

六、农业产值结构

本区光热资源丰富，是云南省享有盛誉的热带作物种植区，适宜发展多种热带作物。目前海拔在 670~1000 m 的区域主要发展冬季蔬菜、甘蔗（*Saccharum officinarum*）、芒果（*Mangifera indica* L.）、龙眼（*Dimocarpus longan* Lour.）、荔枝（*Litchi chinensis* Sonn.）、台湾青枣、柠檬（*Citrus limon*（L.）Burm. f.）等，海拔 1000~1300 m 的区域主要发展咖啡和柑橘（*Citrus reticulata* Blanco）。

七、云南省保山市潞江坝自然条件

潞江坝位于保山市隆阳区西南部，怒江的中下游。江面海拔 670 m，从河床阶地向两侧延伸为低山、中山，相对高差在 200 m 左右。地形下陷、深切，呈南北向狭长盆地（曹永恒，1993）。在高黎贡山山脉南端东麓及怒江大峡谷末端，由于南来的暖空气易出难进，北来的冷空气难入易出，加之高黎贡山西入的空气有明显的增温、减湿的效应，故属典型的亚热带干热河谷气候。这里日照充足，蒸发量大于降雨量，昼夜温差大，年平均气温为 21.3℃，年降雨量为 700~1000 mm，日照时数为 2318.1 小时，全年无霜期达 350 天以上。

全镇土壤土层深厚，疏松肥沃，排水良好，pH 为 6.0~6.5（杨蓓等，2010）。该区终年无霜，是全中国少有的几个典型的亚热带干河热谷之一，适合各种农作物的生长，素有"富饶美丽的潞江坝"之称。这里一年四季草木清葱，花果飘香，无时无处不体现着"人无我有、人有我优、人优我特、人特我奇"的区位优势和资源优势。这里适宜种植小粒咖啡、保山香科烟、胡椒（*Piper nigrum* L.）、优质荔枝、龙眼、芒果等热带亚热带作物。

第三节　红河干热河谷基本概况

红河州属于热区的土地面积为 7507.02 km^2（1126.05 万亩），占全州土地总面积的 27.83%，分布范围是藤条江、李仙江河谷海拔 700 m 以下地区和红河流域个旧市小蔓堤村以上至红河县海拔 650 m 以下的干热河谷和海拔 650~1250 m 的地区。

一、地貌特征

境内地势总的是西北高、东南低。大部分地区为中山强切割地形，山原破碎复杂，高差悬殊。山脉多呈阶梯形，由西北向东南渐次递减。红河以南的金平县、绿春县、红河县、屏边县、元阳县、河口县，由于红河、藤条江、李仙江和南溪河强烈切割，形成山高坡陡谷深的险峻特点。大部分山坡坡度均在 25°以上，相对高差多在 100 m 以上。

二、气候条件

地处低纬高原季风活动区域，大气环境与错综复杂的地形条件影响，导致形成气候类型的复杂多样。个旧市蔓耗镇以上至红河县的红河干热河谷地带海拔 600 m 以下的地区，气温炎热，年平均气温在 23℃以上，年降雨为 700~800 mm，年日照时数为 2108~2317 小时，相对湿度在 76%以下。

三、土壤特点

红河干热河谷主要土壤类型有砖红壤、赤红壤土、红壤土、燥红土、紫色土、冲积土，以燥红土为主。

四、植被概况

植被为热带稀树草丛，以攀枝花、厚皮树（*Lannea coromandelica*）、白头树（*Garuga forrestii* W. W. Smith）、罗望子（*Tamarindus indica*）、余甘子等树种为多。

五、社 会 条 件

以哈尼族、彝族为主体的多民族自治州，人口 320 多万人，区内人口密度 100 人/km²。该区利用充足的光热资源发展热带水果，使土地利用大大提高，主要作物有水稻（*Oryza sativa* L.）、香蕉（*Musa nana* Lour.）、芒果、龙眼、罗望子等。农村人均纯收入都高于 1000 元。

六、云南省红河彝族哈尼族自治州红河县自然、社会状况

红河县地处云南省南部，红河州南部，地跨 23°05′~23°36′N、101°49′~102°37′E。全县东西最大横距 82.5 km，南北最大纵距 38 km，总面积 2057 km²，山区面积占 97%。地境东邻元阳，南连绿春，西接墨江、元江，北与石屏隔红河相望。县城迤萨镇位于县境东北边缘，距省会昆明 310 km，距州府蒙自 160 km。红河县地处横断山脉纵谷区南缘，哀牢山脉盘踞全境。地势中部高，南北两翼低。境内最高海拔 2745.8 m（么索鲁玛大山主峰），最低点海拔 259 m（红河南岸的曼车渡口），相对高差 2486.8 m，阿姆山山脉横亘县境中部，为境内南北水系分水岭。境内大小河流 20 余条，主要河流有红河、羊街河、勐龙河、大黑公河、坝兰河、尼洛河、本那河，均属红河水系。

红河县属南亚热带季风气候区，干湿季分明，立体气候明显，年平均气温为 20.3℃。按积温标准，县内可划分为热带、亚热带和温带三种气候类型。

红河县是一个少数民族聚居的、以农业为主的地区，境内世居民族主要有哈尼、彝、汉、傣、瑶五种民族。少数民族占总人口的 95%，其中哈尼族人口占全县总人口的 74%，占中国哈尼族人口的 15.2%。全县现辖 13 乡 1 个镇，94 个村民委员会，823 个自然村。迤萨镇为红河县政府驻地，是红河县的政治、经济、文化中心（廖建华等，2007）。

参 考 文 献

曹永恒. 1993. 云南潞江坝怒江干热河谷植物区系研究. 云南植物研究, 15(4): 339–345

李自恩. 2015. 落实强农惠农政策　加大基础建设投入——元谋：特色产业"摘穷帽". http://www.cxdaily.com/html/2015-10/17/content_9186.htm [2015-10-17]

廖建华, 郑宗玲, 沈乾芳. 2007. 云南红河县旅游形象策划. 红河学院学报, 5(4): 16–18

刘明康. 2015. 元谋县着力提升农业发展质量确保农民稳定增收. http://www.ynagri.gov.cn/cx/ym/news10040/20150407/5575120.shtml [2015-4-7]

杨蓓, 杨旸, 杨世贵, 等. 2010. 保山市潞江坝小粒咖啡优质丰产技术研究. 现代农业科技, (16): 81–84

第三章　干热河谷优良牧草筛选及
利用研究进展概况

第一节　干热河谷优良牧草筛选

　　根据云南干热河谷气候特点，云南省农业科学院热区生态农业研究所草业研究团队针对性引进牧草资源，根据各牧草种质植物学特征和生物学习性，初步筛选适宜本区生长的 24 个属 125 份牧草种质开展适应性试验（含品比）（龙会英等，2001；冯光恒等，2003；朱红业等，2004；龙会英等，2006a，2006b；纪中华等，2007；龙会英等，2008；Long et al.，2008；吕玉兰等，2009；金杰等，2010；吕玉兰等，2010；龙会英等，2011a，2011b，何光熊等，2011a，2011；史亮涛等，2011；金杰等，2011；龙会英等，2013），在适应性研究结果基础上开展品比试验。

　　（1）多年引种试种结果表明，适应性较好的优良牧草是：柱花草属中的热研 2 号柱花草（*Stylosanthes guianensis* cv. Reyan No. 2）（蒋候明等，1992）、热研 5 号柱花草（*Stylosanthes guianensis* cv. Reyan No. 5）（刘国道等，2001）、西卡柱花草（*Stylosanthes scabra* cv. Seca）、GC1559 柱花草（*Stylosanthes guianensis* GC1579）、CIAT11362 柱花草（*Stylosanthes guianensis* CIAT11362）；紫花苜蓿属中的猎人河紫花苜蓿（*Medicago stativa* L. cv. Hunter river）、WL525HQ 紫花苜蓿（*Medicago stativa* L. cv. WL525HQ）、甘农 3 号紫花苜蓿（*Medicago stativa* L. cv. Gannong No. 3）；以及提那罗爪哇大豆（*Glycine wightii* (Wight and Arn.) Verdcourt cv.Tinaroo）、色拉特罗大翼豆（*Macroptilium atropurpureum*（DC.）Urb. cv. Siratro）、新银合欢（*Leucaena leucocephala* L. Benth.）、木豆 7035（*Cajanus cajan* cv. 7035）、木田菁（*Sesbania grandiflora*（L.）Pers.）；臂形草属中的热研 8 号坚尼草（*Panicum maximum* cv. Reyan No. 8）（韦家少等和蔡碧云，2002）、热研 9 号坚尼草（*Panicum maximum* cv. Reyan No. 9）（韦家少等，2002）和 T58 坚尼草（*Panicum maximum* Jacq. CIAT T58）、杂交臂形草（*Brachiaria hibrida*）、热研 15 号刚果臂形草（*Brachiaria ruziziensis* G. et E. cv. Reyan No. 15）、热研 6 号珊状臂形草（*Brachiaria brizantha* cv. Reyan No. 6）（刘国道等，2002）和热研 3 号俯仰臂形草（*Brachiaria decumbens* cv. Reyan No. 3）；象草属中的热研 4 号王草（*Pennisetum purpureum*×*P. americana* cv. Reyan No. 4）和红象草（*Pennisetum purpureum* Schumach）。另外，还有雀稗属热研 11 号黑籽雀稗（*Paspalum atratum* cv. Reyan No.11）（王文强等，2007）和百喜草（*Paspalum notatum*）、高粱属海狮苏丹草（*Sorghum sudanense*（Hay-King）Stapf.）、糖蜜草属糖蜜草（*Melinis minutiflora* P. Beauv.）、狗尾草属非洲狗尾草（*Setaria anceps* Stapf ex Massey）、黑麦草属特高多花黑麦草（*Lolium multiflorum* Lam. cv.）、香根草属香根草（*Vetiveria zizanioides*（L.）Nash）等。

（2）这些优良牧草抗逆性强（白昌军和刘国道，2001），适应云南干热河谷种植，并能够抵御区域高温干旱生态环境。暖季型牧草耐热抗旱性强，冷季型牧草适应本区秋冬季种植；禾本科牧草表现出强的速生性，再生性强，年生长季产量较高，适口性除了百喜草和香根草外均表现为优；豆科牧草总体表现为产量和粗蛋白含量高，营养价值丰富，适口性好。

第二节　干热河谷优良牧草利用研究进展

一、元谋干热河谷优良牧草在生态治理的利用研究

基于生态资源的开发利用与生态环境保护间的权衡一直是干热河谷研究者们热议话题之一。相关研究认为干热河谷草被系统生态极度脆弱，同时放牧系统进一步加剧了干热河谷草地的退化。目前，已有学者提出"干热河谷优良牧草的利用应在生态系统重建的基础上进行合理开发"的发展思路，并付出了巨大的努力。

近年来，许多学者对如何在干热河谷进行植被恢复进行了一些实践和探索。杨忠等（1999）从坡地类型划分、林草种选择及乔灌草人工混交植被类型等方面阐述了金沙江干热河谷植被恢复的主要技术关键。杨万勤等（2002）针对金沙江热河谷的生态环境退化特点，提出植被恢复与重建首先是筛选一批耐旱、耐瘠薄且能培肥土壤的植物，根据植物相克相生原理和群落共生原理，采用合理的搭配和栽培技术，防止水土流失。纪中华等（2005）根据元谋干热河谷生态环境脆弱、水分短缺、干热资源充足等特点，按照生态学、生态经济学、系统科学的原理设计规划干热河谷退化坡地立体种养复合生态农业模式，即"乔+灌+草+羊+沼气+蚯蚓+鸡"模式。杨艳鲜等（2006）对元谋干热河谷区 4 种旱坡地生态农业模式的水土保持效益进行了系统的研究，结果表明与对照模式"罗望子+裸地"相比，建立的 4 种模式均体现了良好的水土保持效果，其中"罗望子+木豆+柱花草"模式截持降雨、增加地表盖度、改善土壤物理性状、提高蓄水保水能力、防治水土流失的效果最佳。张德等（2012）根据区域山地年幼林果园水土流失严重、土壤肥

力和单位面积效益低、雨季杂草生长旺盛等现状，开展了干热河谷退化山地龙眼和柱花草间作效应分析，结果表明，在幼龄龙眼行间种植柱花草 2 年后，间种样地土壤的有机质、速效磷、速效钾及碱解氮的含量均比单作样地高，有效地改良了土壤，起到免耕保育土壤的作用，提高了土壤地力与肥力，同时也提高了单位面积产量。龙会英等（2009a）根据干热河谷区生态环境脆弱、土壤贫瘠、有机质含量低的现状，研究了本区种植豆科草本植物和灌木小环境效应，结果表明种植牧草小气候得到改善，豆科牧草和灌木种植样地地表及土壤湿度大于未种植地，温度低于未种植地；随着豆科牧草和灌木种植年限增加，土壤肥力得到提高，土壤中全氮、速效钾及 pH 含量逐年增加；土壤物理性质得到改善，土壤容重比未种植地低，孔隙度及田间持水量比未种植地高，持水能力增强。陈奇伯等（2003）研究表明豆科草本植物对土壤化学特性的改良优于乔木林，0~50 cm 土层草地的有机质含量分别比荒地高 32.3%，全氮含量高 42.9%。史亮涛等（2008，2011）、龙会英等（2009b）根据区域山地水土流失严重、土壤肥力低等现状，开展了旱地地埂种植植物篱的固土保水效应，退化山地水土流失严重地块建立地埂植物篱-农作系统和侵蚀沟边种植，横坡种植农作物甘薯、花生和玉米有效减少监测区土壤水土流失；营建等高固氮植物篱 3 年后，地表径流、土壤侵蚀得到极大改善；同时，大量的枝叶还田及腐根枯落物有效改善了土壤化学性状，提高了土壤肥力；旱地地埂种植南洋樱（*Gliricidia sepium* （Jacq.））为植物篱，农作物实行横坡种植，可有效减少和控制监测区水土流失，保持了水土；利用新鲜叶片作为绿肥，通过压青处理，提高了土壤肥力。张明忠等（2010）利用热研 4 号王草生产的基质进行酸性土壤改良，能直接把土壤的 pH 从 4~6 的范围提高到 6~8，使土壤的酸碱性适宜植物生长的需求，降低土壤容重，土壤孔隙度和持水量得到提高。

二、元谋干热河谷优良牧草在种草养殖的利用

近年来，畜牧业生产已经成为云南农业农村经济发展中的重要支柱产业，对改善和提高人民生活水平及维护流域社会稳定起到了重要作用。

在干热河谷，应充分利用冬闲田、山地或幼林果树行间的闲置土地，选用和种植营养价值与产量高的优良牧草（冷季型和暖季型牧草），开展规范性种植养殖技术，利用豆科与禾本科高效配置，发展以本地黑山羊为主的畜牧业。杨艳鲜等（2004，2009）认为，建立圈养和半圈养的生态模式，可有效保护自然草被，提高植被覆盖率，防止水土流失，减轻环境压力，保护农业生态环境，促进区域生态环境恢复及改善；同时，山羊圈养还可为人类提供健康绿色肉食品，增加农民经济收入。

金杰等（2007）认为，肉兔养殖被认为是增加农村农民经济收入的有效途径之一，并且以标准的日粮配方来饲养肉兔效果较好，养兔模式以庭园经济的农村家庭养殖为主，为能在低成本饲养条件下获得较好效果，多以直接利用各种鲜草饲喂方式进行肉兔饲养；几种鲜草混合饲喂肉兔效果及经济效益试验表明，菊苣（*Cichorium intybus* L.）+坚尼草混合饲喂肉兔在经济效益方面最佳，比甘薯（*Dioscorea esculenta*（Lour.）Burkill）+坚尼草提高 40.68%；饲养上以舍饲圈养为主。

何光雄等（2013）开展饲喂热带牧草对云南鹅生长的影响表明：4 种不同日粮中，饲喂象草、菊苣和配合饲料较饲喂黑麦草日粮条件下云南鹅背部发育更好，且饲喂象草的效果最为明显；饲喂云南鹅黑麦草和菊苣能取得与配合饲料相似的日增重和料重比，且日增重均高于饲喂象草组和配合饲料组；饲喂 4 种不同日粮对云南鹅平均体质量累积均呈现"快－慢－快"的生长模式，对日增重的影响主要集中在约 75 天以前，75 日龄后云南鹅的生长不受影响；用黑麦草饲喂 30~50 天云南鹅，可有效提高云南鹅平均日增重。这表明云南鹅的养殖适宜使用黑麦草和菊苣，象草不适宜在云南鹅的饲养中单独饲用。

三、元谋干热河谷牧草加工利用

张明忠等（2013）根据干热河谷冬季饲草枯黄、含营养素少、家畜饲料缺乏，而雨季饲草生长旺盛和剩余的情况，进行了把雨季牧草经刈割、晒制、粉碎、加工成草颗粒的研究：一方面草颗粒饲料体积是原料干草体积的 1/4，便于储存和运输，粉尘少有益于人畜健康；另一方面，饲喂方便，可简化饲养手续，为实现集约化畜牧业生产创造条件。另外，该方法还可增加适口性，改善饲草品质，扩大饲料来源。例如，银合欢、华西小石积、苦刺花，以及其他如农作物的副产品、秕壳、秸秆以及各种树叶等，经粉碎后加工成草颗粒可成为家畜所喜食的饲草。他开展的"一种热带牧草加工饲料颗粒的方法"研究结果表明，豆科与禾本科的比例应为 1∶4~1∶2，精料比例为 35%~45%加工的颗粒具有比较好的颗粒价值（张明忠等，2013），对山羊进行饲喂试验表明山羊喜食。

四、元谋干热河谷优良牧草良种生产技术

（一）柱花草良种生产技术

张德和龙会英于 2015 年开展了"一种盖膜采收柱花草种子的方法"，该方法由合理密植、田间管理、盖膜采收种子 3 个步骤组成。合理密植在金沙江干热河谷退化山地结合整地施入腐熟农家肥和过磷酸钙，挖定植塘，株行距为 40 cm×100 cm 或 100 cm×100 cm；盖膜采收种子是当柱花草花蕾上出现柱花草种子时，

将白色聚乙烯微膜铺置柱花草行间，待柱花草植株上 90%的花蕾上产生了柱花草种子时，刈割柱花草直接将种子打在收集种子的钵里，随后将钵里的种子和脱落在聚乙烯微膜上的种子合并在一起，筛去杂质即可。"一种盖膜采收柱花草种子的方法"的种植密度及其盖膜采收措施可使种子产量提高 47%~69%。

（二）提那罗爪哇大豆良种生产技术

龙会英和张德（2016）开展了"一种提那罗新罗顿豆分段刈割和采收种子的栽培与利用的方法"，包括区域选择、育苗、种植当年的栽培与利用、第二年以后提那罗新罗顿豆分段刈割和采收种子的栽培与利用，其分段刈割和采收种子的栽培与利用包括从种植的第二年起，每年 7 月或 8 月刈割 1 次作为饲草，从种植的第三年起，每年 1~2 月采收种子，并当种荚出现至采收种子前，每 14~16 天浇一次水，采收种子后至旱季结束，1 个月浇灌 1 次水。该方法有效提高了种植地单位面积效益，与单一作饲草利用比，增加了作物多功能利用，单位面积效益一年提高 566.45%；与单一作采收种子利用比，不仅一年单位面积效益有所提高，同时在一个生长周期还可获得饲草和种子两种农产品，同时提高了土壤肥力。

参 考 文 献

白昌军, 刘国道. 2001. 臂形草属牧草产草量及饲用价值研究. 草地学报, 9(2): 110–116

陈奇伯, 王克勤, 李艳梅, 等. 2003. 金沙江干热河谷不同类型植被改良土壤效应研究. 水土保持学报, 17(2): 67–70

冯光恒, 张映翠, 龙会英, 等. 2003. 热研四号王草在元谋干热河谷的引种栽培试验. 热带农业科技, 26(S): 62–65

何光熊, 史亮涛, 闫帮国, 等. 2013. 饲喂热带牧草对云南鹅生长的影响. 草业科学, 30(6): 940–948

何光熊, 史亮涛, 张明忠, 等. 2011. 元谋干热河谷区海狮苏丹草(*Sorghum sudanense* (Hay-King) Stapf.)引种与适应研究. 热带农业科学, 31(10): 37–41

纪中华, 杨艳鲜, 拜得珍, 等. 2007. 木豆在干热河谷退化山地的生态适应性研究. 干旱地区农业研究, 25, (3): 158–162

纪中华, 杨艳鲜, 廖承飞. 2005. 元谋干热河谷退化坡地立体种养生态农业模式建设. 西南农业大学学报, 3(3): 1–4

蒋候明, 朝簇, 刘国道, 等. 1992. 热带优良豆科牧草——热研 2 号柱花草的选育及推广. 热带作物研究, 9(1): 62–66

金杰, 史亮涛, 韩学琴, 等. 2011. 刈割对干热河谷地区紫花苜蓿种子生产的影响. 热带作物学报, 32(9): 1618–1623

金杰, 张明忠, 韩学琴, 等. 2010. 紫花苜蓿在金沙江干热河谷地区的引种研究. 西南农业学报, 23(2): 551–555

金杰, 张映翠, 史亮涛, 等. 2007. 几种鲜草混合饲喂肉兔效果及经济效益. 草业科学, 24(10):

72–75

刘国道, 白昌军, 何华玄, 等. 2001. 热研 5 号柱花草选育研究. 草地学报, 9(1): 1–7

刘国道, 白昌军, 王东劲, 等. 2002. 热研 6 号珊状臂形草选育研究. 草地学报, 10(3): 217–220

龙会英, 何华玄, 张德, 等. 2011b. 干热河谷退化山地柱花草品种(系)比较试验. 草业学报, 12(6): 230–236

龙会英, 沙毓沧, 张映翠, 等. 2006a. 元谋干热河谷热带优良牧草柱花草引种试验. 云南农业大学学报, 21(3): 376–382

龙会英, 沙毓沧, 朱红业, 等. 2009a. 元谋干热区种植豆科草本植物和灌木生态效应. 水土保持研究, 16(1): 250–253

龙会英, 史亮涛, 钟利, 等. 2009b. 元谋干热河谷小新村流域生态村建设的实践. 云南农业大学学报(社会科学版), 3(2): 27–31

龙会英, 张 德, 朱红业, 等. 2011a. 元谋干热河谷豆科牧草的引种试验. 草业科学, 28(8): 1485–1490

龙会英, 张德. 2016. 一种提那罗新罗顿豆分段刈割和采收种子的栽培与利用的方法. 中国, ZL 201410391985

龙会英, 钟声, 张德, 等. 2013. 云南干热河谷优良牧草的筛选. 热带农业科学, 33(4): 19–25

龙会英, 朱红业, 金杰, 等. 2008. 优良热带牧草在云南元谋干热河谷区域试验研究. 热带农业科学, 28(4): 41–46

龙会英, 朱红业, 沙毓沧, 等. 2006b. 元谋干热河谷区热带优良牧草引种试验研究. 西南农业学报, (19): 201–205

龙会英, 朱红业, 张映翠. 2001. 百喜草对元谋地区自然环境的适应性及其应用效益. 热带农业科学, 6: 1–5

吕玉兰, 白昌军, 刘倩, 等. 2009. 柱花草品系的灰色关联度分析. 热带农业科学, 33(3): 48–53

吕玉兰, 白昌军, 王跃全, 等. 2010. 怒江干热河谷牧草适应性研究. 草业科学, 27(12): 82–86

史亮涛, 何光熊, 邰建辉, 等. 2011. 刈割对元谋干热河谷区海狮苏丹草生长及生产性能的影响. 热带农业科学, 31(10): 63–67

史亮涛, 江功武, 金杰, 等. 2011. 一种南洋樱植物地埂围篱的利用方法. 中国, ZL200810058538.2

史亮涛, 金杰, 江功武, 等. 2008. 金沙江干热河谷区农户参与式小流域综合管理浅析——以元谋小新村为例. 西南农业学报, 21(6): 41–46

王文强, 付玲玲, 白昌军. 2007. 热研 11 号黑籽雀稗开花生物学特性. 中国农学通报, 23(8): 495–498

韦家少, 蔡碧云. 2002. 热研 8 号坚尼草选育及利用研究. 热带作物学报, 23(1): 47–53

韦家少, 刘国道, 蔡碧云. 2002. 热研 9 号坚尼草选育研究. 草地学报, 10(3): 157–163

杨万勤, 王开运, 宋光煜, 等. 2002. 金沙江干热河谷典型区生态安全问题探析. 中国生态农业学报, 10(3): 116–118

杨艳鲜, 纪中华, 廖承飞, 等. 2004. 元谋干热河谷区山羊圈养复合模式试验研究. 西南农业学报, 17(S): 281–284

杨艳鲜, 纪中华, 沙毓沧, 等. 2006. 元谋干热河谷区旱坡地生态农业模式的水土保持效益研究. 水土保持学报, 20(3): 70–73

杨艳鲜, 纪中华, 沙毓沧, 等. 2009. 云南热区山羊生态圈养技术. 昆明: 云南科技出版社

杨忠, 张信宝, 王道杰, 等. 1999. 金沙江干热河谷植被恢复技术. 山地学报, 17(2): 152–156

张德, 龙会英, 何光熊, 等. 2012. 干热河谷退化山地龙眼和柱花草间作效应分析. 云南农业大学学报, 27(1): 112–116

张德, 龙会英. 2015. 干热河谷优良牧草的利用和评价. 西南农业学报, 28(S): 105–110

张明忠, 纪中华, 史亮涛, 等. 2013. 一种热带牧草加工饲料颗粒的方法. 中国, ZL200810058603.1

张明忠, 沙毓沧, 袁理春, 等. 2010. 一种基质改善酸性土壤的方法. 中国, ZL200810058603.1

朱红业, 张映翠, 龙会英, 等. 2004. 金沙江流域元谋干热河谷人工酸角林地铺地木蓝引种研究. 西南农业学报, 17(5): 1001–4829

Long H Y, Sha Y C, Zhu H Y, et al. 2008. Selection of adaptive grass and shrub and their planting benefits in the arid-hot valleys of Yuanmou. Wuhan University Journal of Natural Sciences, 13(3): 317–323

第四章 干热河谷牧草资源的收集、
引进、评价与筛选

第一节 干热河谷引进的牧草资源名录

随着畜产品需求的增加，以及消费者对畜产品品质、安全等要求的提高，优质高产饲草饲料不足已成为制约区域畜牧业发展的重要因素。从而，人工种植的优质牧草越来越受到养殖户的选择，并逐步成为草食性禽畜重要的优质、廉价饲料来源，因为人工种植的牧草不但适口性好，而且富含蛋白质、多种维生素等，营养全面，矿物质丰富，长期饲喂对提高畜禽的产品品质和产量有明显作用。但是目前推广种植的牧草品种繁多，品种间生物学特性差异大，功能不一，并且牧草与其他农作物一样，对气候环境及土壤等自然条件有一定的要求，只有在适宜条件下才能实现牧草的优质和高产；另外，不同牧草营养成分差异明显，以及不同的家畜对营养需求和喜食程度也不同。因此正确选择牧草种植品种，成为养殖户获得充足的优质饲草饲料和生产出优质畜产品、最终提高养殖效率、增加经济收入的重要举措。本书作者在前期研究工作基础上，分别从国外的阿根廷、巴西、澳大利亚等 9 个国家，以及国内的广西、甘肃、北京、四川等 7 个省份引进 42 个属 287 个禾本科和豆科草灌资源（表 4.1）。

表 4.1 干热河谷引进的牧草种质资源属名

序号	禾本科			序号	豆科		
	中文名	学名	品种（系）种质/份		中文名	学名	品种（系）种质/份
1	须芒草属	*Andropogon*	1	1	金合欢属	*Acacia*	4
2	孔颖草属	*Bothriochloa*	1	2	花生属	*Arachis*	1
3	臂形草属	*Brachiaria*	15	3	黄芪属	*Astragalus*	2
4	虎尾草属	*Chloris*	6	4	羊蹄甲属	*Bauhinia*	1
5	薏苡属	*Coix*		5	木豆属	*Cajanus*	16
6	狗牙根属	*Cynodon*	4	6	刀豆属	*Canavalia*	1
7	鸭茅属	*Dactylis*	1	7	距瓣豆属	*Centrosema*	7

续表

禾本科			豆科		
序号	中文名	学名	品种（系）种质/份	序号	中文名	学名	品种（系）种质/份

序号	中文名	学名	品种（系）种质/份	序号	中文名	学名	品种（系）种质/份
8	画眉草属	*Eragrostis*	1	8	圆叶决明属	*Cassia*	1
9	羊茅属	*Festuca*	4	9	猪屎豆属	*Cratylia*	1
10	黑麦草属	*Lolium*	7	10	野百合属	*Crotalaria*	2
11	糖蜜草属	*Melinis*	1	11	扁豆属	*Dolishos*	1
12	香根草属	*Vetiveria*	1	12	千斤拔属	*Flemingia*	4
13	雀稗属	*Paspalum*	7	13	木蓝属	*Indigofera*	1
14	黍属	*Panicum*	9	14	大翼豆属	*Macroptilium*	3
15	狼尾草属	*Pennisetum*	6	15	苜蓿属	*Medicago*	35
16	狗尾草属	*Setaria*	7	16	爪哇大豆属	*Neonotonia*	1
17	高粱属	*Sorghum*	8	17	菜豆属	*Phaseolus*	1
18	尾稃草属	*Urochloa*	1	18	豌豆属	*Pisum*	1
				19	葛属	*Pueraria*	1
				20	田菁属	*Sesbania*	1
				21	柱花草属	*Stylosanthes*	110
				22	灰叶属	*Tephrosia*	1
				23	白三叶草属	*Trifolium*	3
				24	野豌豆属	*Vicia*	7
总计			81	总计			206

注：所有资源主要由张映翠、朱红业、龙会英、史亮涛、沙毓沧、金杰、严俊华等引进。

自 1987 年以来，学者们先后从国内外引进 42 个属 287 份牧草资源，收集野生牧草资源 56 属 114 份。在元谋和怒江干热河谷退化山地进行引种与品比试验研究（龙会英等，2001；冯光恒等，2003；朱红业等，2004；龙会英等，2006a，2006b；纪中华等，2007；龙会英等，2008；Long et al.，2008；吕玉兰等，2009；金杰等，2010；吕玉兰等，2010；龙会英等，2011a，2011b；何光熊等，2011；史亮涛等，2011；金杰等，2011；龙会英等，2013），旨在筛选一批应用于干热河谷退化山地修复和山地草业建设的优良牧草。

第二节　干热河谷收集的野生牧草资源

表 4.2 为干热河谷收集的野生牧草种质资源，共有 56 属 114 份品种（系）。

表 4.2　干热河谷收集的野生牧草种质资源属名

序号	禾本科		品种（系）种质/份	序号	豆科		品种（系）种质/份
	中文名	拉丁名			中文名	拉丁名	
1	野古草属	*Arundinella*	1	1	海红豆属	*Adenanthera*	1
2	画眉草属	*Eragrostis*	2	2	合萌属	*Aeschynomene*	1
3	荩草属	*Arthraxon*	2	3	链荚豆属	*Alysicarpus*	1
4	三芒草属	*Aristida*	2	4	木豆属	*Cajanus*	3
5	孔颖草属	*Bothriochloa*	3	5	杭子梢属	*Campylotropis*	5
6	臂形草属	*Brachiaria*	2	6	刀豆属	*Canavalia*	1
7	虎尾草属	*Chloris*	2	7	决明属	*Cassia*	2
8	香茅属	*Cymbopogon*	1	8	细茎旋花豆属	*Cochlianthus*	1
9	龙爪茅属	*Dactyloctenium*	1	9	舞草属	*Codariocalyx*	2
10	双花草属	*Dichanthium*	1	10	猪屎豆属	*Crotalaria*	11
11	马唐属	*Digitaria*	1	11	假木豆属	*Dendrolobium*	1
12	穇子属	*Eleusine*	1	12	山蚂蝗属	*Desmodium*	12
13	蔗茅属	*Erianthua*	1	13	山黑豆属	*Dumasia*	1
14	黄茅属	*Heteropogon*	2	14	千斤拔属	*Flemingia*	5
15	千金子属	*Leptochloa*	1	15	木蓝属	*Indigofera*	6
16	黍属	*Panicum*	1	16	鸡眼草属	*Kummerowia*	1
17	雀稗属	*Paspalum*	3	17	田菁属	*Sesbania*	1
18	筒轴茅属	*Rottboellia*	1	18	槐属	*Sophora*	1
19	狗尾草属	*Setaria*	2	19	宿苞豆属	*Shuteria*	1
20	鼠尾粟属	*Sporobolus*	1	20	坡油甘属	*Smithia*	1
21	菅属	*Themeda*	1	21	葫芦茶属	*Tadehagi*	1
22	虱子草属	*Tragus*	1	22	狸尾豆属	*Uraria*	4
23	尾稃草属	*Urochloa*	2	23	野豌豆属	*Vicia*	3
				24	丁癸草属	*Zornia*	1
				25	胡枝子属	*Lespedeza*	2
				26	苜蓿属	*Medicago*	1
				27	狗爪豆属	*Mucuna*	2
				28	苞护豆属	*Phylacium*	1
				29	排钱树属	*Phyllodium*	1
				30	小鹿藿属	*Rhynchosia*	1
				31	补骨脂属	*Psoralea*	1
				32	葛属	*Pueraria*	2
				33	密子豆属	*Pycnospora*	1
总计			35	总计			79

第三节 干热河谷优良牧草评价

所有种质资源先在保存圃种植 1~2 年，并开展生态试验观测，筛选出适应本区生长的种质以后按科属分类，对 20 个属 124 个牧草品种（系）开展引种或区域试验（其中含禾本科牧草，豆科紫花苜蓿、柱花草、其他豆科牧草，以及单个牧草引种研究）对其生育期、生长量、营养价值、生产价值等几个指标的研究与评价（表 4.3），筛选出适宜在干热河谷种植与种草养殖（畜、禽、鱼）、林（果）草畜复合经营、草颗粒加工、退化山地种植四种利用模式的优良牧草 30 余个。

表 4.3　牧草综合性评价指标

指标	评级含义	分级	方法与说明
抗旱性	植株完全没有萎蔫现象	5	大田条件下，目测法观测
	植株上个别叶子发生不严重的萎蔫	4	
	植株上约半数叶子萎蔫	3	
	大部分萎蔫	2	
	全部萎蔫	1	
	萎蔫程度 复水后同一时间死亡百分数及成活数 各参试材料的株高、叶长和叶宽抑制率 控水处理植株 20%以上叶片萎蔫的土壤水分 土壤水分抑制率		苗期盆栽试验 （龙会英和张德，2015）
	根系	根系越深， 耐旱性越强	大田条件下，观测根系
	PRO（ug/g 鲜重）		脯氨酸法，干旱胁迫下植物体内发生脯氨酸量的变化
耐热性	夏季正常绿色	7~9	大田条件下，夏季目测法估计
	夏季叶尖枯黄	5~6	
	夏季部分枯黄	3~4	
	夏季成片死亡	1~2	
抗病性	发病率=（病株或病器官数/调查总株数或总器官数）×100%		直接测定法
抗涝性	田间土壤含水量过多，长时间的雨水渍留不利于柱花草的生长，表现叶片变黄，及时排水后恢复正常		大田条件下，观测柱花草叶片情况
越冬性	植株成活率=（越冬后存活植株数量/植株总数）×100%		大田条件下，越冬前后牧草植株的存活率
耐瘠	植株在土壤有机质、氮、磷含量低的条件下能够生长，并有一定产量		水培试验、盆栽试验和田间试验，施氮、磷与不施氮、磷及不同氮、磷水平条件下其生物量相差小

续表

指标	评级含义	分级	方法与说明
适口性 （任继周，1998）	特别喜食的植物、在草丛中首先挑食 喜食植物、但不从草丛中挑食	5，优	模拟试验，牲畜（本地山羊） 饲喂（任继周，1998）
	经常采食，但爱食程度不如前两类	4，良	
	不喜食，采食不多，前三种植物缺乏时才被 采食	3，中	
	不愿采食，只有在不得已情况下才采食	2，可	
		1，劣	
化学成分等级 表（任继周， 1998）	**粗蛋白** ≥16%，上 10%~15%，中 ≤10%，下 **粗纤维** ≤28%，上 27%~34%，中 ≥34，下	3 2 1 3 2 1	常规分析法，农业部农产品 质量监督检验测试中心提供
牧草实际产量 （任继周，1998）	草地利用中实际产量		干草重，收获法
综合评定	优、良、差		方差分析、多重比较、层次 分析法

一、观测内容、指标与评价

采用相关文献（任继周，1998；韦家少等，2000；徐安凯等，2001；王成章等，2001；柳小妮，2002；白昌军等，2004；王志锋等，2005）提供的方法对试验期生育期、生长量、生产价值、营养价值等主要指标进行观测与评价。具体指标如下。

（1）生育期：大田条件下，用目测法估计。

（2）草产量：草产量用收获法。灌木型豆科牧草的刈割留茬高度为 50~60 cm，藤蔓豆科牧草和柱花草的刈割留茬高度为 20~30 cm。禾本科牧草的刈割留茬高度为 10~20 cm，每次测产时采样测定样干重，再将鲜草产量换算为干草产量。

鲜干比：每次测产时，从各试验小区取 0.4~0.5 kg 鲜草质量，束成小捆，挂在风干架上，室内自然风干后称取干质量，测定鲜干比。茎叶比：每次测产取样 0.4~0.5 kg，将茎叶分离，风干后分别称量，并计算其茎与叶质量之比。

（3）再生强度：指一年内刈割牧草的次数。

（4）抗逆性：①抗旱性：大田条件下，目测法估计，也可用越旱率评价，越旱率=（旱季后存活的总株数/旱季前植株总数）×100%。另外，旱季牧草产量也是品价牧草抗旱性的指标。②耐热性：大田条件下，夏季目测法估计。③越冬性：临冬前各小区测定其植株数目，翌年返青后再测定存活植株数目，计算越冬率=

（存活的总株数/植株总数）×100%。④越夏率：夏季最后一茬，随机抽取 10 株，绑定记号，越夏后观察死亡情况，计算越夏率。⑤抗病性：直接测定法，发病率=（病株或病器官数/调查总株数或总器官数）×100%。⑥抗虫性：虫害采用详细调查法。

　　（5）适口性：牲畜（云岭黑山羊）饲喂。

　　（6）粗蛋白、粗纤维：常规分析法（农业部农产品质量监督检验测试中心提供）。

　　（7）气象数据：气象要素由元谋县气象局提供。

　　（8）数据处理：Microsoft Excel 处理、SPSS 和 DPS 软件进行差异显著性检验。

　　（9）综合评定：方差分析、多重比较、灰色关联度分析、层次分析法，以层次分析法为主。

二、适应性评价

　　草被对元谋气候具有较强的适应性。植物对光照不足的适应性被称为耐荫性。一般喜光的草种叶小而厚，叶面光滑；耐荫草种叶片大而薄，常与光照成直角。草坪草中冷季型草耐荫强；暖季型草耐荫弱。同样，不同草种对温度（热量）的适应性也不同，一般可分为耐热性强和耐寒性强两种。牧草长势的好坏及产量的高低很大程度上取决于气候条件优劣，特别是温度变化和降水量是否适宜，南方红壤区牧草品种的气候区划研究自"七五"期间就已深入开展，其分区指标的原则是按照年积温量、最高最低温度和降水量等气候指标为依据的。

（一）外引牧草资源对元谋气候的适应性

　　元谋气候总特点是夏季高温多雨，冬季低温干旱。元谋县≥10℃年积温为≥7986℃，极高气温为 39.40℃，极低气温为 3.0℃，年降水量为 611.1 mm。

　　本书利用已收集到的 2004 年 1~12 月气象要素资料评价草资源对元谋气候的适应性。2004 年度降水量为 698.7 mm，而蒸发量为 1573.6 mm，是降水量的 2.25 倍。

　　冬春旱季 1~3 月降水量为 4.1 mm，蒸发量为 472.7 mm，是降水量的 115.2 倍。冬季无霜，除个别草资源叶片上部 50%受低温影响外，其他资源表现正常，冷季型牧草苜蓿及黑麦草具有一定的产量。雨季草被生长季节，8 月平均气温最高为 25.4℃，地表温度为 31.3℃，日照时数最高为 1 月 260.3 小时条件下，部分草被资源表现叶片萎焉，苜蓿生长量少，多年生黑麦草枯萎，其他资源能够正常生长。

主要结论是：≥10℃年积温≥6500℃、最高气温＞36℃、最低气温为-1℃，以及年降水量＞800 mm 的气候条件，适宜种植耐旱能力强的热带牧草。通过分析引种地和引种地气温和降水量要素，表明元谋干热河谷是热带牧草适宜种植区。

（二）土壤的适应性

1. 水分

为了了解引进草被资源对水分的适应性，本书开展了资源区部分牧草在干热河谷区土壤水分的研究，其目的是为了观察牧草的耐旱性、耐涝性。不同的草种，需水量不同。需水量较少的牧草被耐旱能力强，如柱花草、木豆、铺地木蓝、银合欢、王草、坚尼草、糖蜜草、珊状臂形草、杂交旗草、香根草等；需水量大的草被抗涝能力强，如白三叶草等；需水量中等的牧草介于耐旱与喜水牧草之间，如紫花苜蓿、多年生黑麦草等。牧草需水量的多少并无严格界线，许多草类的适应性很广。例如，苇状羊茅耐旱，但也喜欢充足的水分；紫花苜蓿需水中等，但也耐旱。

试验区 2004 年（1~12 月）的气象要素结果显示，元谋干热区旱季降雨量小，而蒸发量大，平均空气相对湿度为 34%~58%，所有种植地的最低含水量在 1 月，0~20 cm 土壤湿度最低样地为 2.8%；20~40 cm 土壤湿度最低样地为 5.0%，个别样地低湿持续 3 个月，此期间除了少量的草品种（如新西兰引进的两个禾本科品种、海南引进的两个山蚂蝗品种、攀枝花引进的牛鞭草）不能越旱外，其他草被资源在翌年雨季来临即可萌发生长，但此阶段生长量小，这个时期含水量最低，需要灌水。在雨季 7 月元谋干热区降雨量比蒸发量大，平均空气相对湿度（34%~97%）和 0~20 cm 土壤湿度总体趋势高在 8 月，土壤湿地最高样地为 20.10%；20~40 cm 土壤湿度总体趋势高在 7 月，最高样地为 15.5%，但持续时间不长。

2. 土壤养分

豆科类草由于大多有根瘤菌，可以固氮，因而耐瘠薄，可以在养分不足的土壤上生长；禾本科草类亦有一定的耐瘠薄性，但同豆科草类相比有差距。此外，土壤的含盐量对草的生长有很大的影响，不同的草种差异较大。因此开展土壤养分的测定可为我们根据不同的土壤条件选择相应的草种提供依据。多点试验结果表明，本区种植草被资源适宜的土壤养分范围如下。①0~20 cm 土层深：全氮0.046%~0.092%、速效磷 4.29~30.8 mg/kg、速效钾 33.9~208 mg/kg、有机质0.395%~1.4%；②20~40 cm 土层深：全氮 0.051%~0.112%、速效磷 1.81~25.1 mg/kg、速效钾 54.4~174 mg/kg、有机质 0.378%~1.27%（表 4.4）。

表 4.4 试验地土壤分析结果

样地序号	0~20cm 土层深						20~40cm 土层深					
	全氮/%	速效磷/（mg/kg）	速效钾/（mg/kg）	有机质/%	pH	水分	全氮/%	速效磷/（mg/kg）	速效钾/（mg/kg）	有机质/%	pH	水分
1	0.079	14	147	0.816	7.03	1.8	0.059	7.51	114	1.27	7.34	1.9
2	0.092	15	175	1.18	6.89	1.3	0.112	14.1	174	1.16	6.9	1.2
3	0.046	4.41	126	0.523	6.82	1	0.066	5.33	73.5	0.695	7.2	1.4
4	0.092	11.2	170	1.16	7.18	2.3	0.077	8.31	117	0.777	7.43	2.6
5	0.053	9.75	208	1.4	6.87	2.6	0.074	7.7	111	0.942	7.06	2.4
6	0.066	8.29	99.6	0.799	6.69	1.1	0.053	1.81	66.2	0.545	6.62	1.1
7	0.066	8.24	89.6	0.717	6.67	0.9	0.053	1.98	58.8	0.499	6.9	1.1
8	0.079	6.36	68.5	0.765	6.94	1.5	0.066	3.34	54.4	0.555	6.46	1.2
9	0.066	4.76	33.9	1.27	6.76	1.4	0.112	3.15	58.8	0.731	6.43	1.3
10	0.063	20.2	74.4	0.818	6.48	0.9	0.066	5.67	61.9	0.787	6.68	1.1
11	0.066	30.8	72.8	0.724	6.1	0.7	0.064	12.1	60.8	0.65	6.32	1
12	0.072	4.29	57.8	0.655	7.4	1	0.051	2.35	62.3	0.378	7.04	0.9
13	0.046	7.79	104	0.395	6.65	1.1	0.053	25.1	95.5	0.534	6.46	0.9
最小值	0.046	4.29	33.9	0.395	6.1	0.7	0.051	1.81	54.4	0.378	6.32	0.9
最大值	0.092	30.8	208	1.4	7.4	2.6	0.112	25.1	174	1.27	7.43	2.6

3. 土壤 pH

不同的草类适应不同的土壤 pH，只有了解土壤 pH，才能正确选择最适宜的草种种植。多点试验结果表明，引进种植草被资源适宜的土壤 pH 范围如下：①0~20 cm 土层的 pH 为 6.1~7.4；②20~40 cm 土层的 pH 为 6.32~7.43。

三、生育期、生产性能及营养价值评价

应用引种地和种植地环境气候特征相似性原理，根据各牧草种质植物学和生物学特征，按分类的科（属）开展生态适应性和品比试验，观测研究各种质形态特征、生育期、抗逆性、生产价值和营养价值，并按方差分析、多重比较、层次分析法评价，筛选出适宜干热河谷的优良草灌品种（系）30 余个。由于供试种质材料较多，不能对每个品种（系）种质进行细致描写，笔者将多年来筛选的优良牧草特征及评价结果列表描述如下。

大多数参试材料都能完成生育期，但种子成熟情况不一致，不易收获，产量低。作为种子生产，可选择坚尼草属、雀稗属、柱花草属、银合欢属、木豆属及爪哇大豆属。5~10月（雨季）是暖季型牧草在本区的牧草生长季节，产量占全年的90%以上；冷季型牧草首蓿冬春产量占全年的41.39%。作为饲草利用，可选用狼尾草属、臂形草属、坚尼草属、狗尾草属、黑麦草属、银合欢属、柱花草属、爪哇大豆属、木豆属、首蓿属。

叶茎比是衡量牧草品质的指标之一，种质的叶茎比越高，叶量越大，纤维含量越低，品质越好，牧草的叶茎比大于1的占76%。对羊适口性方面大多为喜食。

在常规分析化学成分中，通常把粗蛋白、粗纤维做为饲用植物评价营养价值的指标（表4.5）。常规分析中，粗蛋白含量高的种质等级越高，而粗纤维含量越高的种质等级越差。分析测试62个样品（豆科牧草44份、禾本科18份）：豆科牧草粗蛋白大于16%的占37.5%（木豆、新罗顿豆和银合欢属均大于16%），为上等；禾本科草均小于10%，为下等。44份豆科牧草中，粗纤维小于28%的占0.17%，木豆、爪哇大豆和银合欢均小于28%，为上等；18份禾本科样品中，粗纤维小于28%的占0.16%。

表4.5　饲用植物评价营养价值指标（任继周，1998）

等级	得分	粗蛋白	粗纤维
上	3	≥16%	≤28%
中	2	10%~15%	27%~34%
下	1	≤10%	≥34

四、抗逆性评价

参照相关文献（任继周，1998；韦家少等，2000；徐安凯等，2001；王成章等，2001；柳小妮，2002；白昌军等，2004；王志锋等，2005；龙会英等，2013；龙会英和张德，2015）提供的方法，对选择牧草的抗逆性进行评价（表4.3）。

1. 耐旱性

热带牧草表现出较好的耐旱性，雨养栽培下越旱率为80%以上，2~4月干旱严重时地上部分茎叶枯黄，雨季来临萌发再生；冬季表现出生长缓慢，产草量低。首蓿和黑麦草夏季生长量小，草产量低；秋季及翌年2月生长旺盛。

2. 越冬性

将所有资源度过冬季的能力作为各牧草在干热河谷区耐寒性的评价依据。由于元谋干热河谷无霜期为 360~365 天，90% 大多种质无霜害及冻害，但自 2011 年以来偶有霜冻出现。

3. 抗病虫害

柱花草植株出现较轻微的炭疽病症状，但程度小，无危害性，不影响产量。银合欢自然繁殖生长情况下，2~3 年后易为蚧壳虫寄生，易引发煤烟病，异木虱的危害比较突出。木豆幼苗期至现蕾期常受蚜虫危害，花期至结荚期易受豆卷叶螟危害，黑秆病发生。紫花苜蓿幼苗期至花期易感潜叶蝇和地老虎。

4. 耐热性

热带牧草能适宜干热河谷夏季的高温高湿气候，在 6~8 月的插花性干旱和灼热条件下，大多草被叶片稍微卷曲但不死亡，雨后叶片恢复原状，此期间是牧草生长季节，产量高，但冷季型牧草苜蓿和黑麦草的产量低。

5. 抗涝性

所有引进的牧草资源中，大多牧草具备短暂的抗涝能力，但柱花草不耐涝。据观察，田间土壤含水量过多及长时间的雨水渍留不利于柱花草的生长，表现出叶片变黄，但及时排水雨后恢复正常。

第四节　优良牧草的筛选

从云南省农业科学院热区生态农业研究所收集的 400 余份牧草资源中，初步筛选出的能适应元谋干热气候的 20 个属 124 份牧草资源，对其开展生育期、生长量、营养价值、生产价值研究与评价，从而筛选出适宜在干热河谷退化山地牧草种植与土壤改良、林（果）草畜复合经营、种草养殖（种草养畜、种草养鱼、种草养鹅）、草产品开发与利用的优良牧草品种 30 余个，其中银合欢、木豆、柱花草、紫花苜蓿、提那罗爪哇大豆、坚尼草、臂形草、苏丹草、热研 4 号王草、紫象草、黑麦草、菊苣是适应本区的优良牧草，香根草适合护坡使用（表 4.6）。

表 4.6 部分优良牧草品种（系）主要特征和评价结果

种质材料	年均产量/(kg/hm²)	再生强度/(次/年)	鲜干比	叶茎比	粗蛋白/%	粗纤维/%	适口性(本地山羊)	耐旱	耐热	存活时间/年	评价结果
木豆 7035	27 297.3	3	3.03	1.82	16.53	27.04	优	强	强	2~3	优
新银合欢	24 882.6	3	7.77	1.02	22.47	18.22	优	强	强	>4	优
色拉特罗大翼豆	8 622.83	2~3	3.77	0.99	20.80	32.9	良	强	中	>4	优
猎人河紫花苜蓿	15 144.6	4	3.72	1.60	18.6		优	中	差	>3	优
甘农 3 号紫花苜蓿	17 788.4	4~5	3.66		19.7	17.47	优	中	中	1	优
提那罗罗爪哇大豆	11 628.7	2~3	4.87	1.03	17.05	21.64	优	强	中	>4	优
热研 2 号柱花草	11 916.3	2~3	3.76	1.14	14.56	24.97	优	良	强	>3	优
热研 5 号柱花草	13 600.3	2~3	3.79	0.79	16.04	25.32	优	强	强	>3	优
西卡柱花草	9 606.5	2~3	4.60	1.42	14.10	25.20	优	强	强	>3	优
GC1557 柱花草	17 784.7	2~4	3.91	0.84	18.10	22.42	优	强	强	>3	优
CIAT11362 柱花草	20 310.0	2~3	4.17	0.97	15.84	37.0	优	强	强	>4	良
木田菁	18 635.8	3	4.13	1.09			中	中	中	>4	良
热研 6 号珊状臂形草	21 780.0	3~4	4.02	0.87	6.27	19.40	优	强	强	>4	优
杂交臂形草	28 480.0	3~4	4.67	1.92	5.43	24.23	良	强	强	>4	良
热研 3 号俯仰果臂形草	18 858.5	3~4	3.87	1.35	4.28	22.13	优	良	强	>4	优
热研 15 号刚果臂形草	15 962.0	3~4	3.77	1.00	4.77	25.06	优	良	强	>4	优
"特高"多花黑麦草	11 399.0	3~4	6.67		17.00	24.80	优	差	差	1	优
糖蜜草	12 815.2	3~4	3.10		3.56	28.06	良	强	强	>4	良
热研 8 号坚尼草	25 515.5	3~4	3.54	0.67	5.10	27.40	优	强	强	>4	优
热研 9 号坚尼草	22 875.0	3~4					优	强	强	>4	优
T58 坚尼草	24 308.5	3~4	3.70	1.48			优	强	中	>4	优
热研 11 号黑籽雀稗	12 012.0	3~4	4.55				优	中	强	>4	良
百喜草	7 774.0	2~3	2.95		13.83	33.99	良	强	强	>4	优
红象草	35 915.0	4~5			5.91	68.88	良	良	良	>4	良
热研 4 号王草	38 227.0	4~5	4.07	1.32	4.77	28.21	优	强	强	>3	优
卡松古鲁狗尾草	16 096.0	3~4	5.49	1.37	15.3	23.90	优	良	良	1	良
海狮苏丹草	19 033.2	3~4	1.98				中	强	强	>4	优
香根草	5 108.0	2~3	2.88				优	中	强		优

注：以上结果在无霜条件下，严重干旱时补充水分。

参 考 文 献

白昌军, 刘国道, 王东劲, 等. 2004. 高产抗病圭亚那柱花草综合性状评价. 热带作物学报, 25(2): 87–94

冯光恒, 张映翠, 龙会英, 等. 2003. 热研四号王草在元谋干热河谷的引种栽培试验. 热带农业科技, 26(S): 62–65

何光熊, 史亮涛, 张明忠, 等. 2011. 元谋干热河谷区海狮苏丹草(*Sorghum sudanense* (Hay-King) Stapf.)引种与适应研究. 热带农业科学, 31(10): 37–41

纪中华, 杨艳鲜, 拜得珍, 等. 2007. 木豆在干热河谷退化山地的生态适应性研究. 干旱地区农业研究, 25, (3): 158–162

金杰, 史亮涛, 韩学琴, 等. 2011. 刈割对干热河谷地区紫花苜蓿种子生产的影响. 热带作物学报, 32(9): 1618–1623

金杰, 张明忠, 韩学琴, 等. 2010. 紫花苜蓿在金沙江干热河谷地区的引种研究. 西南农业学报, 23(2): 551–555

柳小妮. 2002. 凌志高羊茅在中国的引种适应性研究. 草业科学, 19(7): 46–48

龙会英, 何华玄, 张德, 等. 2011b. 干热河谷退化山地柱花草品种(系)比较试验. 草业学报, 12(6): 230–236

龙会英, 沙毓沧, 张映翠, 等. 2006a. 元谋干热河谷热带优良牧草柱花草引种试验. 云南农业大学学报, 21(3): 376–382

龙会英, 张 德, 朱红业, 等. 2011a. 元谋干热河谷豆科牧草的引种试验. 草业科学, 28(8): 1485–1490

龙会英, 张德. 2015. 22 个柱花草材料幼苗期抗旱鉴定初步结果. 热带农业科学, 35(4): 26–30

龙会英, 钟声, 张德, 等. 2013. 云南干热河谷优良牧草的筛选. 热带农业科学, 33(4): 19–25

龙会英, 朱红业, 金杰, 等. 2008. 优良热带牧草在云南元谋干热河谷区域试验研究. 热带农业科学, 28(4): 41–46

龙会英, 朱红业, 沙毓沧, 等. 2006b. 元谋干热河谷区热带优良牧草引种试验研究. 西南农业学报, 19: 201–205

龙会英, 朱红业, 张映翠. 2001. 百喜草对元谋地区自然环境的适应性及其应用效益. 热带农业科学, 94(6): 1–5

吕玉兰, 白昌军, 刘情, 等. 2009. 柱花草品系的灰色关联度分析. 热带农业科学, 33(3): 48–53

吕玉兰, 白昌军, 王跃全, 等. 2010. 怒江干热河谷牧草适应性研究. 草业科学, 27(12): 82–86

任继周. 1998. 草业科学研究方法. 北京: 中国农业出版社

史亮涛, 何光熊, 邰建辉, 等. 2011. 刈割对元谋干热河谷区海狮苏丹草生长及生产性能的影响. 热带农业科学, 31(10): 63– 67

王成章, 高永革, 史莹华, 等. 2001. 紫花苜蓿引种比较试验. 见: 首界中国苜蓿发展大会论文集. 北京: 中国草原学会

王志锋, 徐安凯, 于红柱, 等. 2005. 吉林省中西部地区优良牧草引种试验. 草业科学, 22(1):

28–31

韦家少, 蔡碧云, 白昌军.　2000. 坚尼草适应性试验研究. 草业科学, 17(5): 1–5

徐安凯, 陈自胜, 王志锋, 等. 2001. 公农一号苜蓿品种性状与适应区域. 见: 首届中国苜蓿发展大会论文集. 北京: 中国草原学会

朱红业, 张映翠, 龙会英, 等. 2004. 金沙江流域元谋干热河谷人工酸角林地铺地木蓝引种研究. 西南农业学报, 17(5): 1001–4829

Long H Y, Sha Y C, Zhu H Y, et al. 2008. Selection of Adaptive Grass and Shrub and Their Planting Benefits in the Arid-Hot Valleys of Yuanmou. Wuhan University Journal of Natural Sciences, 13(3): 317–323

第五章 优良牧草品种特性与植物学特征及栽培技术

第一节 部分优良牧草品种特性与植物学特征

一、豆科牧草

（一）木豆（*Cajanus cajan*（L.）Huth）

1. 植物学特征

豆科，多年生灌木。高1~3 m，地径3~8 cm，小枝有灰色短柔毛，小叶披针形，长5~10 cm，宽1~3.5 cm。两面有毛，背面有不明显的黄色腺点。总状花序，腋生，长3~7 cm；萼钟形，萼齿5，披针形，内外生短柔毛，有腺点；花冠黄红色，长约1.8 cm，背面有紫褐色纵浅纹，基部有附属体。荚果条形，略扁，长4~7 cm，果瓣在种子间有凹陷的斜槽；种子3~5粒，近圆形，种皮呈暗红色、棕色、白色、黄色等，有时有褐色斑点，种子千粒重70~100 g（谷勇等，2000）。在元谋干热河谷种植，高1~3.3m，茎围3~10 cm，中叶长5~13 cm，宽3~5.5 cm；果荚长6.5~9.5 cm，宽0.9~1.4 cm，每荚果粒数4~8粒，种子千粒重118.01~227.44g。

2. 生物学特性

木豆喜温、喜光，具有耐干旱、耐贫瘠、繁殖生长快、生物量大等特点，是热带、亚热带地区，尤其是干热河谷地区荒山造林、改善生态环境的优质树种，寿命4~6年。在云南干热河谷地区均可种植（谷勇等，2000）。在元谋干热河谷种植当年，雨季6月播种，7~10天出苗，7月底进入分枝期，8月底现蕾，9~10月开花，10月底至12月现荚，12月至翌年1月荚果成熟。如果7月中旬播种，分枝期为8月底至10月初，开花结荚期为10月底至翌年3月初，种子成熟期为11月初至翌年3月底。木豆有少量返花现象，但种子产量不高（龙会英等，2010）。

3. 饲用价值

干热河谷种植，第一年干草产量8348.4~30 000 kg/hm²。以木豆7035品种为例，3 年年均产量 27 297.3 kg/hm^2。叶量大，叶茎比 1.82，营养价值高，粗蛋白含量为 16.53%，粗纤维含量为 27.04%，牲畜和山羊喜食，是一种优良牧草。

4. 适宜种植区域

木豆喜温、喜光照，耐干旱和贫瘠，是一种适应于干旱环境及改良土壤的豆科植物。茎秆可放养紫胶虫，也可作薪材；绿叶可作为动物饲料；籽实是优良的动物蛋白饲料，有些木豆品种的籽实可食用；茎和叶落地腐烂后可增加土壤有机质和氮含量。木豆繁殖栽培容易，造林成本低，适应性强，生长速度快，发育周期短，是热带、亚热带地区，尤其是干热河谷地区绿化荒山、保持水土、改良土壤的先锋树种，具有较高的经济价值和生态价值。

（二）铺地木蓝（*Indigofera endecaphylla*）

1. 植物学特征

铺地木蓝主根粗壮，侧根发达，浅生密布小根，匍匐蔓节生不定根，根系密生根瘤。茎匍匐生长，基部树枝状，分枝长可达 0.8~2.0 m，分枝纤细，扁圆，略有棱角，基部灰褐色，上部青绿略带红色，有灰白色微绒毛贴附，幼嫩枝茎蔓无攀缘性；叶为羽状复叶，小叶互生，叶数通常为奇数；总状花序，腋左花冠红色；果荚细长呈圆柱形，长 2~3 cm，宽 0.1~0.2 cm，含种子 2~7 粒，种子小短园柱形，黄色或浅褐色，种皮光滑坚硬，千粒重 2.7 g，每千克种子达 37 万粒之多（朱红业等，2004；龙会英等，2010）。

2. 生物学特性

铺地木蓝性喜温暖气候环境，耐高温、干旱，耐酸碱，耐瘠薄，耐阴，适宜土层深厚的荒山荒坡净植或果树林间种植。其再生能力强，适应性广，对土壤要求不严格，但在较肥沃湿润的土壤上生长得茂盛。爬地生长，无攀缘性，但能依靠外物或相互依靠向上生长。宜割性能好，视土壤条件和多年降雨状况，一年可割 1~3 次。雨季扦插 4~5 个月，茎长可达 1~3 m，形成 10~30 cm 的覆盖层，多年生可达 50~60 cm。铺地木蓝对低温很敏感，0℃以下便会出现冻害症状，因开花结荚均处于元谋干旱季节和低温期，因此，铺地木蓝结荚性不好，繁殖主要采用无性扦插繁殖为主。一般 4 月初扦插，4 月中旬即可生根，营养生长期 7~9 月，11 月底至 12 月初进入花期，2 月种熟。

3. 饲用价值

2004~2006 年在元谋小垮山流域热区所植被恢复试验地雨养种植，第一年饲草产量为 7808.3 kg/hm²，3 年年均为 3690.0 kg/hm²，叶茎比为 0.71。营养价值高，初花期粗蛋白含量为 17.60%，粗纤维为 15.90%，粗脂肪为 2.08%，粗灰分为 11.20%，适口性为 3。

4. 适宜种植区域

铺地木蓝适应热带、亚热带地区种植。铺地木蓝曾在金沙江干热河谷人工酸角经济林间种植，具有良好的适应性，可作为人工酸角经济林行间微区环境改善的优良覆盖材料，还可与酸角经济林优化配置为林草复合景观。

耐寒性差，对小于 0℃的低温反应敏感，尽管干热区极少有寒冻天气，但在规划种植时宜引起重视。

（三）新银合欢（*Leucanea leucocephala* L. Benth.）

1. 植物学特征

根系深。树干高 2~15 m，幼枝被短柔毛，老枝无毛，具褐色皮孔。叶有羽片 4~8 对，羽片长 6~9 cm，叶轴长 12~19 cm，基部膨大，膨大部分粗 1.5~2.5 mm；在第一对羽片及最顶端一对羽片着生处各有腺体一枚，椭圆形，基部一枚较大，长 2~3 mm，宽约 2.3 mm，顶端一枚较小，长 1.5~2 mm，宽约 1.5 mm；每个片有小叶 5~15 对，小叶线状长椭圆形，长约 1.6 cm，宽约 0.5 cm。头状花序，直径约 2.5 cm，约有小花 164 朵；每个小花有花瓣 5 枚，极狭，白色，长约为雄蕊的三分之一；雄蕊 10 枚，长而突出，通常被疏柔毛；子房极短，被柔毛，柱头凹下呈杯状。荚果薄而扁平，带状，无毛，有纲纹，顶端突尖，长约 24.5 cm，宽约 2.5 cm，纵裂；每个头状花序仅有数朵至十余朵发育成荚果，每个荚果有种子约 22 粒；种子褐色，发亮，扁平，千粒重约 60~60.8 g（刘国道，1999）。元谋干热河谷生长千粒重 49.0~52.0 g。

2. 生物学特性

新银合欢喜温暖湿润的气候条件，生长最适温度为 25~30℃，低于 10℃ 停止生长，0℃以下叶片受害脱落，-4.5~-3℃时植株上部即有部分枝条枯死，-6~-5℃时地上部分干枯死亡，但翌年春，仍有部分植株抽芽生长。新银合欢属阳性树种，对日照长短要求不太严格，在我国华南诸省及云南热带地区均可开花。

根系深，能够吸收土层深处的水分，耐旱能力强，年降雨量为 750~2600 mm 的地区均可种植。不耐水渍。对土壤适应性广，除渍水地外，在所有土地上均能生长，对土壤酸碱度反应敏感，种植地土壤 pH 高于 5.5 生长良好，低于 5.5 生长不良。要求土壤肥力中度以上，耐盐能力中等，含盐量为 0.22%~0.33%能正常生长。新银合欢在土层深厚、肥沃、排水良好的微酸性和中性至微碱性土壤上，生长茂盛，产量较高（刘国道，1999）。

在干热河谷 9 月初现蕾，9 月中旬进入初花，9 月底为盛花，10 月初现荚，11 月底种熟（龙会英等，2011）。

3. 饲用价值

2004~2006 年在元谋小垮山流域热区所植被恢复试验地种植，第一年饲草产量为 13 133.5 kg/hm^2，3 年年均为 24 882.6 kg/hm^2，叶茎比为 0.85。营养价值高，营养期粗蛋白含量为 22.47%，粗纤维为 18.22%，粗脂肪为 2.94%，粗灰分为 6.50%，适口性为 5（优）。

4. 适宜种植区域

适宜区域：海南、广东、广西、云南、福建、浙江、台湾等热带和南亚热带地区。

（四）热研 1 号银合欢（*Leucanea leucocephala* cv. Reyan No.1）

1. 植物学特征

多年生常绿乔木，树皮灰白色，稍粗糙。叶为偶数二回羽状复叶，叶轴长 18.8 cm；羽片 5~17 对，长 10~25 cm；在第一对羽片和顶部羽片的基部各有一个腺体。中间小叶 11~17 对，小叶片长 0.9~1.7 cm，宽 0.3~0.5 cm，先端短尖，中脉两测不等宽，背面颜色较浅。一到傍晚，每对小叶就折叠起来。头状花序，单生于叶腋内，具长柄，每花序有 100 余朵，密集生长在花托上成球状，直径约 2.7 cm，花白色，绒毛状，常自花授粉。花瓣 5 片，分离，极狭长，长约为雄蕊的 1/3。雄蕊 10 枚，长而突出。每花序通常仅有几个至十几个花能发育成荚果。荚果下垂，薄而扁平，革质带状，先端突尖，长约 23.5 cm，宽 2.2 cm。每荚可有褐色、发亮、扁平的种子 15~25 粒，成熟时开裂出种子。

2. 生物学特性

在海南省儋州市，3~4 月播种的热研 1 号银合欢，10~12 月开花，翌年 1~3 月种子成熟；生长多年的植株，每年开花 2 次，分别在 3~4 月和 8~9 月，荚果分别于 5~6 月和 11~12 月成熟，年亩产种子 50~100 kg。每千克种子 16 000~20 000 粒。最适宜生长在年降雨量 900~2600 mm、年平均气温 20~23℃、最冷月平均气温 7~17℃的低海拔地区。最适宜土壤 pH 6~7、有机质 2.5%以上，喜阳，耐旱，不耐渍。亩年产干嫩茎叶 0.5~0.8 t，含粗蛋白质约 24%。适口性好，适于作牛羊饲料。叶粉是猪、兔、家禽的优良补充饲料。此外还用作绿肥、燃料、木料和水土保持等。干热河谷人工种植 8 月底现蕾，花期 8 月底至 9 月初，9 月初现荚，11 月底种熟（龙会英等，2011），在元谋干热河谷出现二次开花结荚现象。

3. 饲用价值

2004~2006 年在元谋小垮山流域热区所植被恢复试验地种植，第一年饲草产量为 13 672.3 kg/hm^2，3 年年均为 22 459.2 kg/hm^2，叶茎比 0.84，适口性为 5（优）。

4. 适宜种植区域

适宜在海南、广东、广西、云南、福建、浙江、台湾等热带和南亚热带地区种植。

（五）大翼豆（*Macroptilium atropurpureum*（Linn.）Urban）

1. 植物学特征

大翼豆为多年生草本植物。主根粗壮，入土深。茎匍匐，柔毛多，茎节可着地生不定根，分枝向四周伸展，长达 4 m 以上，形成稠密的草层。三出复叶，小叶卵圆形、菱形或披针形，全缘或具 1~3 浅裂，上面绿色疏被毛，下面被银灰色柔毛。总状花序，总花梗长 10~30 cm，有花 6~12 朵，深紫色，翼瓣特大。荚果直，扁圆形，长约 7.5 cm，直径 0.4~0.6 cm，含种子 7~13 粒，成熟时容易自裂，种子扁卵圆形，浅褐色或黑色。细胞染色体：2n=22（史亮涛等，2009）。

2. 生物学特性

大翼豆喜温、喜光，短日照植物，生长温度为 25~30℃，在日照较长的情况下为 22~27℃。于 13~21℃时生长缓慢，受霜后地上部枯黄，但在–9℃情况下存活率仍可达 80%，在热带豆类中是较能耐低温的。

在广州 3 月播种的 7 天出苗，20~30 天分枝，60~80 天开花结荚，90~100 天后种荚陆续成熟。在温暖地方，多年生的于每年 3~12 月间都可开花，6~12 月间种子成熟。在江西省，前期生长缓慢，入秋生长旺盛，开花晚，虽可越冬而种子产量低。耐旱性很强，喜土层深厚而排水良好的土壤，受水渍会延缓其生长。适宜的土壤 pH 为 4.5~8，可耐中度的盐碱性土壤，能耐低钙高铝，而不耐高锰，在年降雨量 650~1800 mm 的地区均适宜（史亮涛等，2009）。

3. 饲用价值

在元谋小垮山流域热区所植被恢复试验地种植，饲草产量 3 年年均为 8622.83 kg/hm^2（色拉特罗大翼豆），叶茎比为 0.99。营养价值高，营养期粗蛋白含量为 20.80%，粗纤维含量为 32.90%，适口性为 4（良）。

4. 适宜种植区域

适宜在年降雨量 650~1800 mm 的热带地区种植。

（六）紫花苜蓿（*Medicago sativa* L.）

1. 植物学特征

紫花苜蓿为豆科多年生草本植物。根系发达，主根入土深，在疏松深厚的土壤中，可达 3~4 m，侧根少。60%~70%的根系分布于 0~30 cm 的土层。由根颈处生长新芽和分枝，一般有 25~40 个分枝，多者达 100 个以上。株高 50~100 cm。茎直立或斜上，较柔软，粗 2~4 mm。紫花苜蓿为三出羽状复叶，小叶长圆形，顶端的一片稍大，小叶先端略凹，为一针状物。蝶形花，各花在分枝上集生为总状花序，花穗长 1.5~3.5 cm，宽 1.1~2.0 cm。花蓝色或紫色，异花授粉，虫媒为主。荚果螺旋形，不开裂，盘旋 2~4 叠，每荚有种子 2~8 粒。种子肾形，黄色或黄绿色，千粒重 1.5~2 g。种子有硬实现象，经处理后才能发芽（史亮涛等，2009）。

2. 生物学特性

紫花苜蓿生长的适宜温度为 15~21℃，种子在 5~60℃即能发芽，在 35℃以上的酷热条件下生长受阻。紫花苜蓿的根和越冬芽能耐受–20℃的低温，在厚的积雪覆盖时也能安全越冬。有极强的耐旱性，其根系发达，能从土壤深处有效吸收水分，因此在北方地区年降水量在 300 mm 左右的地区仍能正常生长。紫花苜蓿是需水较多的牧草，雨水充足、空气湿润对其生长最为有利，其种植价值也能充分体现。喜光，在气温 20℃以上时光照时间越长，干物质积累越多，光能利用率达12%以上。同时，紫花苜蓿对光照长短又不敏感，所以在我国的南、北方适时种植都能正常开花结实（史亮涛等，2009）。

3. 饲用价值

在元谋小垮山流域热区所植被恢复试验地种植，猎人河紫花苜蓿和甘农 3 号紫花苜蓿饲草产量 3 年年均分别为 15 144.6 kg/hm² 和 17 788.4 kg/hm²，叶茎比为1.60。营养价值高，营养期粗蛋白含量为 18.60%~19.70%，粗纤维含量为 17.47%~19.70%，适口性为 5（优）。

4. 适宜种植区域

紫花苜蓿是世界广泛栽培的优质豆科牧草之一，在我国主要分布在西北和华北的广大干旱半干旱地区，在我国的南、北方适时种植都能正常开花结实。

（七）WL525HQ 紫花苜蓿（*Medicago sativa* L. cv. WL525HQ）

1. 植物学特征

豆科苜蓿属多年生草本植物。在云南秋播第一个生育周期的生育期为300~310 天。根系发达，主根入土深度达 1 m，侧根和须根主要分布于 30~40 cm 深的土层中；主茎直立、光滑、略呈方形，高 70~110 cm，多小分枝；羽状三出复叶，小叶长圆形或卵圆形，中叶略大；总状花序，着生于主茎和分枝顶部，每花序具小花 20~30 朵；果实为 2~4 回的螺旋形荚果，每荚内含种子 2~6 粒；种子肾形，黄色或淡黄褐色，表面具光泽，千粒重 1.8 g（全国草品种审定委员会，2011）。

2. 生物学特性

秋眠级为 8，冬季刈割后通过 50~55 天的再生即可再次刈割一茬鲜草；对病虫害抗性出色；当年播种后的第 60~65 天，植株高度达到 40 cm 时即可收获第一茬鲜草，其产量平均为 6840 kg/hm^2。播后第 2~4 年的鲜草产量为 120 000~180 000 kg/hm^2，干草产量（风干质量）为 22 131.7~ 28 359.0 kg/hm^2；再生性强、在云南种植一年内能刈割 7 次。

现蕾期风干物中含干物质 94.5%、粗蛋白质 24.1%、粗纤维 19.8%。当气温为22~28℃、年降水量为 600~1000 mm 时，WL525HQ 生长最好；当气温高于 35℃或低于–5℃，降水量超过 1200 mm 时则生长不良（全国草品种审定委员会，2011）。

3. 适宜种植区域

适宜在云南省海拔 600~ 2600 m、年降水量 400~1500 mm 的地区种植。

（八）提那罗爪哇大豆（*Glycine wightii*（Wight & Arn.）Verdcourt cv.Tinaroo）

1. 植物学特性

多年生草本。2 倍体，2n=2x=22。主根发达。全株被毛中等，嫩芽无色素。茎细弱，分枝较多；蔓生、攀沿或缠绕，随生长逐渐变为综色；被毛半帖生，毛尖向下；茎节触土极易生根，放牧状态下，新生枝条常从埋于地下的根颈处长出，三出复叶，小叶常呈尖卵形，长 5~10 cm，宽 3~6 cm，两面具短毛，或上表面光滑；叶缘中度羽裂；托叶小，披针形，长 4~6 mm，易脱落，叶柄长 2.5~13 cm。总状花序腋生，长 4~30 cm。由 20~150 朵花构成。花长 54.5~55 mm，萼筒钟状，萼齿深裂，但长度不超过萼筒的 2 倍；旗瓣白色、红紫色或白色带紫色斑纹；翼瓣狭窄，与龙骨瓣多少有些粘连。荚果平直或微弯，长 1~4 cm，宽约 3 mm，内含种子 3~8 粒，成熟后开裂。种子矩圆形，淡棕色，偶有杂斑，千粒重 6.5~6.7 g（龙会英，2015）。

2. 生物学特性

喜温暖湿润气候，气温大于 20℃时，生长旺盛，低至 16℃时，生长缓慢，低至 13℃时，生长完全停止，温度低至 2℃，叶片开始脱落。适宜的降雨范围为 750~1500 mm。耐寒性中等，强于巨瓣豆和三裂叶葛藤，但不如大翼豆。在云南北亚热带地区，霜冻一出现，地面部分迅速返青。抗旱性较强，耐湿性较差。

土壤适应范围广，从有机质含量极低的砖红壤到肥沃的冲积土壤均能良好生长，但对土壤酸性的耐受力弱，在 pH 大于 6.5 的土壤上生长良好，当土壤 pH 低于 5.7 时，容易出现锰中毒。耐盐性强。根瘤专一性不强。固氮能力中等，年固氮量在 150.0 kg/hm^2 左右，但变化范围大，在肥沃土壤上的固氮量极低。自然侵占能力弱。

3. 饲用价值

干热河谷山地种植提那罗爪哇大豆年均干草产量为 4475~11 628.7 kg/hm^2。营养期茎叶干物质中粗蛋白含量为 13.83%，粗脂肪为 4.77%；孕蕾期粗蛋白含量为 14.20%~18.03%。叶量丰富，叶茎比为 1.03~1.37，适口性好，牲畜和禽类喜食，对羊、兔和鸡的喜食程度为 5，与柱花草比较，肉兔喜食，采食率为 76.2%。综合分析，提那罗新罗顿豆表现出易繁殖、抗旱、侵占性强等特性，是一种优良豆科牧草。

4. 适宜种植与推广区域

提那罗爪哇大豆具有较强的适应性，适宜在我国年降水量为 600~2000 mm 的热带、亚热带地区，广东、广西、海南、福建、湖南及云南的大部分热区可种植；尤其适宜在年降水量为 600~1300 mm 的金沙江、红河、思茅和保山及类似气候的干热河谷地区种植。

（九）库克圭亚那柱花草（*Stylosanthes guianensis*（Aubl.）Sw. var. *guianensis* cv. Cook）

1. 植物学特征

豆科草本植物，直立或半直立生长习性，株高 120~150 cm，植株粗糙。全株多毛，托叶亮红色，部分与茎粘连；全缘，小叶披针形，叶长 2~4 cm，叶宽 0.6~1.0 cm，叶柄长 0.6~1cm，颜色墨绿。花由两片粉红色的苞片所包围，中央有枯黄色或紫色条斑；翼瓣淡黄色。种子近于肾形，黄色、棕黄色或橄榄绿，长约 2.5 mm（奎嘉祥等，2003），种子千粒重 2.30 g。

2. 生物学特征

中熟型品种，从云南的生长表现来看，耐寒性强，在云南省霜期超过 2 个月左右的中亚热带，可越冬，但持久性差。在云南的适宜种植区域与格伦姆圭亚那柱花草相似（奎嘉祥等，2003）。在元谋干热河谷种植，9 月底至 10 月初始花，10 月底盛花，11 月下旬结荚，12 月底种子成熟。

3. 适宜种植区域

适宜亚热带地区。

（十）热研 2 号柱花草（*Stylosanthes guianensis* cv. Reyan No. 2）

1. 植物学特性

多年生半直立草本植物，根系深而发达，主根及侧根均着根瘤。茎被茸毛，高 0.8 ~1.5 m，基部茎粗 0.25~0.60 cm，种植 6 个月根长达 0.3~1.0 m。叶为三出复叶，略被茸毛，小叶长椭圆形，中间小叶较大，长 3.0~3.8 cm，宽 0.5~0.7 cm，青绿色，叶柄长 0.4~0.8 cm，两侧小叶长 2.1~3.0 cm，宽 0.5~0.7 cm；托叶合生为鞘状，上部 2 裂，呈浅红色。复穗状花序，顶生或腋生，1~4 个花序着生或一簇，每个花序有小花 10~16 朵，花冠黄色。荚果棕褐色，肾形至椭圆形，长 2.1~3.0 mm，宽 1.3~1.6 mm，内含一粒种子；种子乳黄色，肾形，长 2.0~4.0 mm，宽 1.1~1.5 mm。千粒重约为 2.7~2.93 g，种子约 37 万粒/kg。短日照植物，开花日照长度小于 12 小时；开花结荚期温度宜在 19℃以上（刘国道，1999），在元谋种植千粒重为 2.90g。

2. 生物学特性

喜潮湿的热带气候，适生于 23°N 以南的地区，年平均气温 21℃、年降雨量 1000 mm 以上，最适生长温度 25~28℃，宜在无霜地区种植。适应性强，从砂质土至重黏土均可生长良好，耐干旱，耐酸性瘦土，能在 pH 为 5~5.5 的各类土壤上生长，酸性土壤种植柱花草可提高土壤的 pH，不耐荫和渍水。荚果成熟后易脱落，绝大多数荚果成熟后落地，时间约 30 天。干物质粗蛋白质含量 16.4%~18.6%，平均为 15.64%。初期生长缓慢，易被杂草覆盖，移栽 2~3 个月后，随着根系的生长产生大量根瘤，固氮能力不断增强，地上部分生长迅速，很快形成由许多二三分枝交织而成的厚层覆盖，能抑制杂草生长。可利用荒山荒地、经济林果园种植。适作青饲料，晒制干草，制干草粉、草颗粒或放牧各种草食家畜和家禽（刘国道，1999）。在元谋干热河谷种植，9 月底至 10 月初始花，10 月中下旬盛花，11 月中下旬结荚，11 月底至 12 月底种子成熟，种植 6 个月根系长 0.6~1.05 m。

3. 饲用价值

干热河谷山地种植热研 2 号柱花草，年均干草产量 11 916.3 kg/hm²，无霜情况下再生强度为 2~3 次/年。孕蕾期粗蛋白含量为 14.56%，粗纤维含量为 24.97%。叶量丰富，叶茎比为 1.14，适口性好，牲畜和禽类喜食，对羊的喜食程度为优。

4. 适宜种植区域

适合在我国的热带、亚热带地区种植。

（十一）热研 5 号柱花草（*Stylosanthes guianensis* cv. Reyan No. 5）

1. 植物学特性

多年生直立草本。绝对株高 0.6~1.3 m，茎粗 3~5 mm，多分枝。叶为羽状三出复叶，小叶长椭圆形，中间小叶较大，长 2.1~3.0 cm，宽 0.4~0.7 cm，叶柄长 0.2~0.5 cm；两侧小叶较小，长 1.3~2.4 cm，宽 0.3~0.6 cm。复穗状花序顶生，每个花序具小花数朵，花冠蝶形，黄色，单体雄蕊 10 枚，长短二型花药相间而生，花柱细长，弯曲，子房包被萼管基部。荚果小，褐色，内含 1 粒种子；种子肾形，种皮黑色，具光泽。种子千粒重 2.05~2.2 0g（刘国道等，2001），在元谋干热河谷种子千粒重 2.24~2.63 g。

2. 生物学特性

耐干旱，在年降雨量为 700~1000 mm 的地区生长良好；耐酸性瘦土，在 pH4.5 左右的强酸性土壤仍能茂盛生长；稍耐寒冷和阴雨天，在海南省，冬季低温（5~10℃）潮湿气候条件下能保持青绿；其最大特点是早花，在海南儋州地区 9 月底始花，10 月底盛花，11 月底种子成熟，一般比热研 2 号柱花草提前 25~40 天开花，种子产量高 20%~40%以上。较适于生长在年平均气温 20~25℃、年降雨量 1000 mm 以上无霜地区。一般产干草 11 250~15 000 kg/hm²。干物质含粗蛋白质 16.4%，富含维生素和多种氨基酸，适口性好。既可作为建植人工草地和改良天然草地的主要牧草品种，又可在旱坡退化山地、林果园种植。适作青饲料，晒制干草，制干草粉、草颗粒加工或放牧各种草食家畜和家禽等（刘国道等，2001）。在元谋干热河谷种植，9 月底至 10 月初始花，10 月中旬初花，10 月下旬盛花，

11 月中旬结荚，12 月底至翌年 1 月种子成熟（龙会英等，2010），种植 6 月后根系深 0.6~1.00 m。

3. 饲用价值

干热河谷山地种植热研 5 号柱花草，无霜情况下再生强度为 2~3 次/年，种植第一年干草产量为 5117.0 kg/hm²，年均干草产量为 13 600.3 kg/hm²，旱季干草产量为 1.25 kg/hm²。初花期粗蛋白含量为 16.04%，粗脂肪为 25.32%，粗纤维为 25.32%，粗灰分为 8.4%，无氮浸出物为 41.71%。叶茎比为 0.79，鲜干比为 3.79，适口性好，牲畜和禽类喜食，对羊的喜食程度为优。

4. 适宜种植区域

适于我国热带、南亚热带地区种植。

（十二）热研 7 号柱花草（*Stylosanthes guianensis* cv. Reyan No. 7）

1. 植物学特征

多年生直立草本豆科植物，绝对株高株高 0.6~1.8 m，冠幅 1.0~1.5 m，多分枝，叶为羽状三出复叶，小叶长椭圆形，中间小叶较大，长 2.5~3.6 cm，宽 0.5~0.8 cm，叶柄长 0.5~07 cm；两侧小叶较小，长 1.0~2.4 cm，宽 0.4~0.7 cm。茎、枝被有茸毛。该品种行自花授粉，为二倍体植株（2n=20），复穗状花序顶生，每一个花序具小花 4~6 朵，蝶形花冠，花橘黄色，每朵小花雌蕊 1 枝，雄蕊 10 枚。荚果小，浅褐色，内含 1 粒种子；种子肾形，浅黑色，千粒重 2.0~2.30 g（元谋干热河谷种植千粒重为 2.14 g）（蒋昌顺等，2003）。

2. 生物学特性

喜湿润热带气候，适于我国热带、南亚热带地区种植。耐旱，在年降雨量为 800~1000 mm 的地区生长良好，耐酸性瘦土（蒋昌顺等，2003）。开花迟，在云南干热河谷 6~7 月种植，7 月初进入分枝期，花期为 10 月中旬至 11 月中旬，11 底至 12 月中旬结荚，12 月下旬至翌年 1 月底种熟，种植 6 个月根系长 0.50~ 1.00 m。冬季土壤水分充足保持青绿，为高产、高蛋白、抗病柱花草品种。可用于草粉生产、草颗粒加工及禽畜的青饲料供给、林果园行带间间作覆盖及翻压等绿肥作物等方面的推广应用。

3. 适宜种植区域

适合在热带、亚热带地区种植。

（十三）热研 10 号柱花草（*Stylosanthes guianensis* cv. Reyan No. 10）

1. 植物学特征

多年生直立型草本豆科植物，植株高 0.7~1.3 m，冠幅 1.1~2.2 m，分枝数中等。三出复叶，小叶长梭形、倒披针形及纺锤形，中间小叶较大，长 2.5~5.0 cm，宽 0.5~0.8 cm，两侧小叶较小，长 2.5~3.2 cm，宽 0.4~0.7 cm，叶柄长 0.2~0.7 cm。茎粗 0.4~0.5 cm，茎、枝、叶被有小茸毛，无刚毛。自花授粉作物，为二倍体植株，复穗状花序顶生，每一个花序具小花 4~6 朵，蝶形花冠，浅黄色，翼瓣深黄色，花瓣直径 0.6~0.7 cm，每朵小花雌蕊 1 枝，雄蕊 10 枚。荚果小，深褐色，内含 1 粒种子；种子肾形，浅褐色，千粒重 2.50~3.21 g。

2. 生物学特性

喜热带潮湿气候，适于年平均气温 20~25℃、年降雨量 1000 mm 以上无霜地区种植。抗炭疽病及耐寒能力比热研 2 号柱花草强。晚熟品种，在云南干热河谷 6~7 月种植，7 月初进入分枝期，花期 11 月下旬至 12 月下旬，12 月底结荚，翌年的 1 月中旬至 2 月初种熟，种植 6 个月根系长 0.50~1.00 m。种子繁殖，播种量为 7.5~18.75 kg/hm²，耐旱、耐酸瘠土，抗病，但不耐荫和渍水。在元谋干热河谷种植，种植 6 月后根系深 0.6~1.00 m，可利用荒山荒地和果园种植。适作青饲料，晒制干草，制干草粉或放牧各种草食家畜、家禽。

3. 适宜种植区域

适于海南、广东、广西、福建等省及云南和四川的热带地区种植。

（十四）热研 13 号柱花草（*Stylosanthes guianensis* cv. Reyan No. 13）

1. 植物学特征

草本豆科植物，植株直立，高 0.6~1.3 m，冠幅 1.1~2.2 m，种植 6 个月根系深 0.5~0.9 m，分枝数中等。叶为羽状三出复叶，小叶长梭形、倒披针形及纺锤形，中间小叶较大，长 3.0~4.0 cm，宽 0.6~0.7 cm，叶柄长 0.5~0.6 cm；两侧小叶较小，长 2.5~3.0 cm，宽 0.4~0.7 cm。茎、枝、叶被有小茸毛，但无刚毛。自花授粉，为二倍体植株，复穗状花序顶生，每一个花序具小花 4~6 朵，蝶形花冠，米黄色，翼瓣深黄色，花瓣直径 0.6~0.7 cm，每朵小花雌蕊 1 枝，雄蕊 10 枚。荚果小，深褐色，内含 1 粒种子；种子肾形，浅褐色，千粒重 2.58~3.21 g。

2. 生物学特性

喜湿润的热带气候。耐干旱，在年降雨量 1000 mm 左右的地区生长良好；耐酸性瘦土，耐寒，在海南冬季仍然保持青绿，晚花，在元谋干热河谷种植 7 月进入分枝期，10 月初现蕾，花期 11 月 20 号至 12 月初，结荚 11 月底，种熟 12 月至翌年 1 月，为高产、高蛋白、抗病晚熟柱花草新品种。可应用于我国的热带、亚热带地区干草粉生产、禽畜的青饲料供给、果园间作覆盖及绿肥作物等方面。

3. 适宜种植区域

适合在我国热带、亚热带地区种植。

（十五）热研 18 号柱花草（*Stylosanthes guianensis* cv. Reyan No. 18）

1. 植物学特征

多年生半直立亚灌木，株高 1.1~1.5 m，基部茎粗 0.5~1.5 cm，多分枝，茎密被长柔毛，略带黏性。托叶与叶柄贴生成鞘状，长 1.5~2.0 cm，羽状三出复叶，中央小叶长椭圆形，长 3.3~3.9 cm，宽 0.6~1.1 cm，先端急尖，被疏柔毛，小叶柄长 1.0 mm；两侧小叶较小，长 1.5~3.2 cm，宽 0.5~1.0 mm，近无柄，仅具一极短的关节。花序具无限分枝生长习性，密穗状花序顶生或腋生，花序长 1.0~1.5 cm；初生苞片紧包花序，长 0.2~1.0 cm，密被长锈色柔毛；次生苞片长 0.2~2.0 cm，长椭圆状至披针形；小苞片长 1~4 mm。蝶形花冠，花小，花萼上部 5 裂，长 1.0~1.5 mm，其基部合生成管状，花萼管纤弱，长 5~7 mm；旗瓣橙黄色，具棕红色细脉纹，长 5~7 mm，宽 3~5 mm，翼瓣 2 枚，比旗瓣短，淡黄色，上部弯弓，连合，具瓣柄和耳；龙骨瓣与翼瓣相似，具瓣柄和耳。雄蕊 10 枚，单体雄蕊，花药二型，长型花药着生于较长花丝上，短型花药生于较短花丝，长、短二型花药相间而生；雌蕊 1 枚，柱头圆球形，花柱细长，弯曲，子房包被于萼管基部，子房具胚珠 1~2 枚。荚果具一节荚，褐色，卵形，长 2.6 mm，宽 1.7 mm，具短而略弯的喙，具 1 粒种子，种子肾形，黄色至浅褐色，具光泽，长 1.5~2.2 mm，宽约 1 mm。种子千粒重 2.3~2.5 g（白昌军等，2011）。

2. 生物学特性

热研 18 号柱花草年牧草产量达 11 420.0 kg/hm^2，抗柱花草炭疽病，耐旱，可耐 4~5 个月的连续干旱，在年降水 600 mm 以上的热带地区表现良好，尤耐低肥力土壤、酸性土壤（pH 4.0~4.5）和低磷土壤，可耐受一定程度遮荫（白昌军等，2011）。在元谋干热河谷 4~5 月种植，7 月进入分枝期，11 月初现蕾，花期 11 月中旬至 12 月中下旬，结荚期 12 月底，种熟为翌年 1 月至 2 月。

3. 适宜种植区域

适合我国热带、亚热带地区种植，尤其适于华南地区。

（十六）热研 20 号太空柱花草（*Stylosanthes guianensis* cv. Reyan No. 20）

1. 植物学特性

多年生半直立亚灌木，株高 1.0~1.5 m，基部茎粗 0.4~1.5 cm，多分枝，茎毛稀疏。托叶与叶柄贴生成鞘状，长 1.5~2.0 cm，羽状三出复叶，中央小叶长椭圆形，长 3.3~3.9 cm，宽 0.45~0.73 cm，长宽比为 6.06，先端急尖，叶背腹均被疏柔毛。花序具无限分枝生长习性，密穗状花序顶生或腋生，花序长 1~1.5 cm。蝶形花冠，花较小，花萼上部 5 裂；旗瓣橙黄色，具棕红色细脉纹，翼瓣 2 枚，淡黄色，具瓣柄和耳。雄蕊 10 枚，单体雄蕊，花药二型；雌蕊 1 枚，柱头圆球形，花柱细长，弯曲，子房包被于萼管基部，子房具胚珠 1~2 枚。荚果褐色，卵形，长 2.00~2.65 mm，宽 1.75 mm，具短而略弯的喙，具 1 粒种子，种子肾形，黄色至浅褐色，具光泽（白昌军等，2011）。

2. 生物学特性

喜潮湿热带气候，适合我国热带、南亚热带地区推广种植。产量和营养价值高。抗柱花草炭疽病，极耐干旱，可耐 4~5 个月的连续干旱；适应各种土壤类型，尤耐低肥力土壤、酸性土壤（pH 4~7）和低磷土壤，能在 pH 4.0~5.0 的强酸性土壤和贫瘠的砂质土壤上良好生长；耐荫性较强，可耐受一定程度遮荫；具有较好的放牧与刈割性能，植株存活率较高。在元谋干热河谷 4 月和 5 月播种，6 月底至 7 月初移栽，7 月分枝，11 月中上旬开始开花，11 月下旬盛花，12 月底至翌年 1 月种子成熟。

3. 适宜种植区域

适合我国年降水 600 mm 以上的热带、亚热带地区种植，在海南、广东、广西、云南、福建等省（自治区）表现较好。

（十七）西卡柱花草（*Stylosanthes scabra* cv. Seca）

1. 植物学特征

多年生亚灌木状草本牧草，直立或半直立。株高 1.0~1.6 m，基部茎粗 0.5~1.5 cm，多分枝；叶鞘下部与托叶合生，托叶下部膜质，三出复叶，小叶长椭圆形至倒披针形，侧脉羽状明显，4~7 对，顶端钝，具短尖，两面被毛，带黏性，中间小叶较大，长 1.2~2.1cm，宽 0.7~1.0 cm，小叶柄长 0.5~1.0 cm，两侧小叶较小，长 1.3~2.0 cm，宽 0.5~0.8 cm，近无柄，仅具一极短的关节；花序具无限分枝生长习性，密穗状花序顶生或腋生，花小，花萼上部 5 裂，基部合生成管状，每个花序有小花 4 至数朵，每小花具苞片 3 枚，外侧苞片较大，内侧两片苞片膜质，毛状，苞片上部叶状；蝶形花冠，旗瓣橙黄色，间有棕色辐射状条纹，翼瓣 2 枚，淡黄色，龙骨瓣 2 枚，淡黄色；雄蕊 10 枚，花丝下部合生成管状，上部分开，花药二型，长型花药着生于较长花丝上，短型花药着生于较短花丝，长、短二型花药相间而生，雌蕊 1 枚，柱头圆球形，花柱细长，弯曲，子房包被于萼管基部。荚果小，褐色，具 2 节，上面一节无毛或有时被毛，具短而略弯的喙，下面一节被毛，具 1 粒种子，肾形，黄色，具光泽，长 1.5~2.2 mm，宽约 1 mm，千粒重 2.20~2.44 g（白昌军等，2004）。

2. 生物学特性

西卡柱花草原产于南美洲，分布于海平面至海拔 600 m 的地区，为典型的热带牧草，喜潮湿的热带气候，不耐霜冻。根系发达，种植分布深广，可吸收深层土壤水分和养分，适宜生长在年降水 500 mm 的地区，耐旱耐热，不耐水渍。对土壤的适应性广，耐酸瘦土壤，在沙土至沙质土壤生长较好，在 pH 4.0~4.5 的酸性土壤生长良好（白昌军等，2004），还可有效提高土壤的 pH。在元谋干热河谷，4 月底至 5 月初播种，6 月种植，6 月底至 7 月初进入分枝期，花期 10 初至 10 月中下旬，11 月结荚，12 月下旬种子成熟，种植 6 个月西卡柱花草根系入土深达 80 cm，较耐旱，用于干热河谷草地改良的草种。

3. 饲用价值

干热河谷山地种植西卡柱花草，再生强度为 2~3 次/年，种植第一年干草产量为 500~4281.4 kg/hm²，年均干草产量为 9606.5 kg/hm²，干鲜比较高，可作为晒制干草的牧草。初花期粗蛋白含量为 14.10%，粗纤维为 25.20%。叶茎比为 1.42，鲜干比为 4.60，适口性好，牲畜和禽类喜食，对羊的喜食程度为优（龙会英等，2010）。

4. 适宜种植区域

适合在我国热带、亚热带地区种植。

二、主要禾本科牧草

（一）珊状臂形草（*Brachiaria brizantha* Stapf）

1. 植物学特征

禾本科臂形草属，多年生牧草。原产热带非洲年雨量 800 mm 以上的稀树草原地区。东非、西非、马达加斯加、澳大利亚、斯里兰卡等热带地区均有栽培。
茎秆下部平卧，具有根状茎或匍匐茎，茎节向下生根，斜向上生长，株高
80~120 cm，冠幅 140 cm×180 cm。叶片披针形，长 4~30 cm，宽 1.2~2.1 cm，两
面密被柔毛，先端急尖，边缘呈波状皱折，基部钝圆。深绿、叶缘粗糙、叶片和
叶鞘密被柔毛，基部叶片较短，上部叶片较长。圆锥花序，由 2~8 个总状花序组
成。总状花序长 6~23 cm，宽 5~9 cm，排列于穗轴一侧。小穗卵形，具短柄，先
端尖，小穗长约 0.4~0.6 cm，被短柔毛或无毛，小穗柄长 0.05~0.1 cm，有毛；花
柱基分离，谷粒椭圆形，长 0.2 cm 左右（刘国道，1999；史亮涛等，2009）。

2. 生物学特性

　　属多年生半匍匐型草本植物，具根状茎，秆匍匐或斜升，单株生长幅度达
2.5~3 m，穗状总状花序，花期长，结实率低，5 月底至 6 月初孕穗，6 月初开始
抽穗开花，11 月停止开花，8 月中旬后有少量种子开始成熟。年均干草产量为
10 000~12 984 kg/hm^2。适于在热带地区的各类土壤上生长。喜热带潮湿气候，不
耐寒不耐渍。对土壤要求不严，适于在酸性瘦土上种植，侵占性强，能抑制杂草
生长。抗旱能力中等。分蘖能力强，生长快，且结实率低，种子成熟极不一致，
在生产上可用长根的匍匐茎或分株繁殖（刘国道，1999；史亮涛等，2009）。

3. 适宜种植区域

　　适于在热带地区的各类土壤上生长。

（二）热研 6 号珊状臂形草（*Brachiaria brizantha* cv. Reyan No. 6）

1. 植物学特征

　　热研 6 号珊状臂形草为多年生丛生型禾草，具根状茎和匍匐茎：株高
80~120 cm，冠幅 140 cm×180 cm，单株生长幅度达 2.5~3.0 m，茎扁圆形，具节
13~16 个，节间长 1~30 cm，茎粗 2.5~4.5 mm，基部节间较短，上部节间较长，
叶片长 4~30 cm，宽 1.2~2.0 cm，基部叶较短，上部叶较长，叶鞘长 3.8~28 cm，
基部叶鞘较节间长，中上部较节间短。圆锥花序由 2~8 个总状花序组成，长
6~23 cm，宽 5~8 cm：小穗具短丙，含 1~2 花，第 1 花为雄花，雄蕊 3 枚退化，
第 2 花为两性花，雄蕊 3 枚，雌花柱头羽毛状，深紫色。颖果卵形，长 4.6~6.0 mm，
宽 2.0~2.1 mm（刘国道等，2002）。

2. 生物学特性

　　多年生半匍匐型草本，适于在热带各类土壤生长。5 月底至 6 月初孕穗，6

月初开始抽穗开花，11 月停止开花，8 月中旬后有少量种子开始成熟。耐酸性瘦土，草层高 90~100 cm，一次性测产，每公顷产鲜草 2814 kg。

3. 饲用价值

干热河谷山地种植珊状臂形草，再生强度为 3~4 次/年，种植第一年干草产量为 22 962 kg/hm^2 左右，年均干草产量为 12 984~21 780.0 kg/hm^2，旱季产量为 0.48 kg/hm^2。孕穗期粗蛋白含量为 6.27%，粗脂肪为 1.84%，粗纤维为 19.40%，粗灰分为 10.50%。茎叶比为 0.87，鲜干比为 26，适口性好，牲畜和禽类喜食，对羊的喜食程度为优，可作为鲜草饲用牧草（龙会英等，2010）。

4. 适宜种植区域

热研 6 号珊状臂形草适应性强，对土壤的要求不严，可在海滨沙地至重黏质的砖红壤上良好生长，能耐 pH 4.5~5.0 的强酸性土壤。适宜在年均气温 17~25℃、年降水量 750 mm 以上的地区种植。适合在我国热带、亚热带地区（包括海南、广东、广西、福建以及四川、贵州、云南、湖南的部分地区）种植。

（三）热研 14 号网脉臂形草（*Brachiaria dictyoneura* cv. Reyan No.14）

1. 植物学特征

热研 14 号网脉臂形草为多年生匍匐型禾本科臂形草属，秆半直立，密丛型，具长匍匐茎和短根状茎，株高 40~120 cm，匍匐茎扁圆形，细长、略带红色；匍匐茎有 10~18 个节，节间长 8~20 cm，基部节间较短，中上部节间较长，节稍膨大并在节处带拐；叶片线形、条形至披针形，长 4~30 cm，宽 1.5~2 cm，常对折或遇长时间干旱时内卷，上举，叶片光滑，叶舌膜质，叶鞘包茎，偶半包茎，长 7~12 cm，长叶缘锯齿状；圆锥花序由 3~8 个总状花序组成，花序轴长 5~25 cm，穗枝（总状花序）长 1~8 cm，穗枝具长纤毛，小穗具短柄，交互成两行排列于穗轴一侧，小穗椭圆形，长 4~7 cm，被疏毛；每小穗含 2 小花，第 1 花为雄花，雌蕊退化，第 2 小花为两性花，雄蕊 3 枚，黄色，雌蕊柱头羽毛状，深紫色；第 1 颖片与小穗近等长，11 脉，第 2 颖片具 7~9 条脉，外稃具 5 脉；内稃略带乳头状，第 1 小花膜质透明，第 1 小花内外稃质地相同。颖果卵形，长 0.41 cm，宽 0.19 cm，千粒重 4.5~4.7 g。染色体 2 n=42（白昌军等，2006）。

2. 生物学特性

热研 14 号网脉臂形草喜湿润的热带气候，最适宜在海拔 1000~1800 m、年降水 600~3500 mm 的热带、亚热带地区生长。在元谋干热河谷种植，6 月初孕穗，

6 月中旬开始抽穗开花，7 月中旬至 10 月种子成熟。适应性强，对土壤的适应性广泛，耐酸瘦土壤，能在 pH 4.5~5.0 的强酸性土壤和极端贫瘠的土壤上表现出良好的持久性和丰产性，从重黏土到沙土均可良好生长，在极端恶劣的沙石上表现出好的覆盖效果，耐干旱和相对耐荫，在年降水 750 mm 以上的热带、亚热带地区均可良好生长，可在林下间作；侵占性强，触地各节产生不定根，自然传播迅速；与豆科牧草混播亲和力强，建成持久、耐用草地。热研 14 号网脉臂形草抗沫蝉病，适合草地建设、保持水土和果园间作（白昌军等，2006）。

3. 饲用价值

干热河谷山地种植热研 14 号网脉臂形草，再生强度为 3~4 次/年，种植第一年干草产量为 21 359 kg/hm^2 左右，年均干草产量为 11 419 kg/hm^2，旱季产量 1.00 kg/hm^2。孕穗期粗蛋白含量为 4.69%，粗脂肪为 2.22%，粗纤维为 22.97%，粗灰分为 11.20%。茎叶比为 0.60，鲜干比为 24.5（龙会英等，2010）。

4. 适宜种植区域

适于年降水 750 mm 以上的热带、亚热带地区种植，在林果行间种植表现良好。

（四）热研 3 号俯仰臂形草（*Brachiaria decumbens* cv. Reyan No. 3）

1. 植物学特征

匍匐性多年生草本，秆坚硬，高 50~150 cm。叶片宽条形至窄披针形，长 5~25 cm，宽 0.7~2.4 cm。花序由 2~4 个总状花序组成，花序轴长 1~8 cm，总状花序长 1~5 cm，小穗单生，常排成 2 列，花序轴扁平，宽 0.1~0.2 cm，边缘具纤毛。小穗椭圆形，长 0.4~0.5 cm，常具短柔毛，基部具细长的柄；下部颖片为小穗长度的三分之一至二分之一；上部颖片膜质，从基部分离于一短节间；上部外稃颗粒状（刘国道，1999）。

2. 生物学特性

俯仰臂形草原产热带非洲，喜温暖潮湿气候，是一种典型的湿热带禾本科牧草，最适年降雨量为 1300~1500 mm 地区，可以度过 4~5 个月旱季。最适生长温度为 30~35℃，不耐寒，在无霜地区冬季生长旺盛。对土壤的适应性广泛，能在各类土壤上良好生长，但在高铝含量的瘠薄土壤，其生长量有一定的影响，在排水良好的沃土上产量最高。（刘国道，1999）。在元谋干热河谷种植，孕穗期为 5 月底，抽穗期为 6 月上旬，花期为 6 月中旬至 7 月初，7~8 月种子成熟，11 月底进入枯黄期（龙会英等，2010）。

3. 饲用价值

干热河谷山地种植俯仰臂形草，再生强度为 3~4 次/年，种植第一年干草产量为 24 156 kg/hm² 左右，年均干草产量为 13 307~18 858.5 kg/hm²，旱季产量为 0.82 kg/hm²。孕穗期粗蛋白含量为 4.28%，粗脂肪为 1.42%，粗纤维为 22.13%，粗灰分为 10.10%。茎叶比为 1.35，鲜干比为 26.0（龙会英等，2010）。

4. 适宜种植区域

喜温暖潮湿气候，是一种典型的湿热带禾本科牧草，最适宜年降雨量为 1000~1500 mm 的地区，可以忍受 4~5 个月的旱季，但旱季超过这个范围则生长不良。

（五）贝斯莉斯克伏生臂形草（*Brachiaria decumbens* cv. Basilisk）

1. 植物学特征

多年生丛生性草本植物，植株高 1~1.5 m。须根密而粗硬，入土深。茎直立或匍匐，基部节长气生根，分蘖能力极强。播后 2 个月，平均每株分蘖数多达 77.1 个枝条。叶片宽而肥大；圆锥花序，由 2 至数个穗形总状花序组成，小穗背腹压扁，具短柄或近无柄、单生或孪生，交互排列于穗轴一侧，脱节于颖下。每个小穗含小花 2 朵，第 1 颖长约小穗之半，第 2 颖与第 1 外稃同形，第 2 外稃骨质，背隆起，边缘内卷（奎嘉祥等，2003）。

2. 生物学特性

适应海拔低于 1400 m，年均温大于 16℃，年降雨量 200~2500 mm 的热带、亚热带地区。喜高温高湿气候，在高温干旱地区亦能良好生长。适应性广，对土壤要求不严，对氮敏感，不耐寒和霜冻。抗旱耐高温，能耐夏季 42℃ 的极端高温。病虫害少，在思茅曼中田畜牧草山大面积上种植已超过 16 年，未发现病虫害现象。伏生臂形草的竞争能力强，很多热带亚热带豆科牧草均不能与其持久共生，如毛蔓豆（*Calopogonium mucunoides*）、距瓣豆（*Centrosema pubescens*）、大结豆（*Macrotyloma axillaris*）、格拉姆柱花草（*Stylosanthes guianensis* var. *guianensis* cv. Graham）、银叶山蚂蝗（*Desmodium uncinatum*）、绿叶山蚂蝗（*Desmodium intortum*）、爪哇大豆等（奎嘉祥等，2003）。

3. 适宜种植区域

适应区域为海拔低于 1000~1400 m，年均温大于 16℃，年降雨量 200~2500 mm 的热带、亚热带地区。喜高温高湿气候，在高温干旱地区生长良好。对土壤要求不严，尤其喜含氮高、排水良好的红壤，不耐寒和霜冻。耐热性强，能耐夏季 42℃的极端高温。

（六）无芒臂形草（*Brachiaria mutica*（Forssk.）Stapf）

1. 植物学特征

多年生草本植物，全株粗糙，有茸毛。茎粗壮，直立或匍匐，匍匐茎横向蔓延长达 2~3 m，茎节触土易产生不定根，根系密集发达，但入土较浅。叶量少，叶片宽大。种子千粒重 1.0 g（奎嘉祥等，2003）。

2. 生物学特征

原产于非洲和美洲的热带地区。喜肥沃土壤，不耐严寒和霜冻，有一定耐旱性，最低降雨量要求 1000 mm，开花结籽要求短日照。适于热带或轻霜的亚热带潮湿地区，如海湾沿岸、灌渠边、沼泽地、水库边、水塘边等地区种植，侵占能力极强（奎嘉祥等，2003）。

3. 适宜种植区域

喜肥沃土壤，不耐严寒和霜冻，适于降雨量 1000 mm 以上、轻霜、开花结籽要求短日照的亚热带潮湿地区地区种植。

（七）热研 15 号刚果臂形草（*Brachiaria ruziziensis* G. et E. cv. Reyan No. 15）

1. 植物学特征

热研 15 号刚果臂形草为多年生丛生性禾草，秆半直立，多毛，具分枝，密丛型，短的根状茎向四周扩展能力强，开花时秆高 50~150 cm，匍匐茎扁圆形，稍压扁，被柔毛，长 1~2 mm，匍匐茎具 5~18 个节，节间长 8~20 cm，基部节间较短，中上部节间较长，节稍膨大并在节处带拐；叶片上举，披针形，长 5~24 cm，宽 0.8~2.1 cm，顶端渐尖，基部近圆形，边缘呈微皱波状；叶鞘长 7~12 cm，生于节间，背具脊被柔毛；叶舌极短；纤毛长约 1 mm。圆锥花序顶生，由 3~9 个穗形总状花序组成，花序轴长 4~10 cm，穗形总状花序长 3~6 cm；小穗具短柄，单生，交互成两行排列于穗轴之一侧，长椭圆形，长 0.4~0.5 cm，宽约 1.5 mm，被短柔毛，穗轴宽而平，具翅，略带紫色；每小穗含 2 小花；第 1 颖广卵形，长为小穗之一半，具 11 脉，包卷小穗基部；第 2 颖与小穗等长，具 7 脉；第 1 小花雄花，雌蕊退化，外稃具 6 脉，内稃膜质，具 3 枚雄蕊；第 2 小花两性，外稃革质，椭圆形，长约 3 mm，顶部尖，具 3 脉，具明显横皱纹，边缘内卷，包卷同质内稃，雄蕊 3 枚，黄色，雌蕊柱头羽毛状，深紫色。颖果卵形，长 0.51 cm，宽 0.17 cm，千粒重 4.0~6.05 g（白昌军等，2007）。

2. 生物学特性

热研 15 号刚果臂形草原产于扎伊尔东部的 Ruzizi 山谷以及 Burundi 和 Rwanda 地区，现在广泛分布于世界热带地区。热研 15 号刚果臂形草喜湿润热带气候，适宜生长在温度 19~33℃，海拔 1000~2000 m，年降水量 1000 mm 以上的热带、湿热带地区；具有良好的耐旱能力；对土壤的适应性广泛，耐酸瘦土壤，在 pH 4.5~5.0 的强酸性土壤和极端贫瘠的土壤上表现出良好的持久性和丰产性，在燥红土中，从重黏土到沙土均可良好生长，在极端恶劣的沙石土壤上表现出良好的覆盖效果，在中等肥力和酸瘦土上干草产量可达 15~25 t/hm²。热研 15 号刚果臂形草具较强的亲合力和较高的牧草品质，适合建设人工草地和保持水土（白昌军等，2007）。在元谋干热河谷种植，种植后第二年 7 月下旬进入孕穗期，7 月底至 8 月底进入抽穗期，8 月底至 10 月底进入花期，11 月为种子成熟期，雨养种植条件下 11 月底枝叶枯黄（龙会英等，2010）。

3. 饲用价值

干热河谷山地种植热研 15 号刚果臂形草，再生强度为 4 次/年，种植第一年干草产量为 32 391 kg/hm² 左右，年均干草产量为 15 962 kg/hm²。孕穗期粗蛋白含量为 4.77%，粗脂肪为 1.65%，粗纤维为 25.05%，粗灰分为 9.00%。茎叶比为 1.00，鲜干比为 26.5（龙会英等，2010）。

4. 适宜种植区域

热研 15 号刚果臂形草最适宜在气温 20~35℃，海拔 1000~2000 m，年降水量 690 mm 以上的热带、湿热带地区生长，但不耐霜冻。适合我国热带、亚热带地区（包括海南、广东、广西、云南及福建、四川攀枝花的部分地区）推广种植。

（八）虎尾草（*Chloris virgata* Swartz）

1. 植物学特征

虎尾草属禾本科一年生草本植物。须根，根较细；茎秆稍扁，基部膝曲，节着地可生不定根，丛生，绝对株高 30~140 cm；叶片条状披针形，稍向外折，平滑或上面及边缘粗糙；叶鞘松弛，肿胀而包裹花序。叶片扁平，长 10~50 cm，宽 0.2~1.3 cm。穗状圆锥花序顶生及腋生，长 2.5~16cm，宽 4~10，呈扫帚状，小穗紧密排列于穗轴一侧。颖膜质，外颖短于内颖，内颖具短芒；外稃顶端稍下生芒，第一叶外稃具 3 脉，两边脉上具长柔毛；内稃稍短于外稃，脊上具微纤毛。颖果，纺锤形或狭椰圆形，淡棕色（史亮涛等，2009）。

2. 生物学特性

虎尾草繁殖能力强，可用茎或种子繁殖，虎尾草的茎直立或弯曲，弯曲的茎节着地即可生根分蘖形成新株，也能生产大量的种子，用种子进行繁殖。种子适宜在 20~30℃的湿润条件下萌发，萌发后应暴露在阳光下，以利于接受光照。由于虎尾草有发达的根系，能深入到土壤 3 m 多的土层吸收水分，所以具有良好的抗旱能力，能在年降雨量 600~750 mm 的地区良好生长，在干热河谷 7 月移栽，8 月上旬抽穗，中旬进入花期，9 月初进入种熟期。

3. 饲用价值

孕穗期干草粗蛋白含量为 10.30%，粗脂肪为 1.80%，粗纤维为 34.20%，粗灰分为 12.70%（刘国道，1999）。干热河谷山地种植，再生强度为 4 次/年，种植第二年干草产量为 15 000~20 825 kg/hm²，茎叶柔软，适口性好。

4. 适宜种植区域

适合种植在年降雨量 600~750 mm 的热带和亚热带地区。

（九）墨西哥类玉米（*Euchlaena mexicana* Schrad.）

1. 植物学特征

墨西哥类玉米为禾科类蜀黍属一年生草本。植株高 3~4 m，形似玉米，由于分蘖发达，故草丛较玉米庞大。茎秆直立、圆形或椭圆形，直径 1.5~2.0 cm，叶鞘长于节间，松弛包茎；叶片剑状，叶缘微细齿状，中筋明显，叶面光滑，叶背具短茸毛；花单性，雌雄花同株，雄花顶生，呈圆锥花序；雌穗着生于叶腋中，由苞叶包被；果穗少，生在叶鞘内，每株有 5~10 个穗，每穗有种子 6~8 粒，无棒心，种子呈纺锤状、褐色，千粒重 75 g 左右，不可食用（史亮涛等，2009）。

2. 生物学特性

墨西哥类玉米为喜温、喜湿和耐肥的饲料作物。种子发芽的最低温度为 15℃左右，最适温度为 24~26℃；生长适宜温度为 25~35℃。抗热能力强，能忍受 40℃的持续高温，但不耐寒，当气温降至 10℃以下时，生长停滞。耐旱能力较差，经不起干旱，又不抗涝，浸淹数日即引起死亡，应选择灌排较好的地方种植（史亮涛等，2009）。

3. 饲用价值

干草粗蛋白含量为 10.3%~13.8%，粗脂肪为 1.8%~2.0%，粗纤维为 30%~34.2%，粗灰分为 12.7%，无氮浸出物为 72.0%，赖氨酸含量为 0.42%，其营养价值高于普通食用玉米。干热河谷山地种植，有灌溉条件下，再生强度为 4 次/年，种植第二年干草产量为 15 000~20 825 kg/hm^2，茎叶柔软，适口性好。

4. 适宜种植区域

墨西哥类玉米适宜在我国西南、华南、华北、华中、华东大部分地区种植。

（十）特高多花黑麦草（*Lolium multiflorum* Lam. cv.）

1. 植物学特征

一年生黑麦草又称多花黑麦草、意大利黑麦草，根系发达致密，分蘖较少，茎秆粗壮，圆形，高可达 80~130 cm 及以上。叶片长 10~25 cm，宽 0.3~1.0 cm，色较淡，早期卷曲；叶耳大，叶舌膜状，长约 0.1 cm；叶鞘开裂，与节间等长或较节间为短，位于基部叶鞘红褐色。穗宽 17~30 cm，每穗小穗数可多至 38 个，每个小穗有小花 10~20 朵，多花黑麦草之名由此而来。种子扁平略大，下有 6~8 mm 微有锯齿的芒。千粒重 2.0~2.2 g（史亮涛等，2009）。

2. 生物学特性

一年生黑麦草喜温暖、湿润气候，在温度为 12 ~27℃时生长最快，秋季和春季比其他禾本科草生长快，最适宜在降水量 1000~1500 mm 的地区生长。抗旱和抗寒性较差，在潮湿、排水良好的肥沃土壤和有灌溉条件下生长良好，但不耐严寒和干热。而海拔较高、夏季较凉爽的地区管理得当可生长两年。一年生黑麦草生长期长，生长迅速，刈割时间早，再生能力强，南方一般刈割 4~6 次。分蘖多，根系发达，落粒种子自繁能力很强（史亮涛等，2009）。

3. 饲用价值

干草粗蛋白含量为 17.00%，粗纤维为 24.80%。干热河谷山地种植，再生强度为 4 次/年，年均干草产量为 11 399.0 kg/hm^2，鲜干比为 6.67，茎叶柔软，适口性好，适口性为优，可作为干热河谷冬春饲草种植、林果园行带间间种及冬闲田轮作。

4. 适宜种植区域

适于我国长江流域的以南的地区,在江西、湖南、江苏、浙江等省均有栽培。作为冷季性牧草,可在热区冬春季种植。

(十一)糖蜜草(*Melinis minutiflora* P. Beauv.)

1. 植物学特性

糖蜜草为多年生禾本科牧草,茎蔓延絮结成大而松散的草丛,根系浅;茎多毛,株高 1~1.5 m,草层高 70~80 cm。叶片宽条形至窄披针形,布满浓密的黏性绒毛,呈红色,具黏性分泌物,有浓烈的糖浆状甜味。叶片长 10~25 cm,宽 1~2.1 cm,叶面有厚密柔毛,手感有黏稠分泌物,也具有强烈的糖蜜气味。圆锥花序紧凑,长 10~20 cm,宽 4.5~10 cm,整个圆锥花序成熟前为红褐色,成熟后颜色变浅;小穗小,光洁无毛,长 1.5~2.5 mm,具芒,芒长 6~16 mm。种子轻小,红褐色,带刚毛(刘国道,1999)。

2. 生物学特性

糖蜜草原产非洲热带地区,适于 30°N~30°S、降雨量 800~1800 mm 地区排水良好的土壤。最适生长温度 20~30℃,最冷月平均温度不低于 6.1~14.5℃。对霜冻敏感,持续霜冻会死亡。耐旱,可忍耐 1~5 个月的旱季,但不耐水渍。耐酸瘦土壤,不耐盐盐碱、火烧和连续重牧。由于其茎蔓延絮结成大,是草地水土保持的先锋草种(刘国道,1999)。

3. 饲用价值

元谋干热河谷山地种植,再生强度为 3~4 次/年,年均干草产量为 12 815.2 kg/hm^2,鲜干比为 3.10,适口性为良,可作为干热河谷水土保持草种。孕穗期干草粗蛋白含量为 3.56%,粗纤维为 28.06%。

4. 适宜种植区域

适于海南、广东、广西、福建、云南等南部水土流失严重地区种植。

(十二)坚尼草(*Panicum maximum* Jacq.)

1. 植物学特征

坚尼草为禾本科黍属多年生簇生高大草本。分蘖多,生长旺盛,根系强大,深可达 1.5~3.5 m,近地面处分布成网状。株高 1~3.5m。秆直立,梢粗壮,直径约 1 cm。茎光滑，有腊质，节上密生柔毛，叶片宽线形，长 20~60 cm，宽 1~2.9 cm。叶直立，具条纹，细锯齿状，顶端长渐尖，基部阔，中脉下部明显，有浅沟；每边有叶脉 8 条，叶面疏生茸毛，叶背无毛；叶鞘具腊粉，疏生疣基毛。叶腋内疏生柔毛，分枝纤细，向上斜生，下部裸露。叶量丰富，叶质柔软，叶面具腊粉，光滑无毛。叶鞘无疣毛，叶舌膜质，长约 1.5 cm；节密生疣毛。圆锥花序开展，长 30~40 cm，主轴粗，分枝细，斜向上升。小穗灰绿色，长椭圆形，顶端尖，微带紫色；第 1 颖卵圆形，长约为小穗的 1/3，即 3.0~3.5 mm，无毛。具 3 脉；第 2 颖与小随穗等长，具 2 脉，花丝极短，白色，花药暗红色，长约 2 mm；第 2 小花的外稃长圆形、革质、长约 2.5 mm；内外稃表面均具横皱纹。谷粒长 0.20~0.25 cm（刘国道，1999）。颖果长椭圆形，种子千粒重 0.5985g，穗状花序，小穗长圆形，灰绿色，长约 3 mm，无毛，呈绿色，花期 8~9 月，种子成熟期 9~10 月（史亮涛等，2009）。

2. 生物学特性

坚尼草为多年生禾草，喜高温多雨气候，土壤肥沃的地区栽培较为适宜。适应性强，在海拔 2000 m 以下的地区均能生长。在年降雨量为 600~1800 mm 地区的各类土壤上都可以栽培。不耐寒，怕霜冻，当温度为 –7.8℃ 时即会冻死。耐旱耐热性强，不耐涝。耐荫蔽，可间作于林果园内，但荫蔽度不能太大，荫蔽度太大会促使分蘖少，生长纤细。坚尼草对施肥反映良好，尤其对氮肥反应敏感，施肥后可明显增加产量（史亮涛等，2009）。

3. 饲用价值

以 T58 坚尼草和 9 号坚尼草为例，干热河谷山地种植，T58 坚尼草再生强度为 3~4 次/年，年均干草产量为 24 308.5 kg/hm²，鲜干比为 3.70，叶茎比为 1.48，叶量大，适口性为优。9 号坚尼草再生强度为 3~4 次/年，第一年年产干草产量为 13 058 kg/hm²，年均干草产量为 9448.0 kg/hm²，旱季产量为 1.59 kg/hm²，鲜干比为 25.50，茎叶比为 0.90，孕穗期干草粗蛋白含量为 5.18%，粗脂肪为 1.52%，粗纤维为 24.97%，粗灰分为 12.60%。

4. 适宜种植区域

适合我国海南、广东、广西、福建、云南、贵州、四川等省（自治区）热带地区种植。

（十三）热研 8 号坚尼草（*Panicum maximum* cv. Reyan No. 8）

1. 植物学特征

热研 8 号坚尼草为多年生直立草本，多分蘖，生长旺盛，叶量丰富。株高

1.5~2.0 m，秆粗约 0.75 cm 左右，质较坚硬。叶鞘具蜡粉，节密生柔毛，叶舌膜质，长约 1.5 mm；叶片质地较硬，线形，长 80~120 cm，宽约 3.0~5 cm。圆锥花序开展，长 40~55 cm，宽 30~40 cm，主轴粗，直立具条纹，分枝细，粗糙，斜向上升，小穗灰绿色，长椭圆形，顶端尖，长约 0.4 cm，无毛；第 1 颖长约为小穗的 1/3，广卵形，具不明显中脉，顶端尖，基部包卷小穗；第 2 颖与小穗等长，具 5 脉；第 1 花具 3 雄蕊，外稃和内稃均与小穗等长，外稃具 5 脉；第 2 小花具 3 雄蕊，谷粒长约 0.3~0.4 cm，具横皱纹，种子千粒重 0.759 g（韦家少和蔡碧云，2002）。

2. 生物学特性

热研 8 号坚尼草喜湿润热带气候，其适应性广、生长快、耐旱耐热性强，在海拔 1100 mm 以下、年降雨量 750 mm 以上的热带和南亚热带地区生长良好；耐酸瘦土壤，可在 pH5.0 左右的酸性土上茂盛生长；耐荫蔽，可间作于幼龄林果园园行带间种植；开花晚，多年生的观测表明，热研 8 号坚尼草在元谋干热河谷 9 月下旬至 10 月初孕穗，10 月中旬抽穗，10 月中旬至 11 月中旬开花，11 月种子成熟。

3. 饲用价值

元谋干热河谷山地种植，再生强度为 4 次/年，年均干草产量为 25 515.5 kg/hm²，鲜干比为 3.54，适口性为优。孕穗期干草粗蛋白含量为 5.10%，粗纤维为 27.40%。

4. 适宜种植区域

适应性广，耐酸性瘦土，对土壤要求不严，在壤土、砂壤土及黏土种植生长较好，表现高产稳产性能，适宜我国热带、亚热带地区推广种植。

（十四）热研 9 号坚尼草（*Panicum maximum* cv. Reyan No. 9）

1. 植物学特征

热研 9 号坚尼草为多年生直立草本，植株高大，生长旺盛，叶量丰富。株高 1.0~2.2m，草层宽 210 cm 左右。茎秆直径约 0.60 cm，质地较柔软。叶鞘具蜡粉，无疣毛，节密生疣毛，叶舌膜质，长约 1.5 mm；叶片质地柔软，线形，长 30~60 cm，宽约 1.5~2.5cm。圆锥花序开展，长 30~45 cm，宽 15~40 cm。主轴粗，直立具条纹，分枝细，粗糙，斜向上升。小穗灰绿色，长椭圆形，顶端尖，长约 3.0~3.5 mm，无毛；第 1 颖长约为小穗的 1/3，广卵形，具不明显中脉，顶端尖，基部包卷小穗；

第 2 颖与小穗等长，具五脉；第 1 花具 3 雄蕊，外稃和内稃均与小穗等长，外稃具 5 脉；第 2 小花具 3 雄蕊，谷粒长 3.0~3.5 mm，具横皱纹。种子千粒重 0.599 g（韦家少和蔡碧云，2002）。

2. 生物学特性

热研 9 号坚尼草喜湿润的热带气候，适宜种植在海拔 1000 m 以下、年降水量 750 m 以上的热带和亚热带地区；耐旱耐热性强，返青后恢复生长快；耐酸性瘦土，在 pH5.0 左右的土壤仍能生长；较耐荫蔽，适宜间种于幼龄林果园行带间（韦家少等，2002）。开花较早，在元谋干热河谷 7 月下旬孕穗抽穗，8 月初开花，8 月中旬至 11 月种子成熟。

3. 饲用价值

元谋干热河谷山地种植，耐旱耐热性强，再生强度为 3~4 次/年，种植当年干草产量为 3900.0 kg/hm²，年均干草产量为 22 875.0 kg/hm²，适口性为良。

4. 适宜种植区域

热研 9 号坚尼草喜湿润的热带气候，适于我国海南、广东、广西、福建及云南、四川、台湾等地区种植。即使受到较为严重的寒害，也可恢复生长。

（十五）雀稗（*Paspalum thunbergii* Kunth ex Steud）

1. 植物学特性

雀稗属多年生簇生状草本，茎秆直立或基部极短的斜倚，罩生或分枝，高 10~50 cm，具 2~3 节，节具柔毛；叶鞘被茸毛；叶舌褐色，长 0.5~1 mm；叶片长 10~22 cm，宽 1.4~2.0 cm，先端渐尖，基部收窄或近心形，两面密被疏长毛，稀有秃净的。总状花序 3~6 枚，花穗长 8~12 cm，宽 2~7 cm，互生于主轴上，穗轴宽 1~1.5 mm，边缘粗糙；腋间有白疏毛；小穗倒卵状圆形，先端微凸，长约 2.5 mm，边缘被微毛、稀无毛、呈 2~4 行排列，同行的小穗彼此多少分离，绿色或紫红色；第 2 颖与不孕小花的外稃等长，5 脉，秃净或被柔毛；不孕小花的外稃近边缘有皱纹，有脉 5 条；结实小花的外稃拱凸状，薄革质，边缘窄内卷，包围着内稃，秋间抽穗（刘国道，1999；史亮涛等，2009）。

2. 生物学特性

雀稗是禾本科多年生草本植物。根系发达，根可深入土壤 1.5~2.0 m。有粗壮的"辫子状"匍匐茎，形成稠密的草皮，节间短，长约 1 cm，分蘖能力强，茎秆空心，高 15~16 cm，与叶片共同形成 40 cm 左右高度郁闭的草丛。在我国南亚热带地区可四季常青，而以夏秋季节生长最茂盛，冬季下霜期间生长停止，叶尖发黄，霜期过后即恢复生长。种子在气温稳定在 20℃时即可萌发。花果期较长，一年可收种子两次，种子产量 375~450 kg/hm^2（史亮涛等，2009）。以 FSP2 雀稗为例，在元谋干热河谷，4 月播种，10 月中上旬抽穗，10 月中下旬开花，11 月种子成熟。以 9610 雀稗为例，9 月下旬抽穗，10 月开花，11 月至 12 月种子成熟。

3. 饲用价值

以 FSP2 雀稗和 9610 雀稗为例，干热河谷山地种植，FSP2 雀稗再生强度为 3~4 次/年，年均干草产量为 12 902 kg/hm^2，旱季产量占全年的 1%，鲜干比为 26.5，孕穗期干草粗蛋白含量为 4.38%，粗脂肪为 1.29%，粗纤维为 24.35%，粗灰分为 11.80%。9610 雀稗年均干草产量为 10 812 kg/hm^2，旱季产量占全年的 2.45%，鲜干比为 22，孕穗期干草粗蛋白含量为 4.83%，粗脂肪为 1.38%，粗纤维为 26.66%，粗灰分为 11.40%。

4. 适宜种植区域

适宜我国南亚热带地区种植。

（十六）热研 11 号黑籽雀稗（*Paspalum atratum* cv. Reyan No. 11）

1. 植物学特征

多年生丛生性禾草，株高 90~150 cm。叶量大茎秆少，茎秆粗 0.5~0.9 mm，褐色，具 3~8 个茎节，茎节稍膨大。叶鞘半包茎，叶鞘长 13~18 cm，背部具脊，叶鞘内近叶舌处具稀长柔毛，叶舌膜质，褐色，长 0.1~0.3 cm；叶片长 30~70 cm，宽 1.5~3.0 cm，叶丛高 60~100 cm，草丛宽 80~120 cm，质脆，两边平滑无毛。圆锥花序由 10~13 个近无柄的总状花序组成，互生于长达 25~40 cm 的主轴上，每个总状花序长 8~20 cm，花序宽 5~15 cm。穗轴近轴面扁平，远轴面有一棱，穗轴宽 1~1.5 mm，基部被柔毛，小穗孪生，交互排列于穗轴远轴面；第 1 颖退化，第 2 颖和第 1 小花的外稃等长，两者均膜质，具 3 脉，第 2 小花与小穗等长，平凸状，软骨质，成熟后变褐色，表面细点状粗糙，外稃内卷，包持着同质的内稃，内稃的边缘内折，于中部处向外延伸成膜质之耳状物。种子卵圆形，褐色，具光泽，长 1.5~2.2 mm，宽约 0.1 cm，千粒重 3.57 g。每小穗含小花 2 朵，其中第 1 小花退化不育，第 2 小花具 3 雄蕊 1 雌蕊，雄蕊猪肝色，丁字型着药。雌蕊柱头羽毛状，深紫色。小花的开放顺序是由中间至两端（张瑜等，2015）。不作任何处理下大雀稗种子脱落在 12 天完成，平均种子质量为 4.64g。种子质量呈四个高峰期，种子百粒重和千粒重也呈四个高峰期，但与种子质量高峰期不一致。

2. 生物学特性

热研 11 号黑籽雀稗喜热带潮湿气候，在年均温 18~26℃、年降水 750 mm 以上的地区种植表现良好的丰产性能，其 74%~88%的牧草产量集中在雨季（7~10月）。在海南地区，一般 9 月 20~25 日开花，开花初期后 3 天进入开花盛期；开花期较集中，从开花初期至开花末期，历时 7~9 天；开花最佳温度 33~37℃，最佳湿度 60%~70%，雨天不开花。黑籽雀稗小花稃片"开张—闭合"历时 40~60 分钟；低温下小花稃片"开张—闭合"历时较长，高温下稃片"开张—闭合"历时较短。当稃片开张角度达到 20°时，雌、雄蕊同时露出；当稃片开张角度达到 60°时，花药开始散粉，花药散粉持续 5~7 分钟。单个圆锥花序的花期为 6~9 天，在第 2 天到第 4 天开花强度最大，累计开花数占总开花数的 59.7%。日开花高峰在 9：00-13：00，在高水肥的条件下生长快，产草量高。日均温达到 16℃以上时开始生长，在气温 27~35℃时生长最快，低于 10℃时生长明显受到抑制；低于 0℃时，仅地上部嫩叶枯萎，地下部能安全越冬；翌年气温回升到 15℃时，即可迅速返青生长。在我国 28°N 以南的地区可自然越冬，作为多年生牧草利用。在热带亚热带地区，土壤水分适宜条件下可常年保持青绿。环境适应性强，有一定的耐涝性，病虫害少。不耐荫，不宜在林果行间种植。对土壤要求不严格，在砂土至黏土均能生长。其根系发达，可作为植物提取技术的优良草种。黑籽雀稗对氮肥反应较敏感（张瑜等，2015）。在云南干热河谷，4 月播种，一般 7~8 月开花，8 月中下旬至 10 月种熟。割一次灌溉条件下抽穗时间比未灌溉条件提前 20~40 天，同样灌溉与不灌溉条件下不同刈割次数对抽穗时间也有影响，割的次数越多，抽穗时间越推后。割一次灌溉条件下盛花期比未灌溉条件提前 5~25 天，同样灌溉与不灌溉条件下，不同刈割次数对盛花时间也有影响，割的次数越多，盛花时间越推后（5~15 天）。

3. 饲用价值

干热河谷山地种植，热研 11 号黑籽雀稗再生强度为 3~4 次/年，种植第一年干草产量为 20 147 kg/hm^2，年均干草产量为 12 012 kg/hm^2，旱季产量占全年的 0.05%，鲜干比为 25.5，孕穗期干草粗蛋白含量为 4.94%，粗脂肪为 1.20%，粗纤维为 22.25%，粗灰分为 9.40%。

4. 适宜种植区域

在热带、亚热带地区作为多年生牧草利用，水分适宜常年可保持青绿。环境适应性强，有一定的耐涝性，病虫害少。

（十七）百喜草（*Paspalum notatum*）

1. 植物学特征

百喜草又称为巴哈雀麦、美洲雀麦，原产加勒比海群岛和南美洲沿海地区。禾本科雀稗属多年生匍匐草本植物，具粗壮、木质、多节的根状茎。在元谋干热河谷，一年生百喜草的茎蔓可长达 43.3 cm，且紧贴地面向四周伸延，形成圆盘状群落。节间短簇，逢节发枝生根；根系为须根，一年生的须根大多集中分布于 0~15 cm 深的土层中，最深述 30 cm；秆密丛生，高 40~60 cm；狭叶型百喜草，叶片狭长，长 20~50 cm，宽 0.2~9 cm；宽叶型百喜草长 30~50 cm，宽 0.6~10 cm；叶鞘基部扩大，长 10~20 cm，长于其节间，背部压扁成脊，无毛；叶舌膜质，极短，紧贴其叶片基部有一圈短柔毛；总状圆锥花序。狭叶型百喜草，花穗长 10~20 cm，宽叶型百喜草花穗长 11~20 cm；每圆锥花序生有 2~3 个总状花序，总状花序弯曲向上，着生 2 行小穗。每小穗含 1 花，平滑而有光泽。干热河谷 6 月中下旬进入孕穗期，花期 7~8 月，8 月底至 9 月种子成熟。种子为颖果，卵圆形，黄绿色，有光泽，长约 3 mm，千粒重 187 g（龙会英等，2001）。

2. 生物学特性

百喜草适应于热带和亚热带年降雨量 750 mm 以上的地区栽培。生性粗放，适应性强，对土壤要求不严，最适宜于 pH 5.5~6.5 的沙质壤土生长，在元谋的燥红土坡地不施肥、不灌溉的情况下也能生长良好。既耐高温干旱，也耐低温和水淹，还特别耐践踏。在元谋旱季，坡地无灌溉条件会枯黄，雨季来临立即返青，有灌溉的条件下常年保持青绿。种子表面有蜡质，播种前宜先浸水一夜再播种，以提高发芽率。由于匍匐茎发达，侵占性强，不宜与豆科植物混合种植。另外，百喜草还具有很强的耐阴性，适宜在与成年果园间种（龙会英等，2001）。

3. 饲用价值

干热河谷山地种植，百喜草再生强度为 2~3 次/年，由于植株矮小，产量不高，年均干草产量为 7774.0 kg/hm^2，鲜干比为 2.95，孕穗期干草粗蛋白含量为 13.83%，粗纤维为 33.99%。

4. 适宜种植区域

百喜草适宜于热带和亚热带年降水量高于 750 mm 的地区生长，适宜在我国的广东、广西、海南、福建、四川、贵州、云南、湖南、湖北、安徽等南方大部分地区种植。

（十八）宽叶雀稗（*Paspalum wettsteinii* Hack）

1. 植物学特征

多年生丛生性草本，株高 60~150 cm，有短粗的根茎。茎半匍匐状，光滑、无分枝，隐藏在叶鞘中；茎节具短毛。叶片长 15~40 cm，宽 1.5~3 cm，边缘卷曲；叶舌长 2 cm，膜质化，背面背毛；叶鞘基部暗褐色，叶层高 50~60 cm。穗形总状花序，小穗长 5~15 cm，宽 2~7 cm；小穗近光滑，宽卵形，颖片和不孕小花外稃都微膜质化，具 3 脉。与毛花雀稗相比，叶片更宽，小穗排列不紧密。以无融合生殖方式繁殖，种子较小，深褐色，千粒重 1~1.3 g（奎嘉祥等，2003）。

2. 生物学特征

起源于南美洲，自热分布于巴拉圭、巴西和阿根廷的南部地区。喜温暖湿润气候，适于年降雨量 1000~1500 mm、年均温大于 13℃的亚热带地区种植。最适合生长温度为 16~18℃。春季和夏季生长旺盛，返青比毛花雀稗、东非狼尾草和非洲狗尾草都早。草春 13~15℃时开始生长，秋季 12~14℃停止生长。适应各种土壤类型，需氮量小，在贫瘠土壤上对杂草的竞争能力较强。春季两季生长旺盛，饲草产量较高。抗旱性与东非狼尾草相似，抗寒能力弱于毛花雀稗。耐积水能力中等，能在排水不良的土壤上生长。与新罗顿豆、银叶山蚂蝗、绿叶山蚂蝗、异叶山蚂蝗、罗顿豆、大翼豆和白三叶等多种豆科牧草混播均能良好生长。抗麦角病能力强于毛花雀稗（奎嘉祥等，2003）。

3. 适宜种植区域

适合生长温度为 16~18℃，适于种植在年降雨量 1000~1500 mm、年均温大于13℃的亚热带地区种植。

（十九）象草（*Pennisetum purpureum* Schumach.）

1. 植物学特征

象草又名紫狼尾草，原产于非洲，是热带、亚热带地区栽培的一种多年生高产牧草。多年生草本植物，植株高大，一般高 1.0~4 m。根系发达，强大的须根分布在深 40 cm 左右的土层中，在温暖潮湿季节，中下部的茎节能长出再生根。秆直立，粗 1~2 cm，圆形，节上芽沟明显而直达全节间，被白色蜡粉。分蘖性强，通常达 50~100 个。植株成熟时，在中上部的叶鞘中可伸出数个分枝，也能抽穗开花。叶片的大小和毛被，因品种而异，一般叶长 40~100 cm，宽 0.8~4.5 cm，中脉粗壮，边缘粗糙，上面疏生细毛，下面无毛；叶舌短小，纤毛状，长 0.2~0.3 cm

叶鞘光滑无毛或有粗密的硬毛。圆锥花序圆柱状，黄褐色或黄色，长 20~30 cm，径 1.5~3 cm，主轴密生柔毛，总梗不明显；每个花序约由 250 个左右的小穗组成，小穗通常单生，长约 0.6 cm，含 3 枚小花；颖薄膜质，第 1 颖微小，长约 0.1 cm，先端钝，脉不明显，第 2 颖披针形，长约 0.2 cm，先端尖，具 1 脉；第 1 外稃长约为小穗的五分之四，第 2 外稃与小穗等长，花药顶端具毫毛（刘国道，1999）。

2. 生物学特征

象草喜温暖湿润气候，适应性很强，在我国广东、广西、湖南、四川、贵州、云南、福建、江西、台湾等省热带地区生长良好，是我国南方饲养畜禽重要的青绿饲料。在气温 12~14℃时开始生长，25~35℃时生长迅速，10℃以下生长受抑制，5℃以下则停止生长，不耐冻。由于象草根系强大，入土深，耐旱力也较强。象草对土壤要求不严，砂土、黏土土壤均能生长，但以土层深厚、肥沃疏松的土壤上种植较好。土壤瘠薄缺肥的条件下，象草生长缓慢，茎细弱，分蘖少，叶片短小，色黄，产量低。象草在水分、温度适宜的条件下，一般种植后 7~10 天出苗，15~20 天开始分蘖，分蘖能力很强，但与刈割次数、留茬高度、土壤肥力、雨水多少和季节等均有密切关系。一般结实率很低，种子成熟不一致，容易散落，种子的发芽率也很低，实生苗生长慢，性状不稳定，生产上多采用无性繁殖（刘国道，1999）。

3. 饲用价值

干热河谷山地种植，象草再生强度为 4~5 次/年，由于植株高大，产量高，年均干草产量为 35 915.0 kg/hm^2，干草粗蛋白含量为 5.91%，粗纤维为 66.88%，对山羊的适口性为良。

4. 适宜种植区域

象草的产量高，适口性良，使用年限长，用途较广，具有很高的经济价值，是热带和亚热带地区良好饲用植物之一。在我国广东、广西、湖南、四川、贵州、云南、福建、江西、台湾等省热带地区均可种植。

（二十）开远象草（*Pennisetum purpureum* Schumach.）

1. 植物学特征

又名紫狼尾草。多年生丛生性草本植物，株高 1.5~4.5 m。茎秆直立粗硬，中下部茎节能产生气生根。分蘖能力强，单株分蘖可达 50~100 个。叶片长 40~100 cm，宽 1~4 cm。圆锥花序，由约 250 个小穗组成；小穗单生，每个小穗 3 朵小花，成熟易脱落。种子千粒重 0.30~0.32 g；种子活力低，实生苗生长缓慢，一般采用无性繁殖（奎嘉祥等，2003）。

2. 生物学特征

喜温暖湿润气候和肥沃土壤，需长光照。在气温 25~35℃ 时生长迅速，低于 8℃ 时停止生长，不耐霜冻。在沙土、壤土、微碱和酸性土壤上种植均能生长，对氮肥反应较敏感。根系发达，耐旱性强，但只有在水肥条件较好的情况下才能获得高产（奎嘉祥等，2003）。

3. 适宜种植区域

适宜种植在我国的华南和西南地区。

（二十一）杂交狼尾草（*Pennisetum americanum* ×*P. purpureum* cv. 23A× N51）

1. 植物学特征

杂交狼尾草是禾本科狼尾草属多年生草本植物，为美洲狼尾草与象草的杂种一代。根深密集，发达，主要分布在 0~40 cm 土层内，下部的茎节能长气生根。因具有强大的根系，抗倒伏的性能强，故植株高大，一般株高 1.0~3.5 m，最高可达 4 m 以上，茎秆圆形，丛生，粗硬直立，一般每株分蘖 20 个左右。在良好栽培条件下，多次刈割利用后，其分蘖也可成倍增加。在通风透光、肥水充足的条件下，单株栽培的植株分蘖可达 200 个以上。每个分蘖茎有 20~25 个节间。叶呈长条形，互生，叶片长 60~80 cm，宽 2.5 cm 左右，但经多次刈割后，再生苗的叶片较窄；叶比象草多，且苞叶上面毛较少，叶片边缘密生刚毛，中肋明显。叶鞘和叶片连接处有紫纹。叶色比象草淡，质地较象草柔嫩。圆锥花序成柱状，穗黄褐色，长 20~30 cm，穗径 2~3 cm，小穗披针形，近于无柄，2~3 枚簇生成一束，每簇下围以刚毛组成总苞，由于花药不能形成花粉，或者柱头发育不良，所以没有辅助特殊的育种手段一般难以结籽，故多用茎秆或分株繁殖（史亮涛等，2009）。

2. 生物学特性

亲本原产热带非洲，杂种一代主要在世界热带和亚热带地区栽培，所以温暖湿润的气候最适合它生长。在日平均气温达 15℃ 以上开始生长；生长最适温度为 25~35℃，能耐 40℃ 以上高温天气；气温低于 10℃ 时，生长受到抑制；低于 0℃ 的时间稍长，就会被冻死。在我国 28°N 以南的地区种植，可自然越冬，作为多年生利用。杂交狼尾草既抗旱又耐湿，在干旱少雨季节，不会枯死，仍可获得一定产量。在根部淹水时间较长的情况下，也不会被淹死，只是长势差。喜温暖湿润气候，喜土层深厚肥沃的黏质土壤。60~70 天后株高达 1~1.5 m 即可刈割，全年刈割 4~7 次，鲜草产量为 65 000.0~150 000.0 kg/hm² （史亮涛等，2009）。

3. 饲用价值

杂交狼尾草虽然耐旱力较强，但水分不足也会影响产量，只有水肥同时充足的条件下才能获得稳产高产量。干热河谷山地种植，杂交狼尾草再生强度为 4~7 次/年，由于植株高大，产量高，年均鲜草产量 65 000.0~150 000.0 kg/hm²。

4. 适宜种植区域

适宜种植在热带和亚热带地区。

（二十二）热研 4 号王草（*Pennisetum purpureum × P. americana* cv. Reyan No.4）

1. 植物学特性

热研 4 号王草（王草）又称皇竹草，是由象草和美洲狼尾草杂交育成的禾本科多年生丛生性高产牧草，因其地表上部植株直立丛生、高大粗壮，故被称为"草中之皇帝"，故名称王草。其茎秆形似甘蔗，叶呈长条形。直立丛生，分蘖能力强，株高 1.5~4.5 m，白色蜡粉，老时被一层黑色覆盖物。基部各节有气根发生，每节产生气根 15~20 条，少数秆中部至中上部还会产生气根。根系发达，叶片长 50~115 cm，宽 2.0~5.5 cm；叶鞘长于节间，包茎，长 12.5~20.5 cm，幼嫩时叶片及叶鞘密被白色刚毛，老化后渐脱落；叶脉明显、呈白色。幼苗期茎、叶茸毛较多，叶片浅绿色，生长整齐。圆锥花序密生呈穗状，颖果纺锤形，浅黄色，有光泽（刘国道，1999；史亮涛等，2009）。

2. 生物学特性

王草亲本原产于热带地区，喜温暖湿润的气候条件，不耐严寒。但王草具有明显的杂交优势，其耐寒性优于其亲本，能在亚热带地区生长良好。耐干旱，耐火烧，耐刈割（饲用刈割条件下，不会抽穗开花），但在长期渍水及高温干旱条件下生长不良。对土壤的适应性广泛，在酸性红壤或轻度盐碱土上生长良好，尤其在土层深厚、有机质丰富的壤土至黏土上生长最盛。王草生长快，当年栽培幼苗，可以分蘖 10~20 株，第二年继续分蘖，大多数有 30~50 株，多的可达 100 株。叶量大，叶质较柔软、脆嫩多汁，适口性好，茎叶比小，C_4 植物，光合效能高，鲜草产量一般为 180 000.0~225 000.0 kg/hm²，条件良好的可达 375 000.0 kg/hm²，干草产量为 15 000.0~60 000.0 kg/hm²。营养丰富，粗纤维含量较低，粗蛋白含量丰富。王草在气温达 12~15℃时才开始生长，25~35℃为适宜生长温度，低于 10℃时生长受到抑制，低于 5℃时停止生长，低于 0℃的严寒条件下，需采取保护措施，否则，可能被冻死。王草的须根由地下茎节长出，扩展范围宽，根长可达 2 m 以上，根须的毛根较多，保水固土能力强。王草一般用腋芽进行无性繁殖，只要有芽的节，用节即可繁殖（刘国道，1999；史亮涛等，2009）。

3. 饲用价值

干热河谷山地种植，王草再生强度为 4~5 次/年，由于植株高大，产量较高，是产量最高的禾本科牧草，年均干草产 38 227.0 kg/hm²（15 000.0~60 000.0 kg/hm²），鲜干比为 4.07，对山羊的适口性为良。消化率随王草高度增加而剧烈下降，粗蛋白、粗脂肪、无氮浸出物和适口性也都随饲草高度增高而下降，只有粗纤维随饲草高度而增加。牧草适口性是评价草原资源质量的基本指标，主要受牧草本身的特性影响，如植物形态、化学成分、消化特性和频度等。在合理刈割时应综合考虑到产量、营养成分和适口性、消化率等因素，饲喂时选择生育期在 35 天起刈割；作种苗时选择生长期在 90 天刈割。

4. 适宜种植与推广区域

适合在我国的华南和西南地区种植。

（二十三）非洲狗尾草（*Setaria anceps* Stapf ex Massey）

1. 植物学特征

非洲狗尾草又名蓝绿狗尾草、扁平狗尾草，系狗尾草属草本植物，原产于热带非洲，起源于赞比亚，为澳大利亚的主要栽培牧草。非洲狗尾草根系发达，入土较深，根颈较宽，分蘖多，茎秆较粗，疏丛型，茎秆基部呈紫红色，茎秆直立，基部扁圆形，茎节 14~15 个，分蘖多，高 1.5~2.5 m。叶片狭长，长 20~60 cm，宽 0.5~2.0 cm，两面无毛，叶鞘光滑，下部扁而脊，上部圆柱状。圆锥花序、紧密。呈圆柱状，顶部小，穗长 10~40 cm，宽 0.5~2 cm，主轴被微柔毛，穗周围刚毛粗糙，金黄色或稍带褐色，小穗椭圆形，长约 0.3 cm，顶端尖，通常一簇中仅有一个发育。花色紫红，花药黄色。种子小，千粒重 0.88 g，每千克种子 130 万~190 万粒（史亮涛等，2009）。

2. 生物学特性

喜温热湿润气候。适于年平均温度 19~22℃、最低月平均 5~12℃、年降雨量 890 mm 以上、海拔 1500 m 以下的山地丘陵及坡地的地区种植。较耐酸、耐旱，也稍耐水渍。夏季生长特别旺盛，能在 40℃高温下越夏。抗寒性差，在南方无霜区可保持茎叶青绿越冬。如遇–4℃低温或重霜，上部茎叶出现冻害。可经受短期洪水淹没。它抗旱性强，在华南地区夏季连续 50~60 天高温干旱无雨下，依然青绿并保持长势良好，适宜在年降水量 900 mm 以上地区生长。对氮肥很敏感，在较肥沃的土壤生长特别旺盛。20~30℃的气温是它生长适宜的温度；7~8 月高温干旱期生长减弱，9~11 月长势又转旺盛，生育期为 110~140 天，5~6 月进入晕穗期，5 月底至 7 月初进入抽穗期，花期 6~7 月，8~9 月种子成熟，全年生长期 260~310天（史亮涛等，2009）。

3. 饲用价值

以卡选 14 号狗尾草为例，干热河谷山地种植，再生强度为 3~4 次/年，年均干草产量为 11 414.0 kg/hm^2，旱季产量占全年的 1.44%，茎叶比为 1.37，鲜干比为 18，干草粗蛋白含量为 4.77%，粗脂肪为 1.11%，粗纤维为 28.21%，粗灰分为8.60%，对山羊的适口性为良。其他狗尾草再生强度为 3~4 次/年，年均干草产量10 755.0~20 348 kg/hm^2，旱季产量占全年的 0.69%~1.44%，茎叶比为 0.77~0.94，鲜干比为 18~26，干草粗蛋白含量为 2.71%~4.77%，粗脂肪为 1.12%~1.11%，粗纤维为 18.91%~28.21%，粗灰分为 4.50%~8.60%，对山羊的适口性为良。

4. 适宜种植与推广区域

适合在热带亚热带地区种植。

（二十四）纳罗克非洲狗尾草（*Setaria sphacelata*（Schum.）Stapf ex Massey cv. Narok）

1. 植物学特征

多年生丛生性上繁禾草。开花期株高 1.0~1.8 m。根系发达，入土深度可超过1 m。叶片柔软无毛，叶鞘靠近节间处有微毛，叶色深绿。圆锥花序坚密，呈圆柱状，长 15~38 cm。小穗常为棕褐色，被刚毛包围，柱头多数为紫色，少数白色。种子较大，呈宽卵圆形，直径 0.3 cm 左右，千粒重 0.835 g。4 倍体，2 n=4 x=36（奎嘉祥等，2001）。

2. 生物学特征

异花传粉。云南省最适种植区为北亚热带和中亚热带，但气候适宜范围广泛，在暖温带至南亚热带，年降雨 700~2200 mm、海拔 1200~2000 m 的广大地区均能正常生长发育，并开化结实。我国秦岭以南的绝大多数地区可以引种推广。耐旱耐寒，抗病虫害能力强，云南种植多年，未观测到严重病虫害发生。土壤要求不严，尤其喜欢肥沃含氮高的红壤，耐水淹。生长速度快，产草量高，可用作永久性放牧人工草地，年干物质产量一般可达 5~10 t/hm^2。高水肥条件下单播，收种后一次性刈割干草产量可达 12~22 t/hm^2。生长年限长，再生性强。耐重牧，云南最早大面积建植的放牧型人工草地至今已近 20 年，在长期载畜量为 1.5 黄牛单位/hm^2 的放牧压力下，草场植物群落结构基本能够保持动态稳定；1996 年，载畜量高达 2.1 黄牛单位/hm^2，但次年雨季来临后，返青和生长均正常。与多种温带和热带豆科牧草共生性均好，在亚热带高海拔地区，宜与肯尼亚白三叶、白三叶等混播；在亚热带低海拔地区，宜与爪哇大豆、大翼豆、银叶山蚂蝗等混种。草质好，开花期茎叶比为 1∶0.7，体外消化率高于卡桑古拉非洲狗尾草，适口性优等，放牧家牲喜食。种子产量高，水肥充足条件下，适时收获，种子产量可达 450~600 kg/hm^2，可满足 60~80 hm^2 地块的混播用种，因此易于大面积推广（奎嘉祥等，2001）。

3. 适宜种植区域

最适种植区为北亚热带和中亚热带，但气候适宜范围广泛，在暖温带至南亚热带，年降雨量 700~2200 mm、海拔 1200~2000 m 的广大地区均能正常生长发育，并开花结实。

（二十五）高丹草（*Sorghum sudanense* Hybrid）

1. 植物学特性

高丹草是用高粱和苏丹草杂交而成，综合了高粱茎粗、叶宽、糖分含量高（茎秆含糖量高出饲用玉米 20%）的特性和苏丹草叶量丰富、木质素低、分蘖力、再生力强、产量高（产量比普通苏丹草高出近 30%，比杂交苏丹草高出 20%左右）的优点，杂种优势非常明显。根系发达，茎高 1~3 m，分蘖能力强，分蘖数一般为 20~30 个，且分蘖期长，叶量丰富，叶片中脉和茎秆呈褐色或淡褐色，叶片长90~110 cm，宽 5~10 cm。疏散圆锥花序，花穗长 20~40 cm。分枝细长，种子扁卵形，棕褐色或黑色，千粒重因品种不同有较大差异。

2. 生物学特性

高丹草属于喜温植物，适应性强，抗旱、耐高温，不抗寒、怕霜冻，种子发芽最低土壤温度 16℃，最适生长温度 24~33℃，幼苗时期对低温较敏感，已长成的植株具有一定抗寒能力，抗病能力强，尤其对各种霉菌有很好的抗性，再生和分蘖能力较强，分枝多，可多次刈割利用。高丹草根系发达，抗旱力强，在年降雨量 250 mm 地区仍可获得较高产量，但最适宜种植区域为降雨量 500~800 mm

地区，严重缺水和雨水过多均对生长不利。干草中含有粗蛋白、粗脂肪均高于双亲，含糖量较高，适宜青贮，也可直接放牧和调制干草，是牛、羊、兔、鹅和鱼等畜禽的优质饲料。

3. 饲用价值

再生强度为 4~7 次/年，留茬高度以 10~15 cm 为宜，保证地面上留有 1~2 个节，鲜草产量为 12 000~150 000 kg/hm^2。营养价值高，高丹草粗蛋白、粗脂肪含量分别占鲜重的 2.49% 和 0.6%，叶片宽大，叶多质嫩，茎秆味甜，草质柔嫩，适口性特好，消化率高，茎秆细小，叶量丰富，含糖量高，味甘甜。

4. 适宜种植区域

在湖南、湖北、江西、江苏等地大面积推广应用，是优质的水产渔业用草。

（二十六）苏丹草（*Sorghum sudanense*（Piper）Stapf）

1. 植物学特征

苏丹草原产于非洲北部苏丹高原地区，广泛分布于温带和亚热带，禾本科高粱，属一年生草本植物。须根，根系发达，入土深达 2 m 以上。直立圆柱状茎，粗 2~13 mm，茎圆形、光滑，基部着生不定根，株高 0.6~3 m。分蘖力强，每株分 20~30 个，株型呈直立或披散型、紧密型和侧垂型。圆锥花序似高粱，种子为颖果，呈卵形，略扁平，颖片紧密包被，黄色、棕褐色或黑色，千粒重 9~10 g。

2. 生物学特性

喜温植物，适宜在夏季炎热、雨量中等的地区生长。种子出芽的最适温度为 20~30℃，最低温度 8~10℃，不耐霜冻，生长期需充足的水分，根系发达抗旱性强，干旱年份也能获得较高产量。不耐渍，过分湿润会影响产量，易感病害。耐酸、耐碱，可种植在红壤、黄壤和轻度盐渍化土壤上。苏丹草在元谋干热区 4~5 月播种，播种后 3~4 天开始萌发，播种后 5~6 周开始分蘖，出苗 80~90 天后开花，种子成熟不一致。生育期为 100~120 天。幼苗对低温敏感，低于 3~4℃ 遭冻害，在温度为 12~13℃ 时生长几乎停止。有良好的再生性，种子落粒性强。

3. 饲用价值

新鲜苏丹草柔嫩多汁，牛、羊、兔、猪、鹅等畜禽均喜食，同时也是草食性鱼类的优质饲料。苏丹草再生强度 3~4 次，干草产量约 9000 kg/hm^2（乐食苏丹草）。干草品质和营养价值多取决于收割日期和品种，营养价值较高，适口性好。以大力士为例，拔节期干物质粗蛋白质含量为 12.50%，粗灰分含量为 7.7%（钙 20.54%~2.57%，磷 0.21%），粗脂肪含量为 7.25%，粗纤维含量为 26.35%，无氮 浸出物为 46.26%。开花期后茎秆变硬，饲草质量下降。茎叶适宜青饲，调制优质 干草或制青贮饲料。

4. 适宜种植与推广区域

广泛分布于温带和亚热带地区。

（二十七）香根草（*Vetiveria zizanioides*（L.）Nash）

1. 植物学特征

香根草属亚科蜀族香根草属，多年生丛生性高大草本，株丛致密。株高 0.4~2 m。茎秆粗大，下部压扁。叶片条形，质硬，宽 0.4~1 cm，长 75 cm，上部 丙平，向下逐渐形成对，并过渡至叶鞘而无明显痕迹。圆锥花序，长 15~30 cm，分枝多数，轮生，上举获直立，分枝为总状花序，多节，长达 5 cm，穗轴逐节脱落；节间与小穗柄无毛，小穗成对孪生于各节，一有柄，一无柄。有柄小穗不孕。无柄小穗多少有些两侧压扁，长 0.4~0.6 cm，成熟后小穗即逐渐脱落。颖无芒，狭长。第 1 颖有小刺疣（奎嘉祥等，2003）。

2. 生物学特征

香根草属热带植物，其生态适应范围广，抗逆性强，在年降雨量 200~600 mm、海拔 200~3000 m 的地区均可生长，几乎在热带和亚热带的的任何地区都可种植。自然条件下分布于 22°N~22°S，喜高温潮湿气候，耐涝，经历数周时间的水淹后 很快即可恢复。抗旱能力强，新栽培的分蘖繁育苗连续 60 天不降雨时也不会枯死，生长 1 年后可以耐受长达 10 个月的连续干旱。耐寒，即使冬季霜冻严重，只要土 壤温度能保持在 0℃以上，即冬季不形成冻土的地区均能安全越冬。对土壤无特 殊要求，耐盐碱，在土壤 pH 3~10，砷、铜、锰、锈和铝等重金属含量较高的土 壤环境下也能正常生长（奎嘉祥等，2003）。

3. 饲用价值

Panichpol 等（1996）证实，刚刈割下来的鲜香根草叶子的饲料营养价值与其 他草类相比毫不逊色。四川省农业厅土肥处（1992）及江西省红壤开发总公司对 香根草的饲用营养价值的分析结果表明，鲜嫩香根草茎叶蛋白质含量比紫花苜蓿、聚合草、三叶草、甘薯和稻草的要高，稍低于紫云英；干草蛋白质含量比紫花苜 蓿等饲草低，比青贮饲料玉米和稻草、青稞草高，蛋白氨酸接近上述饲草，赖氨酸则明显高于上述饲草。四川省农业厅土肥处（1992）研究表明，嫩的香根草对牛、羊、猪、兔、鱼等具有较好的饲用价值。

香根草的嫩叶磨碎后可以喂鱼、饲养牲畜。香根草的粗蛋白含量低于其他饲料草类（Anon，1990；Panichpol et al.，1996）。在印度卡玛塔卡邦，人们沿地边种植香根草，每两周或更短的时间收割一次，用作饲料（刘金祥等，2015）。

4. 适宜种植区域

适宜在年降雨量 200~600 mm 的热带和亚热带地区种植。

三、其　　他

菊苣（*Cichorium intybus* L.）

1. 植物学特征

菊苣为菊科菊苣属多年生草本植物。莲座叶丛型，叶期平均高度 0.8 m，抽茎开花期平均株高 170 cm，部分达 200 cm。茎直立，中空具条棱，分枝偏斜较多。基生叶羽状分裂或不分裂，有齿，疏具绢毛，叶片 25~38 片，叶片长 30~46 cm，宽 8~12 cm，折断有白色浮汁，抽茎开花期株高 1.7~2 m。茎生叶较小，披针形，头状花序单生于枝端或 2~3 个簇生于叶腋，花舌状，蓝色，种子楔形，千粒重 1.2~1.5 g（史亮涛等，2009）。

2. 生物学特性

菊苣适应性强，生长速度快，适口性好，利用率高，用途广（饲草、药用、蜜源植物），抗旱耐寒性较强，较耐盐碱，不得病，喜肥水，对土壤要求不严格，旱地、水浇地均可种植。菊苣再生性强，寿命长，一次种植可连续利用 5~8 年。菊苣喜水肥，耐盐碱，在水肥等适宜条件下，生长迅速，利用期长，春季返青早，冬季休眠晚，作为饲料，其利用期比一般青饲料长，若在 8 月底播种，入冬前可刈割一次，以后每年 4~11 月均可刈割，利用期长达 8 个月之久，可解决养殖业春秋两头青饲料紧缺的矛盾（史亮涛等，2009）。

3. 饲用价值

在元谋干热区每年可刈割 4~5 茬，年产鲜草 105 000.0 kg/hm²。菊苣莲座叶丛期干物质中，粗蛋白含量为 21%，粗脂肪含量为 3.2%，粗纤维含量为 23%，无氮浸出物为 37%，氨基酸含量高，茎叶柔嫩，适口性良好，牲畜喜食。

4. 适宜种植区域

适宜在我国南北方种植。南方需选择排水良好、土质疏松的地块种植。

四、干热河谷优势野生草灌资源

奎嘉祥等（2003）、冯光恒等（2005）和龙会英等（2010）对干热河谷优势野生草灌资源进行以下描述。

（一）豆科

1. 链荚豆（*Alysicarpus vaginalis*（L.）DC.）

链荚豆属，多年生草本，茎平卧，长 20~70 cm，叶片卵形，具 1 枚小叶和托叶。总状花序腋生或顶生，荚果密集，4~7 节。喜暖热，多分布于弃耕荒坡草地和林地中，分布区物种单一，为区域优势种，多与丁葵草、扭黄茅混生。叶片较柔软，牛羊喜欢采食，多放牧利用，也可作绿肥及生态恢复护坡利用，种子于 9 月开始成熟（冯光恒等，2005；龙会英等，2010）。

2. 蔓草虫豆（*Cajanus scarabaeoides*（Linn.）Thouars）

术豆属，蔓生或缠绕状草质藤本，具 3 小叶，叶片近革质，顶生小叶椭圆形或倒卵状椭圆形，生有白色柔毛，多呈灰绿色。总状花序腋生，具花 1~5 朵，花冠黄色。荚果生有长柔毛，种子 2~6 粒，椭圆形，黑褐色。喜温暖，耐旱，多分布于冲蚀沟边的灌草丛中，与扭黄茅、车桑子、孔颖草等混生，适应性强，变性土上长势依然很好，部分区域可形成优势群落，牛羊采食，种子从 9 月开始成熟（冯光恒等，2005；龙会英等，2010）。

3. 假苜蓿（*Crotalaria medicaginea* Lam.）

猪屎豆属，一年生草本，株高 30~50 cm，多分枝，具 3 小叶，叶三出，倒披针形或倒卵形，先端钝，具条形托叶。总状花序顶生或腋生，具花 3~8 朵，花冠黄色。荚果卵球形，具种子 2 粒，种子棕色。喜湿热，多分布于沟边、路边。草质柔软，牛羊喜食，多放牧利用，为优等牧草，具有开发潜力，种子从 9 月开始成熟（冯光恒等，2005；龙会英等，2010）。

4. 大叶千斤拔（*Flemingia macrophylla*（Willd.）Merr.）

又名假乌茎草、皱面树、牛得巡。直立半灌木，高 1~3 m，嫩枝密生黄色短柔毛。根系入土深。小叶 3，纸质；顶生小叶宽披针形，长 6~20 cm，宽 2.5~9 cm，先端具短尖，基部圆楔形，正面几乎无毛，背面沿叶脉有黄色柔毛，基出脉 3 条；侧生小叶短小，偏斜，基出脉 2 条；叶柄有狭翅，有短柔毛。总状花序腋生，花多而密，序轴及花梗均密生淡黄色短柔毛。萼钟状，萼齿 5，披针形，最下面一齿较

长，外面有毛；花冠紫红色，长约 1 cm；子房有丝毛。荚果小，椭圆形，长约 1.5 cm
褐色，有短柔毛；种子 1~2 粒，球形，黑色；千粒重 10~22 g（45 450~100 000 粒/kg），
花期为 6~9 月，果期为 10~12 月。

　　野生分布于东南亚和西亚热带、亚热带降雨充足的地区。自然状态下，生
长于灌草丛或次生森林边缘。在海平面至海拔 2000 m 内均能生长。喜气候，在
年降雨量>1100 mm 的地方生长良好。抗逆性强，能耐长时间干旱，也能在排水
差或偶尔有积水的地方生长。在红土类黏土地区生长很好。耐酸性能力强，对
强酸性土壤（土壤 pH 4.5）有极佳的适应性。耐阴性强，在林下生长比大多数
灌木类豆科好。耐火烧能力中等。云南省适于湿热地区栽培，干季补饲利用（奎
嘉祥等，2003）。

5. 天蓝苜蓿（*Medicago Lupulina* L.）

　　苜蓿属，一年生草本，平卧或半直立生长，茎长 10~50 cm，具疏毛。叶片倒
卵形，具 3 小叶，端钝圆、微缺，叶片两面均具有白色柔毛。头状花序，花冠黄
色，荚果弯曲呈肾形，成熟时呈黑色，具 1 粒种子，种子黄色。喜潮湿，耐旱，
多分布于撂荒耕地、沟边，主根发达，草质柔软，适口性好，牛羊喜欢采食，适
宜放牧利用。采集地为变性土，湿度较大，成片分布，株高 30 cm 左右。元谋区
多见冬季生长（冯光恒等，2005；龙会英等，2010）。

6. 补骨脂（*Psoralea corylifolia* Linn.）

　　补骨脂属，一年生直立型灌状草本，全株被白色柔毛和黑色腺点。单叶互生，
叶片宽卵形，边缘具粗而不规则的锯齿。总状花序腋生，近无毛，两面有明显的
黑色腺点。花淡紫色至白色，密集于上部呈头状。花萼钟状；雄蕊 10 枚，合生。
荚果有香色，椭圆状卵形，黑色，不开裂，内含种子 1 粒。种子棕黑色，扁圆。
云南省主要分布于滇中和滇南，多生于暖湿或暖热性草地。野生状态下，放牧家
畜主要采食嫩枝叶（奎嘉祥等，2003）。

7. 白刺花（*Sophora davidii* Franch.）

　　槐属，灌木，株高 1~300 cm，枝条棕色，具锐刺。羽状复叶，长 4~6 cm，具
小叶 11~21 片，小叶多椭圆形，无毛，托叶呈刺状。总状花序，花 6~12 朵，花冠
白色。荚果串珠状，长 2~6 cm，具种子 3~5 粒，黄色。喜温暖，耐旱，耐贫瘠，
多分布于恢复坡地、沟箐、路旁及河岸，易形成单优群落。牛羊喜食，为良等饲
用灌木，多放牧利用。宜作绿肥、饲料、水土保持、人工围栏植物，为干热区绿
化造林的先锋植物之一。种子 9~11 月成熟（冯光恒等，2005；龙会英等，2010）。

8. 西南宿苞豆（*Shuteria vestita* Wight et Arn.）

宿苞豆属，草质藤本，茎纤细，长 50~150 cm。叶片膜质，卵形。总状花序腋生，花多密集，花冠红色。荚果条形，具毛，种子 2~4 粒，棕褐色，荚果成熟呈棕色。多分布于侵蚀沟、坡的变性土上，成片成长，燥红土偶有分布。喜温暖，耐旱，易成单优群落，覆盖率较高。草质柔嫩，牛羊喜采食，为优等牧草。可作为变性土侵蚀区生态恢复草资源。种子于 9 月开始成熟（冯光恒等，2005；龙会英等，2010）。

9. 丁癸草（*Zornia diphylla*（Linn.）Pers.）

丁癸草属，又名丁贵草、人字草。多年生小草本，茎丛生，无毛。小叶 2，披针形，生于叶轴顶端，长 2~3.5 cm，宽 0.5~1.0 cm，先端渐尖，基本圆形，两面无毛；托叶狭，披针形。总状花序腋生。花无梗，苞片 2，革质，卵形，基部延伸成矩，有明显脉纹，边缘有白色缘毛；萼钟状，二唇形，有短柔毛；花冠黄色，长约 1.2 cm；子房无柄，有柔毛。荚果不开裂，有 2~6 荚节，荚节圆形，有明显网脉及刺。千粒重 0.9 g。广泛分布于世界热带和亚热带地区，喜湿热气候，耐寒性差，但耐阴性好，野生状态下，常生于高大草本或灌丛下（奎嘉祥等，2003）。

（二）禾本科

1. 牛虱草（*Eragrostis unioloides*（Retz.）Nees ex Steud.）

画眉草属，一年生草本，基秆伏卧且节生根，高 20~60cm 左右，径 2~3mm，叶片条形，叶舌短，圆锥花序矩圆形，分枝斜生，小穗卵状，两侧扁。喜暖湿，草质柔软，适口性较好，刈牧利用，常分布于路边、管理不善的田地中（冯光恒等，2005；龙会英等，2010）。

2. 荩草（*Arthraxon hispidus*（Thumb.）Makino）

荩草属，一年生草本，秆细弱，无毛，基部倾斜，高 30~60cm，平卧、成丛生长，节上生根，叶片卵状披针形、边缘略带紫色，基部心形包茎，总状花序，分蘖能力强，植株较纤细，呈微淡紫色。喜温暖，耐热，多分布于燥红土，常与羽穗草、马唐、元谋尾稃草、牛筋草、虎尾草等混生，草质柔软，为优等牧草，常见于田野、果园林隙等地。种子从 9 月开始成熟（冯光恒等，2005；龙会英等，2010）。

3. 矛叶荩草（*Arthraxon prionodes*）

荩草属，多年生草本，直立或基部平卧，高 40~60 cm，叶片披针形，叶边缘皱缩，较粗糙，叶基部心形包茎，植株及叶片生有茸毛，总状花序，呈指状排列，穗轴逐节脱落，小穗成对生于各节。喜暖热、耐旱、耐瘠，多分布于山坡、路边及灌丛中，常与黄茅、双花草、丛毛羊胡子草等组成群落。牛羊采食，多放牧利用，种子从9月底开始成熟（冯光恒等，2005；龙会英等，2010）。

4. 华三芒草（*Aristida chinensis* Munro）

三芒草属，多年生草本，须根较细而坚韧。秆直立，纤细，紧密丛生。高50 cm左右，平滑无毛，叶片线形，纵卷如针状，圆锥花序，小穗线形，具三芒。常分布于贫瘠的荒地和侵蚀坡、沟边，为贫瘠干热河谷草地的指示植物，具有较好的适口性，牛、马采食，以之作为治理侵蚀地和改良贫瘠地的草被植物，配合其他草本植物建立人工草场（冯光恒等，2005；龙会英等，2010）。

5. 臂形草（*Brachiaria eruciformis*（J. E. smith）Griseb.）

臂形草属，一年生半匍匐草本，高20~60 cm，叶片线状披针形，边缘粗糙，常生细毛，总状花序4~6枝，疏散紧贴互生于主轴上，穗多直立生长，常见于侵蚀坡、沟的草丛中，变性土也见其分布，小片生长，与华三芒草混生，对环境适应能力强。种子从穗顶端逐渐成熟，易见白穗，种子椭圆形且光滑晶莹，从9月开始成熟。喜温暖、耐旱、耐瘠，牛羊等喜食，为优等牧草（冯光恒等，2005；龙会英等，2010）。

6. 毛臂形草（*Brachiaria villosa*（Lam.）A. Camus）

臂形草属，一年生丛生性草本。秆基部斜，全株密生柔毛。叶片卵状披针形，两面密生柔毛，边缘皱褶，呈波状，基部钝圆；叶鞘被柔毛。总状花序4~8枚组成圆锥花序，主轴与穗轴密被柔毛；小穗卵形，先端尖，无毛或被短柔毛；小穗柄有毛；第1颖三脉，背部对向穗轴，第2颖略短于小穗，5脉。谷粒先端尖，椭圆形，具横细皱纹。云南省野生分布于滇中、滇西、滇西北、滇东南等地，生于海拔800~2200m的暖温性草地。喜温暖湿润气候，耐旱、耐贫瘠。速生性好，叶量丰富，放牧家畜喜食（奎嘉祥等，2003）。

7. 臭根子草（*Bothriochloa bladhii*（Retz.）S. T. Blake）

孔颖草属，多年生草本，茎基平卧丛生，高50~100 cm，具有良好的景观效应和生态效应。耐干旱，喜暖热，耐贫瘠，适应性强。前期为优良牧草，叶片条形，多呈灰绿色。总状花序。多分布于生态恢复区的草山坡、路边、沟边，成片生长，牛羊等喜食，后期茎叶比增大，品质和利用率较低。种子多在10月成熟，种子晶莹略带紫色，种子成熟时穗轴逐节断落，注意把握好种子的收集时期。其在干热河谷生态恢复中具有较强的开发利用优势（奎嘉祥等，2003；冯光恒等，2005）。

8. 白羊草（*Bothriochloa ischaemum*（L.）Keng）

孔颖草属，多年生草本，秆丛生，高 25~70 cm 左右，径 1~2 mm，叶片狭条形，总状花序，节间具一圈白色丝状毛，喜温暖、潮湿且耐旱，青绿期长，分蘖能力强，适应性强，冬季也见其旺长，刈牧利用，牛羊喜食，多分布于灌木草地、农闲、空隙、耕作地、地埂、路边等，组成较大群落，为优等牧草，具有一定的开发价值。种子多在 10~12 月成熟（冯光恒等，2005）。

9. 孔颖草（*Bothriochloa pertusa*（L.）A. Camus）

孔颖草属，多年生草本，秆丛生，高 40~100 cm，叶片线形，叶鞘无毛，总状花序，小穗无柄，基部具一细圆凹点。多分布于田埂、路边、沟旁、草地，部分茎匍匐生长，茎节易定根萌新芽，每丛可蔓延出数十支匍匐茎，每支茎又可萌发数支新芽，易形成一个蔓延辐射圈，具有良好的护土保水功能。喜温暖，耐旱，牛羊喜食，为良等牧草，可试建人工草场。种子多在 9~10 月成熟（冯光恒等，2005；龙会英等，2010）。人工种植可在 4 月和 5 月播种，7 月中下旬进入分枝期，9 月中旬现蕾，花期 9 月至 10 初，10 月中旬种子成熟。

10. 虎尾草（*Chloris virgata* Sw.）

虎尾草属，一年生草本，秆直立或基部斜升，高 25~100 cm，径 1~4 mm，叶鞘光滑，叶片扁平，宽 3~5 cm，穗状花序呈虎尾状，4~6 条直立生于秆顶，颖草质具 1~3 cm 的芒，成熟穗多呈灰白色或紫红色。喜暖热、耐旱，与牛筋草、尾稃草、羽穗草、双穗雀稗等混生，分布于路边、荒地、田埂燥红土上，成小片生长，种子成熟后不久植株即枯死，种子 9 月开始成熟，种子晶莹略带紫色，牛马喜食，放牧、刈割兼用（冯光恒等，2005；龙会英等，2010）。

11. 芸香草（*Cymbopogon distans*（Nees）Wats.）

香茅属，多年生直立草本，茎节常分支，株高 30~250 cm，叶片条形，叶宽 1~1.5 cm，总状花序。耐旱、喜热，具有特殊香味，多分布于山坡丘陵及路边，成丛生长，常与拟金茅、橘草、车桑子等混生。全草可药用，牛羊采食嫩叶，抽穗后易老化，饲用率降低。种子多在 11~12 月成熟。为山坡退化草地生态恢复的草资源之一（冯光恒等，2005；龙会英等，2010）。

12. 龙爪茅（*Dactyloctenium aegyptium*（L.）Beauv.）

龙爪茅属，一年生草本，具不定根，匍匐蔓生，高 50 cm 左右，叶片狭披针形，穗状花序、似"龙爪"，星芒状生于秆顶，种子小、黄白色、球形、从 8 月开始成熟，喜温暖，耐热，耐旱，多分布于地埂、路边、沟边、轮歇地中，成小片区分布或与其他草本混生，草质柔软，放牧利用，畜禽喜食，耐践踏，为良等牧草（冯光恒等，2005；龙会英等，2010）。

13. 双花草 (*Dichanthium annulatum*（Forssk.）Stapf)

双花草属，多年生草本，秆高 60~120 cm，叶片狭条形，总状花序呈指状排列于茎顶，小穗成对生于各节。为干热河谷最主要的优势植物之一，喜热，喜湿，耐旱，耐贫瘠。常分布于路边、荒坡地、荒沟，适应性强，成片生长，形成优势群落或与黄茅、臭根子草混生。草质柔软，马、牛、羊均喜食，在干热区生态环境治理和建立人工草场方面有较大的开发前景（冯光恒等，2005；龙会英等，2010）。

14. 马唐 (*Digitaria sanguinalis*（L.）Scop.)

马唐属，一年生草本植物，半匍匐生长，株高 10~100 cm，直径 2~3 mm，叶片线状披针形，总状花序。喜温暖，耐寒，侵占性和分蘖能力均强，覆盖度高，多分布于间歇地、沟边、埂边、林隙草地和管理不善的耕作地中，成片区生长。为优等牧草，草食家畜喜食，可刈牧利用，嫩叶和种子可喂猪和家禽，也可晒制青干草，具有较好的开发利用前景（冯光恒等，2005；龙会英等，2010）。

15. 牛筋草 (*Eleucine indica*（L.）Gaertn)

穆属，一年草本，秆斜升，高 10~90 cm，叶片条形，穗状花序 2~7 枚，生于秆顶。喜温暖，耐热，耐旱，分蘖能力强，丛生，耐践踏，草质柔软，适口性好，草食家畜喜食。多分布于路边、田野，在草坪和饲料方面均有一定的开发利用价值（冯光恒等，2005；龙会英等，2010）。

16. 小画眉草 (*Eragrostis minor*)

画眉草属，一年生草本，植株矮小、细弱，全株呈灰绿色，高 15~30 cm，叶片扁平，主脉、边缘及叶鞘具腺点，圆锥花序，开展疏松，小穗柄线状长圆形，具腺体。常见于玉米行间、田埂及草地中，多为燥红土，喜温暖，成丛或小片生长；种子球形，极细小，棕色，从 9 月开始成熟。草质柔软，适口性好，牛、马喜食，可放牧利用（冯光恒等，2005；龙会英等，2010）。

17. 蔗茅 (*Erianthus rufipilus*（Steud.）Griseb.)

蔗茅属，多年生草本，直立丛生，株高 1~2.5 m，叶片条形，圆锥花序具白色丝状毛。为干热河谷荒坡、草山典型高大草被植物，多分布于地埂、草山坡角、路边。耐干旱，喜暖热性气候，具有较强的护埂、护路基作用，为水土流失区常见的自然生物种。前期牛羊采食，后期粗糙老化，可作薪柴（冯光恒等，2005；龙会英等，2010）。

18. 扭黄茅（*Heteropogon contortus*（L.）Beauv.）

又名地筋，黄茅属，多年生草本，叶片条形，叶色黄绿，高 30~100 cm，总状花序，长 3~8 cm，小穗成对，芒长 3~5 cm，基盘尖锐，具有"黏性"，分蘖能力强。喜热、耐旱、耐瘠，元谋干热区分布广泛，分布区覆盖度高、侵占性强，易形成单优群落，常与双花草、臭根子草、孔颖草、白羊草等混生。抽穗开花前牛、马等喜食，但开花后尖锐的基盘和长芒对家畜有伤害，为良等牧草；种子柱状，长 0.8~1 cm，棕黑色，10 月中旬开始成熟（冯光恒等，2005）。人工种植可在 4 月和 5 月播种，7 月中下旬进入分枝期，9 月中旬现蕾，花期 9 月至 10 初，10 月中旬种子成熟。返青后 3 月抽穗，4 月初开花。

19. 千金子（*Leptochloa chinensis*（L.）Nees）

千金子属，一年生草本，秆直立，高 80 cm 左右，平滑无毛。植株纤细，基部常膝曲，叶片条状披针形，由多数穗形总状花序组成圆锥花序。喜温暖，草质柔软，刈牧利用，家畜喜食，为优等牧草，多分布于田野、路旁、轮歇地、农闲地和部分林间空隙地中（冯光恒等，2005；龙会英等，2010）。

20. 糠稷（*Panicum bisulcatum* Thunb.）

黍属，一年生草本，秆多直立或基部平卧，高 80 cm 左右，茎秆和叶均光滑、柔软，叶片条状披针形，圆锥花序、分枝细、疏生小穗，种子卵圆形，较大且光滑，种子产量高，多在 10 月成熟，喜温暖，耐霜冻，分蘖能力强，适应性强，冬季多见分布，草质柔软，畜禽喜食，刈牧利用，优等牧草，冬季补饲，多分布于林、农隙地潮湿地带，具有一定的开发潜力（冯光恒等，2005；龙会英等，2010）。

21. 双穗雀稗（*Paspalum distichum*）

雀稗属，多年生匍匐草本，匍匐茎横走，粗壮，长达 100 cm。向上直立部分高 20~50 cm，叶片条形，总状花序，穗为叉状，多为 2 枚，叉状，长约 4 cm，小穗呈两行排列于穗轴的一侧，茎为淡红色，植株长 1 m 以上，易分蘖侧芽，喜生于水源丰富的地方，如排水沟、水塘埂边等，还可在水中生长，作草鱼饲料。喜暖热、湿润、耐涝、耐冷凉，匍匐生长，易形成草皮，种子棕黑色，9 月下旬成熟（冯光恒等，2005；龙会英等，2010）。

22. 圆果雀稗 (*Paspalum orbiculare* G. Forst.)

也称皱叶雀稗、长叶雀稗，雀稗属，多年匍匐生草本，高 30~90 cm，叶片条形，总状花序 3~4 枚排列于主轴上，小穗近半球形，呈褐色，两行排列于稗轴的一侧。多分布于路边、水沟边、田埂上，尤其是水田及水沟边常见，与双穗雀稗、狗尾草等混生，也常成片分布形成单优群落，对地表覆盖度高，草质柔软，分蘖能力强，喜湿热，湿地青绿期长，牲畜及家禽均喜食，刈牧兼用。种子从 9 月下旬开始成熟。成熟种子呈棕色，极易脱落（冯光恒等，2005；龙会英等，2010）。

23. 雀稗 (*Paspalum thunbergii* Kunth ex Steud)

雀稗属，多年生直立草本，株高 30~70 cm。叶片披针形，黄绿色。总状花序，小穗倒卵状。喜湿热，常成片分布于农隙地、路边、沟中，多与白羊草、双花草等混生，分蘖能力强。种子从 10 月中旬开始成熟，种子较大，成熟种子易脱落，可作精饲料。草质柔软，牛羊喜欢采食，多放牧利用（冯光恒等，2005；龙会英等，2010）。

24. 筒轴茅 (*Rottboellia exaltata* L. f.)

也称蛇尾草，筒轴茅属，一年直立生草本，株形较大，高 40~200 cm，叶片条状披针形，总状花序圆柱形，单生茎顶，长 10 cm 左右，植株茸毛多，穗呈筒状，成熟小穗逐节脱落，叶色黄绿色至深绿色，多分布于路边、水沟、冲沟、田埂，易成单优群落，生长前期（拔节前）草质柔软适口性较好，而后期则较粗造，饲用价值低。单株，分蘖少，喜暖热，较耐荫，种子从 8 月底开始成熟，不易收集（冯光恒等，2005；龙会英等，2010）。

25. 甜根子草 (*Saccharum spontaneum* Linn.)

甘蔗属，多年生高大草本。有发达横走的长根状茎。开花期株高可达 4 m，秆较硬。形态特征与斑茅相似，主要区别是：斑茅主轴与秆在花序以下无毛，颖有毛，第 2 外稃具小尖头；甜根子草均相反。多生于海拔 1200~2300 m 的河旁或溪边。春季萌发早，生长迅速，刈割生长快，但分蘖数量较少。野生状态下，年鲜草量 15~20 t/hm^2。幼嫩时家畜喜食嫩枝叶，根茎洗净后也可饲喂草食家畜。根系极扩展，较适于用作水土保持种植。

26. 小米 (*Setaria italica*)

狗尾草属，一年生草本，直立，秆高 1.5 m 左右，叶片条状披针形，柱状圆锥花序。分蘖能力强，茎叶比小，喜温暖，多分布于轮歇地、田埂或沟边。牛、羊及家禽均喜食，秆叶刈割作青饲，籽粒采收作精饲，为优等饲用野生草本，具有较好的开发利用前景（冯光恒等，2005；龙会英等，2010）。

27. 狗尾草（*Setaria viridis*（L.）Beauv.）

狗尾草属，一年生直立草本，高 30~130 cm，叶片条状披针形，圆锥花序呈柱状，小穗长约 2 mm，穗、叶脉、茎呈淡紫色，多分布于潮湿的路边、田埂，与圆果雀稗等混生，成小片生长，分蘖能力较强，繁殖、生长迅速，可以之改良草地。喜湿、耐热、耐瘠，各种家禽喜食，放牧、刈割兼用，为优等牧草。种子易收集，种子从 9 月中旬成熟（冯光恒等，2005；龙会英等，2010）。

28. 鼠尾粟（*Sporobolus fertilis*（Steud.）W. D. Clayt.）

鼠尾粟属，多年生草本，株高 40~100 cm。圆锥花序，穗长 20~30 cm，小穗灰绿色、密生。叶片长狭条形，柔韧性较好。茎叶比低，成丛分布于路边、山路上及山坡草地中，极耐践踏，适应性强，牛羊采食，前期草质柔软，后期较粗糙。种子棕色，10 月开始成熟。为良好的生态固堤植物（冯光恒等，2005；龙会英等，2010）。

29. 苞子草（*Themeda caudata*（Nees）Dur）

菅属，多年生直立草本，茎节多分支，株高 50~300 cm，叶片条形，叶宽 1~2 cm，总状花序具总梗。结实无柄小穗圆柱形，长约 1 cm，其基盘尖锐。喜温暖、耐湿热。多生长于燥红土向变性土过渡的土壤类型，成片分布于摞荒田埂、路边，尤其是在侵蚀严重的小土堆坡上较常见。前期，茎叶比较小，植株多呈灰绿色，茎秆较脆嫩易断，牛羊采食；后期茎叶比大，茎秆光滑坚硬，叶片老化，适口性差。种子在 10~11 月成熟，成熟种子呈棕黑色、圆柱形，容易脱落。生长能力极强，能与侵占性很强的银合欢竞争。可作退化生态恢复、造纸及其他工业原料（冯光恒等，2005；龙会英等，2010）。

30. 虱子草（*Tragus berteronianus* Schult.）

虱子草属，一年生草本，高 15 cm 左右，秆斜升，叶片披针形，边缘具刺毛，圆锥花序呈穗状，小穗成对结合成一个刺球体。喜温暖，耐干旱，常分布于侵蚀坡、侵蚀台地，成片生长，植株矮小，幼嫩期草质较柔软，家畜喜采食，对不良环境具有较强的适应能力，在治理侵蚀坡、沟中具有一定的作用（冯光恒等，2005；龙会英等，2010）。

31. 金沙江尾稃草（*Urochloa longifolia* var. *Jinshamiuensis*）

尾稃草属，一年生草本，平卧生长，分蘖能力较强，叶片披针形，圆锥花序小穗卵形、单生，多分布于侵蚀沟、坡、路边、果园空隙区。适宜土壤类型广，从燥红土至变性土，乃至白胶泥均可生长。牛羊喜食，刈牧利用，为良等牧草。成熟种子容易脱落，种子从 9 月底开始成熟。在干热区，作为饲草具有一定的开发潜力（冯光恒等，2005；龙会英等，2010）。

32. 元谋尾稃草（*Urochloa longifolia yuanmouensis*）

尾稃草属，多年生草本，秆斜升，丛生，高 30 cm 左右，叶片卵状披针形，叶基心形，圆锥花序，小穗长卵形、单生。多分布于路边、侵蚀坡、冲蚀沟、田边。喜温暖，耐践踏，分蘖能力强，适应性强，在变性土壤也有分布且长势较好，草质柔软，放牧利用，种子较大，可饲喂家禽，为优等牧草，在牧草开发利用方面具有一定前景（冯光恒等，2005；龙会英等，2010）。

第二节　部分干热河谷优良牧草栽培技术

一、主要豆科牧草栽培技术

（一）木豆（*Cajanus cajan*（L.）Huth）

1. 土地准备

1）地块选择

木豆种植区域应选择亚热带低热地区。一般在海拔 1000 m 以下、年平均气温 17℃以上、≥10℃的年有效积温 5500℃以上，极端最低气温 0℃以上，无霜或少量轻霜的地区发展种植，土壤以石灰土、砂砾土、黄壤、红黄壤、砂页岩土为宜。坡地种植以坡度不大于 35° 为宜。为保证木豆的生产效益，霜冻灾害频繁和坡度较陡的山区不能大面积发展。

2）整地耕翻、施肥

整地在 3~4 月进行，如果与粮食作物或其他经济作物间作，可采用全面整地或带状整地；营造纯林可采用穴状整地，规格为 20 cm×20 cm×20 cm，株行距根据立地条件及造林要求确定，一般采用 0.8 m×1 m、1 m×1 m、1 m×1.5 m、1 m×2 m、1.5 m×1.5 m 规格。在有条件时应施足基肥，可施磷肥、农家肥和复合肥，以及施钙镁磷 300 kg/hm²、农家肥 7500 kg/hm² 左右、复合肥 300 kg/hm²。

2. 种植方法

1）种子直播

（1）种子处理。生产用种必须选择品种纯度高、无杂质、保管良好、无霉变、无虫蛀、发芽率达 90%以上的种子作种。不论是自留种或购入种,都需进行去杂处理,然后再用 2%的石灰水或 50%多菌灵粉剂 1000~1500 倍液浸种消毒 2~3 小时后再用清水洗干净方可播种。

(2)播种时期。不论是实地点播或育苗移栽,最佳播种时期为每年的 3~6 月,提早播种因气温与土温都较低,种子发芽迟缓且容易腐烂,即使种子出苗也因气温过低而不能正常生长,甚至还会造成大面积死苗;超过 6 月播种,虽然出苗率好,植株生长较快,但进入 10~11 月才开花结实,产量低,且容易在冬季受冻而死。如果用大棚育苗移栽的,也可在当年的 11~12 月下种育苗,翌年 3~4 月进行大田移栽。

(3)播种。木豆播种量可根据利用方式不同而有所区别。用作收籽粒时,行距 150 cm,株距 100 cm,用种量为 7.5~15 kg/hm^2;用作收割青饲料时,株行距 60 cm,用种量为 60~90 kg/hm^2。木豆最适宜的播种深度 2~4 cm,表层覆土。不宜播种过深,否则会由于幼苗顶土能力弱出不了土,播种过浅,又会由于表层干旱而影响其出苗。可采用条播或挖塘穴播,穴播每穴播种 4~5 粒。

2)育苗移栽

(1)育苗。木豆育苗地宜选择土层深厚、肥沃、靠近水源的地方,经犁耙后细致整地起畦,畦宽 1.5 m、长 8~10 m、高 20 cm。施过磷酸钙 225~400 kg/hm^2、腐熟农家肥 6000 kg/hm^2,肥料均匀撒施于畦上,种子均匀撒播或是条播在畦面上,再盖一层肥沃的表土,厚度 1 cm 左右,有条件下可以覆草,以保证种子出苗。播种量在 300 kg/hm^2 左右。

(2)苗期管理。木豆在苗期易被杂草侵害,应及时进行杂草防除,以保证木豆生长。另外,木豆幼苗抗旱能力差,如连续干旱 10 天以上,应及时进行浇水。

(3)移栽。由于木豆苗木枝叶比较柔软幼嫩,容易失水枯萎,移栽时最好选择阴雨天气,用保水剂浇根移栽,移栽时适当剪去部分枝叶,特别是裸根苗更需采取遮荫保水措施才能提高移栽成活率。干热河谷通常在 5~6 月雨季进行移栽。移栽时,一般按 1 m×2 m 的株行距(株距 1 m、行距 2 m)进行打窝栽植,栽苗 4950 株/hm^2 左右;可在移栽前施多元复合肥 600~750 kg/hm^2(即塘穴施 0.1~0.15 kg)或者施农家肥 7500~12 500 kg/hm^2(即塘穴施农家肥 1.5~2.5 kg)作底肥。苗木的栽植深度一般不要超过第 1 对真叶,最深不要超出第 1 枝三出复叶。

3. 田间管理

1)施肥管理

木豆播种后 7~15 天种子开始发芽出土,待苗高 20 cm 左右时,在阴雨天进行移苗、间苗工作,每穴保留 1~2 株,同时将穴内杂草清除并松土。木豆的根部具有根瘤菌，能固氮改良土壤，同时能释放出番石榴酸，可溶解土壤中的磷酸铁，使木豆通过根部吸收这些营养物质，因此，通常木豆不用追肥，木豆生长快，造林当年株高可达 1.5 m，第 2 年株高达 3.0 m。但在木豆种子采收结束后，须及时追施多元复合肥 450~600 kg/hm²，并结合清园，清除部分枯老枝、荫蔽枝、折断枝和病虫枝。

2）灌溉管理

木豆每公顷形成 1000 kg 的产量，需要 200~250 mm 的降雨量。在年降雨量不足 500 mm 的地区，如果在木豆需水临界期的灌浆期浇水，将会显著增加产量。另外，由于木豆对水分很敏感，所以在雨季应注意排水，避免水涝。特别是在干热河谷，种植木豆应在旱季的 1~4 月均给予浇水，才能保证其产量。

3）田间杂草管理

木豆是所有豆类作物中苗期生长缓慢的一种，常常遭遇杂草的严酷竞争，一般播种后 30 天和 60 天进行两次中耕除草和培土，可基本保证木豆不受杂草危害。播种后 60 天后木豆生长非常迅速，杂草将被彻底抑制。

4）病虫害防治

木豆常见病害有木豆白粉病和木豆根腐病。木豆白粉病的防治方法：①采用 15%粉锈灵可湿性粉剂 800 倍液喷洒染病部位 2~3 次，用药间隔期 10~15 天；②采用 50%多菌灵可湿性粉剂 1000 倍液喷洒 2~3 次，用药间隔期 7~10 天。木豆根腐病通常采用预防措施，即播种前用 50%多菌灵可湿性粉荆进行土壤消毒。如若发生根腐病，可将受害植株连根挖出并烧毁。木豆易感豆荚螟、豆荚野螟、豆芫青和豆象等。豆荚螟、豆荚野螟、豆芫青主要在花期咬吃花和嫩荚，豆象主要危害未晒干的种子。因此，在开花结荚期要注意防治，可用杀螟松 800~1000 倍液或滴螟虫配合喷杀。

4. 利用

木豆青枝绿叶是动物饲料配方中紫花苜蓿的最好代替品，同时也在牧场种植木豆用以放牧，对山羊的适口性与优质牧草柱花草相当，枝叶和籽粒是畜禽冬季缺草时的主要青饲料和辅助精料。木豆通常收获鲜茎叶生产青饲草或加工干叶粉制做配合饲草，当植株长至 150 cm 时，从离地面 50~70 cm 处刈割，每隔 6~8 周收割 1 次，也可以收获干籽粒粉碎后作为精饲料饲用。

（二）铺地木蓝（*Indigofera endecaphylla*）

1. 扦插种植

元谋热区雨季来临前的 5~6 月，翻犁整好欲种植地块以熟化土壤，去除残留杂草。条件许可施用农家肥 7500 kg/hm², 普钙 225~400 kg/hm² 做底肥。2~3 次自然降雨后, 土壤墒情提高。扦插种植前选择降雨来临时段, 刈割铺地木蓝种苗地中的半老化的茎蔓作种苗, 头尾不乱地截成 20~30 cm, 摆齐放于水中或阴蔽处, 亩用插条 30 kg 左右。为提高成活率和保证地面快速覆盖, 栽植时墒面 40 cm×50 cm 挖园形浅坑, 坑深 15 cm, 坑宽 20 cm, 坑中顺坑缘斜放插条 5~8 根, 插条 2~3 个芽眼露出土面, 然后回填土一半, 用手指压实土壤即可。雨后 3~5 天便开始萌根。

2. 苗期管理

雨热同期, 杂草生物旺盛, 辅助铺地木蓝前期生长十分关键。需在铺地木蓝幼苗期勤除草。若能对铺地木蓝追施氮肥效果更好。

3. 旱地果园间种

在酸角、龙眼、石榴、芒果果地果园行间种植效果较好。在果树冠幅线下间种铺地木蓝, 元谋雨季过后的 11 月, 刈割地上部分覆盖果树树盘或在果树冠幅线内挖坑压青, 以改善土壤条件和提供果树生长, 刈割时离地面 15 cm 以利于铺地木蓝渡过旱期和次年雨季萌发生长。

4. 利用

1）果园行间种植与翻压

铺地木蓝茎叶营养较丰富, 茎叶含 N 0.58%、P₂O₅ 0.17%、K₂O 0.69%、CaO 0.56%、粗蛋白 14.88%、粗纤维 27.29%, 茎叶做肥的效果好。酸角树冠幅线下翻压 45 kg 铺地木蓝, 与无翻压对照相比, 土壤有机质含量可提高 1.2%, N、P、K 含量分别提高 1.0%、0.47%、0.82%, 酸角树冠幅面积增长 17%。果园行间铺地木蓝还是很好的活覆盖材料, 铺地木蓝茎叶每年自然脱落 250~750 kg/亩, 是土壤有机质的重要来源。元谋地区瘠薄的干润变性土三年生铺地木蓝测定结果显示, 腐殖质层 2 cm, 土壤水分入渗率提高 21%; 土壤 0~8 cm 表层颜度变暗, N、P、K 也有所提高。另外, 果园行间种植还能调节改善果园小气候。

2）防冲护坡、保持水土

铺地木蓝茎叶繁茂, 蔓茎细韧, 贴地茎蔓节可生根, 覆盖力强, 可防止暴雨溅击地表, 截留雨水入渗土壤, 减少地表径流量。资料介绍, 间种铺地木蓝的地表雨水径流量比铲草裸地对照少 27.5%, 水土流失时少 3.7 倍。在元谋侵蚀劣地 >20° 坍塌斜坡上种植铺地木蓝, 冲蚀侵沟发育减缓; 在等高坡地壁、坡地坡面、公路、铁路坡面种植铺地木蓝, 既保持水土, 又能改善环境。

3）绿化

铺地木蓝一年四季常绿，花期可达 3 个月之久，可供绿化观赏，美化环境，尤其在城建废弃地、瘠薄地或街道花带、路桥坡地，通过一定人为管理，可在中小城镇美化绿化方面起到较好效果。

（三）银合欢（*Leucaena leucocephala*）

1. 土地准备

1）地块选择

银合欢适应性及自我繁殖能力极强，只要气候适宜，能适应任何土壤，在中性或微碱性肥沃土壤生长最好，在中性或微酸性、肥力中等的丘陵缓坡地生长次之；土壤质地轻、中、黏重均可，但不耐涝，因此选择地块要求其排水良好。

2）整地耕翻、施肥

为使银合欢尽快生长，种植地需要进行耕翻整平，去除杂草及其他植物，有条件可以施底肥，如施农家肥 7500 kg/hm²、复合肥 225~400 kg/hm²，能有效促进银合欢生长。

2. 种植方法

1）种子直播

（1）种子处理。银合欢种子种皮坚硬具蜡质，极难吸收水分，播种后短期内只有 2%~12%的发芽率，因此播种前必须进行种子处理，以提高发芽率。

第一，热水处理：即用 80℃热水浸泡 1 分钟，然后置冷水中浸泡 24 小时，使之充分吸水膨胀后立即播种。

第二，擦伤处理：即用机械擦损种皮或用 1：2 的河沙和种子混合磨擦 5~10 分钟。

第三，酸处理：即少量种子可用 78%的浓硫酸浸泡 15 分钟后用清水反复洗净凉干，但不宜久存，必须在 7 天内播种。

（2）播种时期。只要在温度达到 20℃左右均可播种，通常在 3~8 月都可以播种，以 5 月、6 月播种较好，因为是雨季，有利于银合欢萌芽出苗。特别是在干热河谷地区，必须抢在雨季播种。

（3）播种。银合欢只要保证土壤湿润，很容易出苗，因此条播和撒播均可，可播种经处理的银合欢种子，也可随采随播，每公顷播 45~60 kg。条播宜采用宽行播种，行间距可为 60 cm，行宽 30~40 cm，在行内均匀播种，播种深度 1.5~2 cm，播后可覆草，保持土壤湿润一周内即出苗。

2）育苗移载

（1）育苗。苗圃地宜选择土层深厚、肥沃、靠近水源的地方，经犁耙后细致整地起畦，畦宽 1.5 m、长 8~10 m、高 20 cm。施过磷酸钙 225~400 kg/hm²、腐熟农家肥 7500 kg/hm²，肥料均匀撒施于畦上，将处理过的种子均匀撒播在畦面上，再盖一层肥沃的表土，厚度 1 cm 左右，播种量 25~30 kg/hm²。

（2）苗期管理。银合欢苗期生长缓慢，要及时拔掉地里的杂草，特别是一些高大的杂草。在长时间的干旱时，应适当浇水，以保证幼苗正常生长。苗高 15~25 cm 即可移栽。

（3）移栽。当银合欢苗高 15~25 cm 即可移栽，可采用机耕全垦移栽方法进行栽培：坡度在 15° 以下的林地，培育饲料林最好。全面一犁一耙，深 30 cm，耙时用尾犁按行距开定植沟，行距 1 m，沟深 30 cm，尽可能按南北走向设置行间，以增加阳光直照时间；沿定植沟按株间距施放基肥。

3）整地挖坑移栽

山地宜带状或块状整地，挖定植坑规格 40 cm×30 cm×40 cm，表土回坑。石山地种植时，在有土的地方挖坑。每定植坑施放 1 kg 有机肥、2 kg 过磷酸钙作基肥拌匀，等下雨土壤湿透后造林。可选在雨后阴天定植，起苗前灌溉至土壤湿透，将嫩枝叶剪 1/2，起苗后及时用黄泥浆浆根并包装保湿。苗木放入坑中扶正，使根系舒展，覆土后将苗稍稍提起，防止窝根，然后分层回土踩实，再盖一层松土。切干造林，造林时把 1 年生苗木主干截去，保留苗高 25~30 cm 可，定植方法同全苗造林。

3. 田间管理

1）施肥管理

银合欢适应性强，生长迅速，常给人粗生滥长的印象，往往忽略了施肥管理，造成生长不良。银合欢作为饲料林、肥料林来经营，经常收割嫩枝叶，消耗土壤中大量营养元素，它和其他豆科、牧草一样，要求土壤中具有合理的矿物养分，应注意施肥，单施氮、磷、钾肥效果不够理想，必须配合施用有机肥。基肥一般每亩施腐熟厩肥 7500.00 kg/hm²、复合肥 225~375.00 kg/hm²，为促进结瘤最好同时施钼和硼元素。追肥结合中耕除草进行，也可在每次刈割利用后施肥，以保证高产稳产。如果作为生态公益林，接种过根瘤菌以后可以不施肥。

2）灌溉管理

银合欢在种植的前期需要进行适当灌水，以利快速生长。但如果在雨季种植，可不用进行浇水也能快速生长。

3）田间杂草管理

银合欢不论用哪种方法造林，由于前期生长慢，幼树易受杂草覆盖牲畜践踏、啃食，造林后均应除草、松土，连续抚育 1~2 年。如果在石山地造林不便抚育，也应压草，保证光照充足，提高造林成活率，促进幼树生长。在有条件的地方可设立保护设施，防止人畜践踏。苗高超过 1 m 以上时地上部分生长转快，可有效抑制杂草生长。

4）病虫害防治

银合欢很少发生病害，虽有较强的抗虫能力，但也常见异木虱，一般每年的11 月至翌年 4 月干旱季节周期性发生危害。受害植株枝叶枯死脱落，生长停止。凡遭此虫危害，其嫩枝叶产量损失 90%以上。可用灭净菊酯 10 ml 稀释 1000 倍喷洒，杀虫率可达 90%以上；也可用双效菊酯，效果也较理想。异木虱易产生抗药性，农药应经常更换使用，但必须注意选用高效低毒农药。

4. 利用

银合欢嫩枝叶富含蛋白质，是优质饲料，但种子、枝叶均含羞草素，利用不当，对畜禽有害，牛羊啃食过量可导致皮毛脱落。银合欢虽含有含羞草素，对家畜有毒，但采用发酵法能使含羞草素含量降低 50%。经试验，适当控制用量，银合欢叶粉用量占鸡日粮 3%~5%，猪 10%~15%，牛、羊 30%，即使不经任何脱毒，也可以取得良好的饲养效果。用 1∶1 的银合欢与其他饲料混合喂养肉牛时，日增重第一个月达 0.9 kg，第二个月 0.34 kg，在基础日粮为糖蜜、尿素、乳汁的情况下，用银合欢按体重的 2.5%饲喂犊牛，每头日增重为 0.68 kg，达到了每头日补饲0.6 kg 玉米的同样效果，且无任何中毒现象。银合欢也可以作为植物篱笆，也可矮化栽培利用。

（四）大翼豆（*Macroptilium atropurpurem*（Linn.）Urban）

1. 土地准备

（1）地块选择。大翼豆对土壤要求不严，作牧草利用时，宜选择肥力中等、轻质土、排水良好的地块。播种前应除杂并翻耕整地，以利生长。

（2）整地耕翻、施肥。播种前需耕翻、筑畦、整地，消灭杂草，施用有机肥15 000 kg/hm^2 及磷肥 225~400 kg/hm^2，缺钾的土壤需增施钾肥，酸性土施用石灰会有利于钼的释放。

2. 种植方法

一般采用种子直播的方法。

（1）种子处理。在种过豇豆类作物地块上，不需接种。在生地种植，可选择阴天，将根瘤菌剂（100 g/kg 种子）与种子、沙子混匀，迅速播种，播后覆土浇水；或将种过多年豇豆地的土壤按土壤∶种子为 10∶1 的比例混匀播种。

（2）播种时期。云南热区气温高，可于 3~6 月播种，最适时期为 4~5 月，从播种到建植覆盖一般需 45~55 天，在山地果园套种可早播，以利于雨季来临前形成覆盖。

（3）播种。大翼豆生长茂盛，株丛宽，分枝多，固以稀植为宜。撒播、条播和穴播均可，撒播播种量 7.5~15.0 kg/hm²，条播 3.75~7.5 kg/hm²。行距 30~50 cm，穴播时每穴播 3~5 粒种子，穴距 30~50 cm，播后覆土 1~3 cm。可与禾草混播的可以同时分行播种，播种量 3.2 kg/hm²，也可直接撒播于已经建植的俯仰马唐或其他草地上。

3. 田间管理

（1）施肥管理。大翼豆虽耐贫瘠，但适量施肥，可显著增产，新垦红壤山地可施入有机肥 15 000 kg/hm²、钙镁磷肥 225~400 kg/hm²、氯化钾 75 kg/hm²，刈割后可不施追肥，但每年要补施适量的磷、钾肥料。

（2）灌溉管理。大翼豆虽然耐旱能力极强，但在特别干旱的季节和区域可以适当进行灌水，以保证其生产量。在雨季不用灌溉也能保持较高的生产能力，且要注意排水，以免滋生病害。

（3）田间杂草管理。大翼豆苗期生长慢，需及时防除杂草。播前 1 个月可喷施草甘膦，在苗期需拔除杂草 1~2 次，或喷施选择性除草剂。在雨季播种极易出苗，苗期生长慢，需进行中耕除草。

（4）病虫害防治。大翼豆适应性强，很少发生病虫害。在高温高湿的情况下，会发生白粉病，但影响不大，待天晴后就会自然好转。

4. 利用

大翼豆对牛、羊等家畜的适口性好，为青饲及刈制干草的优质豆科牧草。叶片易于脱落，需小心收集。播后 60~70 天，草层可高达 20~30 cm，即可刈割，二次刈割间隔时间不宜少于 4 周，刈割留茬高度在 2~10 cm。在山地果园套种时应及时刈割压青或利用，以免缠绕树体。刈割后鲜草可直接作为草食性动物的青饲料，调制干草叶易损耗，可将含水量为 65%~70%大翼豆草料加糖单独青贮，还可与禾本科牧草混合青贮。

在冬季无重霜的地方，可以在夏秋轻牧而主要用为冬季的牧草，如果用为青贮料，应另加 4%~8%的糖蜜。其种子为鹌鹑、鸽、火鸡等鸟类喜食，植株为鹿喜食，用作放牧，常与俯仰马唐、巴西雀稗、非洲狗尾草、无芒虎尾草几种禾草混播，也可与山蚂蝗或柱花草等豆科草混播，可以在任何时候轻牧。留茬高度宜在 15~30 cm，放牧 2 周后停休 4~6 周，如需要采种或留荚自裂而获得更稠密的再生植株，则在开花盛期及种子成熟之前要停牧。夏季生长旺盛时，牲口常先食混播中的禾草，而大翼豆被积存在秋季放牧时用。干物质产量为 8622.83 kg/hm^2，混播的总产量为 12 000 kg/hm^2 左右。另外，大翼豆的抗旱性较强，因此还可用为铁路、公路两旁护路的覆盖植物。

（五）紫花苜蓿（*Medicago sativa* L.）

1. 土地准备

（1）地块选择。种植紫花苜蓿应选择在地势较高、排水良好、土层深厚的沙壤土或水田土，不宜选择沙地、低洼易积水地块、干旱缺水和强酸性土壤（pH<5）的地块。

（2）整地耕翻、施肥种植。紫花苜蓿应做到精细整地，翻犁深度在 20 cm 以上，并做到地面平整、土壤颗粒细匀、紧实度适宜，以便种子与土壤紧密接触；田块四周要挖好灌溉和排水沟，并施足基肥，通常撒施农家肥 30 000.0~37 500.0 kg/hm^2 或复合肥 225~400 kg/hm^2、钙镁磷肥 225~400kg/hm^2，然后拉沟整畦。

2. 种植方法

（1）种子处理。紫花苜蓿属豆科植物，具有固氮作用，但在新种植地，土壤无固氮菌，因此在播种之前应对苜蓿种子进行根瘤菌接种，有利于其较好地生长。接菌之后，种子应尽可能避光、防热保存，且应在接种后的几小时内播种完。

（2）播种时期。在云南热带，特别是干热河谷地区，由于夏季温度较高，幼苗难以安全越夏，宜选择在秋季的 8~9 月进行播种。在有灌溉条件下，冬季也能正常生长，在来年的夏季已经长成成株，有利于越夏。

（3）播种量。紫花苜蓿种子细小，在云南热带，其分枝级数少，分枝短，因此可以适当比北方播种密度大一些，播种量可以为 27.0~30.0 kg/hm^2。

（4）播种深度。紫花苜蓿种子细小，幼苗顶土能力弱，不宜深播。播种时，深度不能超过 2 cm，最适宜深度为 1~1.5 cm。

（5）播种方法。播种方法用条播、撒播、点播均可，一般用条播，有利于田间管理。播种前先开深 10~15 cm 的沟，撒籽后稍覆土。如果土壤不细，有土块，播种后不用覆土，在浇水后土块散开后会将种子覆盖。条播时行距一般为 20~40 cm。

3. 田间管理

1）施肥管理

紫花苜蓿在幼苗或蕾苗期因根瘤菌尚未形成，无固氮能力，需追施适量氮肥，一般施尿素 350~400 kg/hm^2。苜蓿种子田应根据作物长势状况，及时追施适量的复合肥和钾、硼、钼等微肥；每次刈割后，应结合中耕松土追施适量的农家肥或化肥。紫花苜蓿对硫、硼和钼等微量元素的需求较为敏感，增施这些微量元素可以增加干草和种子产量，提高苜蓿成活率和蛋白质含量，并使植株更健壮。另外，在越冬后第一次刈割前追施适量的氮肥和磷肥，可提高青草的产量和再生产能力。

2）田间杂草管理

紫花苜蓿种子小、芽嫩，顶土能力差，出苗后第一年幼苗生长缓慢，易受杂草危害，因此，田间管理要细致，最好播种前对土壤中的杂草及其种子进行一次清除。苗期适时除草 2~3 次。为了保证第一年幼苗安全越冬，从夏季开始中耕松土、秋季培土，第二年幼苗萌发时及时清除地表和行间枯叶，并防止蚜虫等虫害。

3）病虫害防治

紫花苜蓿是多枝多叶植物，其叶片幼嫩，易发生病害和虫害。主要病害有：褐斑病、锈病、白粉病、霜霉病、黄斑病、菌核病；主要虫害有：斜纹夜蛾、潜叶蝇、苜蓿蚜虫、蓟马。病虫害一旦发生，损失严重，因此要加强预防。

4. 利用

紫花苜蓿是高蛋白牧草，适口性好，为家畜所喜食。紫花苜蓿初花期营养价值高，盛花期产量最高，但纤维含量增加。因此，牛、羊吃的草可在盛花期刈割，刈割时留茬高度以 4~5 cm 为宜，越冬前最后 1 次刈割的留茬高度应高一些，以 7~8 cm 为好。应特别注意越冬前最后一次刈割时间，应在早霜来临前 30 天左右，太迟了不利于越冬和第二年春季生长。春后第 1 茬一般在返青 60 天左右，即初花期 10%花蕾开放时刈割，以后各茬的刈割视饲喂需要或以植株高于 30 cm 以上时刈割为宜。当田间有病害发生时，应先刈割有病地块，再收割无病地块，以防止交叉感染。紫花苜蓿草质好、适口性强，其茎叶柔嫩鲜美，不论青饲、青贮、调制青干草、加工草粉、用于配合饲料或混合饲料，各类畜禽都最喜食，也是养猪及养禽业首选青饲料，但放牧反刍畜易得臌胀病，应混播草地禾本科牧草占 60% 以上或避免家畜在饥饿状态时采食紫花苜蓿。在刈割饲喂时，应与其他禾本科牧草混合饲喂，不能单独或过量饲喂。

（六）提那罗爪哇大豆（*Glycine wightii*（Wight & Arn.）Verdcourt cv. Tinaroo）

1. 土地准备

要求选择播种地段土壤疏松、土层深紧、土壤比较肥沃的宽谷地带，或平坦并具有一定水、肥条件和光热充足的地块，还可选择便于种植和利用的田边地角，以及房前房后的空闲地及各种冬闲地、轮歇地、河滩地、疏林地，避免选择风蚀严重的风口及易沙化的地方。各种牧草对土壤的酸碱度（pH）和含盐量都有一定适应范围，在高酸性或重碱地不宜作为草地建设。

2. 种植方法

1）种子直播

（1）种子处理。提那罗爪哇大豆种子外表包被一层蜡质，直接播种不利种子出苗，所以在播种前要先对种子处理，以提高种子的发芽率。播种时用 60℃温水浸泡后使其自然冷却，再浸泡 12 小时，之后倒去水。浸泡后的种子会粘结，可以直接加进沙子或干泥土，使种子散开，经过这样处理的种子，可直接用来播种。种子处理后最好当天播完，如果用不完的种子可以在屋里散开，不要积压成堆。

（2）播种。在干热河谷区，前期干旱而后期雨量集中时不利种子出苗，所以提倡育苗移栽，育苗移栽的提那罗爪哇大豆适宜播种期为 4 月上旬或者 5 月中旬，苗龄 40~50 天后，当苗高 20 cm 左右即可移栽，播种过早，苗木过高，雨季移栽时根系太长不利于成活，播种时间视移栽苗木的具体情况而定，播种量为 30~45.0 kg/hm^2，可遍地撒播或条播有利灌水，播种量视种子质量和土地具体情况而定。播种后覆土 0.5~1 cm，再用稻草覆盖墒面，浇透水。

2）育苗移栽

（1）育苗及管理。苗期应勤除杂草，前期每一天淋水一次，保证土壤湿润以利于出苗，5~7 天出苗后要除去覆盖的稻草并搭上遮阳网或阴棚，防止烈日对幼苗的损害，提高成苗率。

（2）移栽。干热河谷区，雨量集中于 6~10 月。播种后 40~50 天，苗高 10~20 cm 时即可定植，雨过后阴天移栽成活率高，注意避开暴雨或大雨。栽种密度种子繁殖用田块株行距为 100 cm×100 cm 或者 50 cm×100 cm，刈割利用栽种密度株行距为 50cm×50 cm，每塘定植 2~3 株幼苗。成活后分枝期间苗留健壮的幼苗 2 株。

3. 田间管理

（1）施肥管理。由于提那罗爪哇大豆是一种多年生藤蔓牧草，所以为了以磷固氮，整地时施腐熟的农家肥 7500~15 000 kg/hm^2、过磷酸钙 225~400 kg/hm^2。成活后当新叶萌发时施尿素 1~2 次，穴植每塘施用 0.005 kg 或多元复合肥 0.01 kg。

（2）灌溉管理。提那罗爪哇大豆是耐旱性作物。本区雨量集中 6~10 月，因此，移栽时遇高温太阳光强烈天气时应浇水灌溉，同是要避开暴风雨天气移栽。生产种子田块干旱季节（11 月至翌年 2 月）每月浇灌一次水，保证种子产量。刈割利用地块 11 月刈割后要浇一次水以利于翌年 2 月萌发，2 月可以浇灌一次水以利于安全越旱。总之，应根据土壤墒情和植株情况掌握灌水时间和次数。

（3）田间杂草管理。主要在幼苗期加强杂草管理，中后期无需管理，提那罗爪哇大豆的茎叶自然覆盖可抑制杂草的再生。

（4）病虫害防治。提那罗爪哇大豆引种至今发现危害性的病虫害有小蝗虫和蚜虫，小蝗虫啃食叶片，但不影响产量和生长，用 40%氧化乐果乳油 800~1000 倍液喷杀蚜虫有效。

4. 利用

1）种子生产

对种子生产的提那罗爪哇大豆（6 月）移栽后不刈割以便留种。提那罗爪哇大豆的花期短，种子成熟（一般 2 月底成熟）基本一致，成熟后果荚嘭离，种子难于采收。目前最好的收获方法是视果荚表皮颜色，当果皮颜色由绿变黄褐色时即可采收，用剪刀剪果荚，后收集晒干，用木棍敲打果荚，种子脱落，经风选，除去细沙和杂质，再经人工筛选后晒干装袋储存。为了防止病虫害的危害，用敌甲粉拌种保存较好。

2）割草利用

提那罗爪哇大豆具有速生、再生力强、侵占性很强的特点、因此，种植当年，当开花前蔓长 120~250 cm（11 月初）即可刈割，沙壤土的鲜草量为 3000 kg/hm^2，侵蚀台地的鲜草量为 24 585 kg/hm^2，1 年龄芒果地的鲜草产量为 30 105.0 kg/hm^2 以上，2 年生以上的视具体情况而定，当覆盖率达到 100%时，11 月可刈割一次。割下来的青草可以直接用来喂养牛、羊，如果用来喂养鹅、鸡、鸭等，最好能将其捣烂再喂养。割草时，注意留茬高度，一般为 20~30 cm，以利于再生。用不完的鲜草，可以迅速晒干打成粉，制作配合饲料或混合饲料。

3）其他

提那罗爪哇大豆具有抗旱性强、适应性广、速生、再生力和侵占性强等特点，产量高，叶量大，可以用于果园间作，恢复植被，建设人工草场。

（七）热研 2 号柱花草（*Stylosanthes guianensis* cv. Reyan No. 2）

1. 土地准备

（1）地块选择。柱花草是喜阳植物，且耐旱不耐水，因此种植柱花草的地块宜选择不遮阴、排水良好的沙壤土地块，不宜选择土壤黏性较强的地块。

（2）整地耕翻、施肥。种植柱花草的地块需要进行深翻整地，并清除杂草根茬、石块等，耙平，施足底肥有利于生长。通常施农家肥 7500 kg/hm^2、普钙

400~750 kg/hm^2、复合肥 450 kg/hm^2。

2. 种植方法

1）种子直播

（1）种子处理。热研 2 号柱花草种子硬实率达 90%以上，用 80℃热水浸泡 3~5 分钟，可使其发芽率提高 90%。步骤如下：将种子倒入桶中，往桶中加入 80℃左右的热水，浸泡种子 2~3 分钟，使种子表皮软化，倒去热水后将种子放在阴凉处晾干待播，种前进行根瘤菌接种。

（2）播种时期。本区雨量集中于 6~10 月，无灌溉条件的地方，以雨季 6~7 月抢雨播种为宜，有灌溉条件的地方也可在 4~5 月播种。

（3）播种。热研 2 号柱花草以条播行距 40~60 cm，播种量 3.0~4.5 kg/hm^2；穴播穴距 40~50 cm，每穴播 3~5 粒种子。采用理沟条播或打塘点播，浅挖 10 cm 左右。播种后复土或复农家肥深 1~1.5 cm，有条件的也可再用草秆覆盖保湿，以防因土壤结壳而影响出苗。

2）育苗移栽

（1）育苗。热研 2 号柱花草幼苗期生长缓慢，易受杂草危害。播种前应精细整地，选择通风向阳、方便排水灌溉、土层深厚疏松中等肥力的壤土或砂壤土作为苗床地。一般在早春深耕翻，施腐熟有机肥 12 500~22 500 kg/hm^2、过磷酸钙 225~450 kg/hm^2，碎土整平，理成宽 1.5~2.0 m 的畦面。

（2）苗期管理。4 月是元谋干热河谷高温干旱时期，幼苗前期水的管理以湿为主。苗期柱花草地（6~7 周）应勤除杂草并补施氮肥（用尿素或复合肥溶于水中，每桶 0.03 kg 肥料，搅匀后淋施），前期每天淋水一次，保证土壤湿润以利于出苗，出苗后，除去覆盖的稻草并搭上遮阳网，防止烈日对幼苗的损害，提高成活率。如果栽种地块没有整理好需要推后定植，为防止幼苗徒长可喷洒 0.05%的多效唑。

（3）移栽。元谋干热河谷区雨量集中于 6~10 月，抢阴雨天移栽成活率高。栽种密度：刈割利用地株行距 50 cm×50 cm，种子生产地株行距为 50 cm×100 cm 或 100 cm×100 cm 时种子产量最高。每塘定植 2~3 株，生产种子的柱花草地提倡育苗移栽，移栽成活后间去多余的弱势苗，仅保留 2 株，以利提高种子产量；对于刈割利用地可留 2~3 株幼苗。

3. 田间管理

（1）施肥管理。整地时施腐熟农家肥 7500 kg/hm^2、过磷酸钙 300~375 kg/hm^2。成活后当新叶萌发后施尿素或三元复合肥 1~2 次，穴植或穴播尿素每塘 0.005 kg，复合肥则每塘施 0.01~0.015 kg；条播施尿素 225~300 kg/hm², 复合肥 375~600 kg/hm²；以后刈割一次施一次或不施。生产种子田块每隔 2~3 月要追一次磷钾肥，特别是磷肥，每塘施三元复合肥 0.01~0.015 kg，条播施复合肥 375~600 kg/hm²。

（2）灌溉管理。热研 2 号柱花草耐旱但不耐涝。本区雨量集中于 6~10 月，因此，移栽初期遇高温无雨天气应浇苗。雨季应重视排水，生产种子地块和旱坡地在极端干旱季节（11 月至次年 5 月）要根据土壤墒情和苗情适时灌水，以保证种子产量和产草量。有条件的刈割利用地块每刈割一次施肥一次，有利于柱花草的生长和安全越旱。

（3）田间杂草管理。柱花草在移栽当年前期生长较慢，通常杂草比柱花草生长要快，因此，应及时进行杂草防除，有利于柱花草生长。但当柱花草生长封行后，杂草很难再生，可以不用进行中耕除草。

（4）病虫害防治。热研 2 号柱花草在本地区病虫害很少，高温多雨天气（6~11 月）用 0.2%~0.3%的多菌灵溶液喷雾，可防止炭疽病的发生流行。高温干旱季节（如 10~11 月花期）有蚜虫或黏虫危害时，可用 40%已酰甲胺磷乳液 500~1000 倍液喷杀，平常应尽量不用。

4. 利用

6 月移栽，可在 1 月底至 2 月初苗高 80 cm 左右时进行第一次刈割利用，如植株长势好，11 月初初花期也可刈割一次或不割。因柱花草于 2 月初至 10 月底开始向根部储存养分，此时为临界危险期，为了利于越冬，建议此时暂停收割。青草可以直接用来喂牛、羊、兔等草食动物，用不完的青草可以加工成为草粉。种植当年可刈割 1~2 次，翌年可刈割 2~3 次。刈割后留茬 30 cm 以上，以利于再生。

（八）热研 5 号柱花草（*Stylosanthes guianensis* cv. Reyan No. 5）

1. 种子处理

用 80℃热水浸种 3 分钟，可明显提高发芽率，有利于出苗整齐。同时用 1% 多菌灵水溶液浸种 10~15 分钟，可杀死由种子携带的炭疽病菌。

2. 播种方式

撒播或条播均可，播后不用覆土。播种量为 7.5~15.0 kg/hm²。种子田或割草地也可采用育苗移栽法，即将种子播于整地精细的苗床，经常淋水保湿，40~50 天后苗高 25~30 cm 时移栽，选阴雨天定植，移栽前用黄泥浆根可明显提高成活率。株行距种子田为 50 cm×100 cm 或 100 cm×100 cm，割草地为 50 cm× 50 cm 或 70 cm× 70 cm。生长初期及时除草管理。

3. 利用

1 年可刈割 2~3 次，刈割高度 20~30 cm。热研 5 号柱花草成熟期不一致，且种子成熟后易脱落，因此，目前常用的收种方法是待种子有 80%~90%成熟时进行一次性刈割地上部分，运回脱粒，落地种子扫回精选。利用此法收获，地上部分种子占 30%，落地种子占 70%，且较饱满。或者采用铺膜采收的方法。

二、主要禾本科牧草栽培技术

（一）臂形草（*Brachiaria eruciformis*）

1. 土地准备

喜热带潮湿气候，不耐寒，对土壤要求不严，但要排水良好，尤其适于在酸性瘦土上种植。可以在坡地栽植，也可在果园或林下间种。

2. 种植方法

1）种子直播

由于种子细小，整地时要求精细，并施足底肥，为便于管理，整地时可将地块整理成 1.0 m 宽的墒面，两个墒面间留 20~30 cm 的水沟。种子宜选用隔年种，新收种子可用浓硫酸处理 10 分钟，再用清水洗干净，或用温水浸泡一段时间，可提高种子发芽率。

云南热区通常是 5 月中下旬开始播种，播种量为 7.5 kg/hm^2，播种方式采用直接在墒面上撒种，或按 40~50 cm 行距开浅沟条播，如果第二年需分株移栽，可适当整加密度，播种后用浅浅的覆盖一层细土，浇透水后在用干草覆盖，以减少蒸发和暴晒，保持土壤湿润，利于种子发芽。

2）分株或匍匐茎繁殖

由于臂形草结实率低，难以收种，因此，大田生产中一般用长根的匍匐茎或从根部株繁殖。将上年种植的植株，在移栽前进行刈割，留茬高度 15 cm，再从根部中间挖开，种植较密的地方，也可整株挖出，再按 2~3 条茎秆为一丛定植；或是将匍匐茎切成 25~30 cm 的小断，再直栽或斜插在行距为 50 cm 的定植穴中，踩实，浇透定根水，为提高移栽成活率，通常选择在雨季阴雨天或土壤湿润时种植。

3）苗期管理

在臂形草能覆盖地表之前，主要是加强田间杂草清除和适当的水肥管理，以保证苗期正常生长即可，肥料以尿素为主，当幼苗长出 3~4 片叶时，薄施 1 次壮苗肥，不宜过重。

3. 田间管理

1）施肥、灌溉管理

栽植成活后，在嫩枝长出时，可第一次追施复合肥，而后肥料主要是在刈割后及时追施，以增加其萌发速度。追肥以尿素或复合肥为主，可施尿素 225 kg/hm^2 或复合肥 375 kg/hm^2 左右。灌溉通常是与施肥同步进行的，以保证根系充分吸收肥料。旱季为保证植株安全渡过，可以 1 个月浇灌一次。

2）田间杂草及病虫害管理

幼苗期应进行人工清除杂草，以确保正常萌发，后期臂形草能自行繁殖扩展，侵占性强，几乎能抑制杂草生长。一般未发现严重的病虫害，极少数地区的臂形草（旗草）受到甲虫的危害。

4. 利用

作为新鲜牧草利用时，臂形草应尽量在抽穗前刈割，以提高其适口性，年可刈割 4~5 次。在元谋干热区，适当灌溉条件下，可产鲜草 105 000.0 kg/hm^2 以上，旗草茎叶较为粗糙，尤其是生长后，茎秆易老化，适口性稍差，但由于其耐粗放管理、侵占性强、耐践踏，因此是一种优质的放牧型禾本科牧草，可以直接放牧牲畜，也可以同其他柱花草、毛花豆、爪哇葛藤、链荚豆等热带豆科牧草混播建植优质人工草地。旗草耐荫，可以间种在成年果园下，以控制果园杂草，同时提供鲜草。

（二）虎尾草（*Chloris virgata* Swartz）

1. 土地准备

由于种子细小且轻，要精细准备种床，种床准备得越好，草地建植就越成功，如果场地准备粗放，草地建植的速度会很慢。

2. 种植方法

实行种子直播。一般于 4~6 月播种。条播的行距为 50 cm，播后覆土 1~2 cm，播种量为 4.5 kg/hm^2；也可撒播，播种量为 7.5~9.0 kg/hm^2。因种子细小，播种时需掺拌粗糠、锯末或粪末一起播种。

3. 田间管理

（1）施肥管理。虎尾草对钾肥要求甚少，对氮肥和磷肥有一定的要求，在生长期增施一定量的氮肥和磷肥可提高产草量和粗蛋白含量。在每次放牧或刈割后，最好能结合灌水追施厩肥和化肥。播种前应施足底肥，施有机肥（牛粪较好）和NPK 复合肥 225~400 kg/hm²，追肥可在每次刈割利用时追施粪水，或施尿素200~240 kg/hm²。

（2）灌溉管理。当遇到高温干旱天气时，适当灌水可提高产草量。

（3）田间杂草、病虫害管理。由于苗期生长较缓慢，需要除杂草 2~3 次，可通过耕作的方式清除，也可用除草剂（百草枯）进行喷洒虎尾草，待封垄后，则不需锄杂。一般虫害较少。

4. 利用

新种的非洲虎尾草草地，在第一次放牧或刈割前，应使其充分生长，并让它开花结实，应减少利用次数。生长两年以后，产草量达到最高，可刈割利用 3~5次。刈割备制青干草，适宜在开花初期收割。在建植放牧地的草地时，虎尾草建植地应在开花前对其进行放牧（放牧方式适宜轮牧，连续重牧往往导致杂草的侵入），开花成熟后营养价值会大大降低，所以，在成熟之前应多增施氮肥。采收种子比较容易，当种子黄熟时，可以一次性收获。

（三）墨西哥类玉米（*Euchlaena mexicana* Schrad.）

1. 土地准备

1）地块选择

墨西哥类玉米耐酸、耐水肥、耐热，对土壤要求不严，pH5.5~8 的地区均可生长。播种地需要平整和地力较好的耕作地，行株距 35 cm×30 cm 或 40 cm×30 cm，实生株群 75 000~90 000 株/hm²，开行点播。

2）整地耕翻、施肥

墨西哥类玉米根系发达，入土深，所以播前应深翻 30~40 cm，施足基肥，在适宜的密度和水肥条件下栽培。播种地可用厩肥混拌适量磷肥作基肥，施15 000~22 500 kg/hm²，或复合肥 225~400 kg/hm²。该草适应性极强，耐热抗旱，耐盐碱贫瘠，在各种气候及土壤条件下均可种植。

2. 种植方法

1）种子直播

墨西哥类玉米一般实行春播，掌握地温温度在 15~20℃，播前用 20℃水浸种2 小时，播种地可用厩肥混拌适量磷肥作基肥，条播行株距 20 cm×50 cm，播种量为 45 kg/hm² 左右，开穴点播，每穴 1~2 粒，播深 2 cm。各地应根据生育期及当地气候情况选择适当的播种时间，播后应保持湿润，一般 5 天左右即可出苗。

2）育苗移栽

育苗移栽用种量为 22.5 g/hm^2。大田整地要深翻、精耕细作、重施基肥。施用腐熟栏肥 22 500~30 000 kg/hm^2、磷肥 375 kg/hm^2、钾肥 150~225 kg/hm^2。移栽密度为 0.5 m×0.5 m，每公顷 585 000 株左右。畦宽 1.6 m，沟宽 0.3 m，栽种 3 行。

3. 田间管理

1）施肥管理

墨西哥类玉米对氮肥有良好的反映，每刈割 1 次，可在当天或第二天结合灌水、锄草、松土，施氮肥 75 kg/hm^2 或用人粪尿按 1∶3 比例对水稀释后泼施，促进快速生长，可获得显著的增产效果。

2）田间杂草及病虫害管理

墨西哥类玉米是一种适应力和再生力极强的禾本科饲用植物，病虫害少，在生长期间如遇蚜虫或红蜘蛛侵袭，可用氯氟氰菊脂、阿维吡虫啉，根据说明书喷施杀灭。苗期或移栽初期应锄草 1 次，并保持土壤湿润；播后 30 天，幼苗生长慢，在五叶前长势缓慢，五叶后开始分蘖，生长转旺，应定苗补缺。

4. 利用

墨西哥类玉米是遗传稳定的青饲料类玉米新品种，具有分蘖、再生性和高产优质的特点。同时其茎叶柔嫩、质地松脆，具有甜味，清香可口、营养全面，是草食畜、禽、鱼的极佳青饲料，可将鲜茎叶切碎或打浆饲喂畜禽及鱼类，青饲直接饲喂量占采食量的 50% 左右，如用不完，可将鲜草青贮或晒干粉碎供冬季备用。通常在播后 45~50 天，当草层高 35~40 cm 时可以刈割，留茬 5 cm 左右，保留生长点以利于生长。

（四）多花黑麦草（*Lolium multiflorum* Lam. cv.）

1. 土地准备

1）地块选择

整地要精细，黑麦草生长时期短，宜在短期轮作中栽培利用。应选地势平坦、土质肥沃、土壤 pH 6.0~7.0、排灌方便的地方栽种。

2）整地耕翻、施肥

一般播前需精细整地，保持良好的土壤水分。结合耕翻施足底肥，施过磷酸钙 150~225 kg/hm^2。

2. 种植方法

在云南热区以秋播 9 月较宜，也可迟至 10 月播种。在雨水充足地区撒播量为 37.5 kg/hm^2 左右，条播量每亩 1.5~2.0 kg。一般以条播为宜，行距 15~20 cm，收种的可加宽，覆土 1~2cm。黑麦草可与多种豆科牧草混播，但在云南热区，其主要为短期青饲料补充来源，通常只是单播种植。

3. 田间管理

1）施肥管理

水肥充足是充分发挥黑麦草生产潜力的关键性措施，施用氮肥效果尤为显著。增加氮肥的施肥量，也能增加有机物质产量和蛋白质含量，可改善消化率，减少比纤维素难以被反刍动物消化的半纤维素含量，纤维素含量也随施氮量的增加而减少。据研究，施氮量 150~336 kg/hm^2 情况下，每 1 kg 氮素可生产黑麦草干物质 24.2~28.6 kg，粗蛋白质 4 kg。收割前 3 周施硫酸铵 127.5 kg/hm^2 的黑麦草，穗及枝叶中胡萝卜素含量较不施氮肥者多 1/3~1/2。施用氮肥是提高产量和品质的关键措施，一般施氮量为每亩 10 kg 左右。

2）灌溉管理

黑麦草是需水较多的牧草，在分蘖期、拔节期、抽穗期及每次刈割以后适时灌溉可显著提高产量。夏季灌溉可降低土温，促进生长，有利于越夏。

3）田间杂草管理

利用前应进行杂草清除，待开始刈割利用后只需清除高于黑麦草的杂草。

4）病虫害防治

黑麦草抗病虫害能力较强，高温高湿情况下常发现赤霉病和锈病。前者病状是苗、茎秆、穗均病腐生出粉红色霉，长出紫色小粒，严重时全株枯死，可用 1% 石灰水浸种。发病时喷石灰硫酸合剂防治。后者主要症状是茎叶颖上产生红褐公粉末状疮斑后变为黑色，可用石硫合剂、代森锌、萎锈灵等进行化学保护。合理施肥、灌水及提前刈割，均可防止病的蔓延。

4. 利用

一年生黑麦草是云南热区冬季重要的青饲料来源。水肥条件下每年可刈割 4~7 次，在元谋干热区秋季种植时产干草 11 399.0 kg/hm^2，营养物质丰富，品质优质，适口性好，各种家畜均喜采食。茎叶干物质中分别含蛋白质 13.7%、粗脂肪 3.8%、粗纤维 21.3%，草质好，适宜青饲、调制干草、青贮和放牧，是饲养马、牛、羊、猪、禽、兔和草食性鱼类的优质饲草。一年生黑麦草的主要利用价值在于生长快、分蘖力强、再生性好、产量高。

（五）糖蜜草（*Melinis minutiflora* P. Beauv.）

1. 土地准备

对地块的选择不严，一般的土地都可以种植，在贫瘠土壤上生长良好，能够适应酸性黏土，竞争力强，常与其他竞争力强的植物混播，是复垦和水保的极佳植物。种植前施足农家肥，有利于其生长迅速。

2. 种植方法

1）种子直播

适宜 3 月播种，撒播及条播均可，播种量 1.5~7.5 kg/hm^2，种子与稻壳等混均撒播，镇压后与土壤密切接触。条播株行距 50 cm，播种深度 1 cm。

2）苗期管理

播种后保持土壤湿润，有利于出芽率。

3. 田间管理

（1）施肥管理。刈割后适当施用氮肥，可以提高草产量。

（2）灌溉管理。适时灌溉，保持土壤湿度，同时防止火烧，因为茎秆极易燃。

（3）田间杂草管理。糖蜜草建植快，生长茂盛，有自控杂草能力，生长中后期只需清除周围杂草即可。

4. 利用

糖蜜草生长速度快，每年可刈割 4~5 次，牧草干物质年产量为 45 000~75 000 kg/hm^2。在贫瘠土壤上生长良好，能够适应酸性黏土，竞争力强，常与其他竞争力强的植物混播，是复垦和水保的极佳植物。糖蜜草是牛的优质饲草，刈割高度控制在 25~35 cm，可供放牧利用、青饲、晒制干草或调制青贮饲料，也是水土保持的优质草种。

（六）百喜草（*Paspalum notatum*）

1. 土地准备

（1）地块选择。百喜草对自然环境有广泛的适应性和抗逆能力，它适应各类成土壤，无论从壤土到黏土的所有质地类型，百喜草都能够生长，甚至在光板地土壤上也能部分出苗。可在无灌溉条件的旱坡地种植，或在水体流失严重的各种边坡种植。

（2）整地耕翻、施肥。如作为牧草利用，种植前要对种植的地块翻犁深 15~20 cm，并施足基肥，施磷肥 300 kg/hm²、农家肥 15 000~22 500.0 kg/hm²。如作为水土流失治理，可根据实际地势，直接挖塘种植，不用整地，也可少施或不施基肥。

2. 种植方法

百喜草结实率高、种子易收获，因此，对于有疏松表土的经济果园林带间隙等地块，以种籽直播为宜（可等高条播或挖塘撒播）；而对于侵蚀地块或光板地，则提倡育苗移栽或分株移栽。

1）种子直播

（1）种子处理。可以直接播种，但种子有蜡质包被，出苗慢，播种前进行适当处理，砂磨松颖果或用 50~60℃温水浸泡 1 天后播种，可以提高出苗率，并使出苗期提前。

（2）栽种密度。穴播，穴间距 50 cm×50 cm，每穴播 5~10 粒左右种子；条状直播，行距为 30~50 cm，每公顷用种量 22.5 kg。

（3）播种时间。有灌溉条件的地方，以 4~6 月为最适播种期；无灌溉条件的，以雨季（6~8 月）为宜。

（4）播种方法。有耕作层土壤的直播地块耕翻后清除杂草根茬，耕作表土耙平（土粒直径<2 cm），采用浅沟条播或浅穴点播，浅沟要浅，以 5~10 cm 为宜，浅盖（种子覆盖土或腐熟有机肥厚 0.5~1 cm），种子绝对盖严，播种后用秸秆或草秆覆盖，保湿并防止土壤结壳，影响出苗。

2）育苗移栽

苗圃育苗技术要点：①当年移栽种苗的，育苗期以 2~4 月为宜，苗圃地以中等肥力的旱地为宜；②高质量的苗圃，需耕翻土层 15~20 cm 清除杂草根茬，将耕层表土整细、耙平；③施足腐熟农家肥，遍地撒播播后盖土 1 cm，再用草秆覆盖保持苗床壤湿润，也可搭设荫棚，注意苗床杂草。

3）分株移栽

以雨季移栽最好，幼苗生长旺盛，分蘖多，叶片长。为提高移栽苗的成活率，应剪除 2/3 的叶片，以减少气温过高、蒸发量大对苗茎的影响。移苗用量，视不同土壤条件应有差异。移栽时，清除杂草，埋好根系，压紧。干旱天气栽种，要浇灌 1~2 次定根水，促进成活。

3. 田间管理

（1）施肥管理。成活后追施少量氮肥 225.0 kg/hm²。

（2）灌溉管理。成活后的百喜草，能安全越冬，但叶片会干枯，待雨季来临，自然返青。人工草坪可以适当进行灌溉，可长年保持绿色。

（3）田间杂草管理。因前期生长较慢，勤施水肥（N），可加覆盖，少量杂草时可行人工除草，长势好的百喜草2~3月即能全面覆盖。封行前杂草较多，一般每年除杂草2~3次，对种子繁育地尤其重视除杂，确保种子质量与产量。后期只需清除高于百喜草的杂草，以免影响整体美感。

（4）病虫害防治。播种前每公顷用50%辛硫磷乳油1500 g拌细砂或细土375~450 kg，在根旁开浅沟撒入药土，随即覆土防治地下害虫，幼苗期用印楝素等生物农药或锐劲特液喷杀蝗虫。

4. 利用

在金沙江干热区当年雨季栽种，栽种当年不宜直接放牧。封行后可刈割青草饲喂牲口，刈割后适量追肥氮肥，促其生长。第二年后，一般百喜草每年刈割3~5次，百喜草草质柔嫩，富含营养，氨基酸种类全，牛、羊、兔、鹅、鱼均喜食，养猪可节省精料10%，是较好的饲料用草。

百喜草具有根系发达，适应范围广，繁殖能力强等诸多优点，因此多作为地表覆盖材料用于斜坡水土保持、道路护坡及果园覆盖。百喜草覆盖厚度超过10 cm上即会枯死，且根系不会在覆盖范围内伸展，在果树树冠底下（距树干1 cm以外）覆盖百喜草，有利于保水保肥。

（七）坚尼草（*Panicum maximum* Jacq.）

1. 土地准备

坚尼草适应性广，在有水灌溉条件下的山地、丘陵、平地、路边均可种植，稍加管理便获得一定收益。坚尼草对土壤要求不严，适应各种土壤质地，在沙质壤土及变性土的地方均能生长，但不宜在黏性较重、排水不良的土壤种植。

应选择近水源、排水良好、土质疏松肥沃的壤土育苗。播种前应深耕细致整地，为保证幼苗粗壮，要施足底肥。一般在早春深翻地，施腐熟的农家肥15 000~22 500 kg/hm²，碎土整平，地平整后理高埂低塝以便灌水。

2. 种植方法

1）种子直播

（1）播种密度。坚尼草可用种子繁殖时以条播行距50 cm，播种量为7.5 kg/hm²，播种后覆盖细土或农家肥深1 cm左右，再覆盖一层稻草。

（2）播种时间。无灌溉条件的地方以雨季6~8月抢雨播种为宜，有灌溉条件的地方也可提前至4~5月播种。

（3）播种。坚尼草对土壤要求不严，一般的土壤均可种植，用种子繁殖时，整地需精细，有耕作层土壤的地块耕翻后清除杂草，最少一犁两耙耙平后采用理沟条播，浅挖 10~15 cm，播种后覆盖细土或农家肥深 0.2~0.5 cm，有条件的地方也可再用草秆覆盖保湿，以防因土壤结壳而影响出苗。

（4）苗期管理：在苗期勤除杂草，前期每一天淋水一次，保证土壤湿润以利于出苗，5~7 天出苗后要除去覆盖的稻草并搭上遮阳网或阴棚，防止烈日对幼苗的损害，提高成苗率。

2）育苗移栽

（1）苗床准备。苗圃地选择近水源、排水良好、土质疏松肥沃的壤土育苗。播种前应深耕细致整地，为保证幼苗粗壮，要施足底肥。一般在早春深翻地，每公顷施腐熟的农家肥 15 000~22 500 kg，碎土整平，地平整后理高埂低墒以便灌水，苗床地要求宽 1~1.5 m，长可视具体情况而定。

（2）适时播种。在云南热带地区，育苗移栽的坚尼草适宜播种期为 4 月中下旬或者 5 月初。苗龄 40~50 天，苗高达 20~25 cm 即可移栽，当苗高 30 cm 以上时，可剪掉多余的叶子，保持生长点。播种量为 38.5~50.0kg/hm^2（播种量视种子质量和土地条件而定），撒播，播种后覆盖细土或农家肥深 1.0 cm 左右，再覆盖一层稻草，浇透水。

（3）苗期管理。幼苗前期水的管理以湿为主。播种后的坚尼草应注意淋水，保持一定的土壤湿度，以利于出苗，出苗后即可揭开覆盖的稻草并搭设遮阳网，一方面减少蒸发，另一方面防止烈日对幼苗的损害，提高成活率。小苗出土后应及时清除杂草并补施氮肥（用尿素溶于水中，每桶 0.03kg 肥料，搅匀后淋施，或清粪水也可）。

（4）合理密植，适时移栽。为保证成活、减少投资，一般于雨季开始种植为宜，抢雨移栽成活率高，定植前用泥浆浸根，以促进成活。

3）分株繁殖

由于坚尼草分蘖能力强，可采用分株繁殖，移栽时选择生长粗壮的植株，剪除上部以便减少蒸腾，基部留 15~20 cm 后，连根挖起一半，再分成不同个带根的茎。后按株行距 50 cm×50 cm 或 60 cm×100 cm 塘栽，塘深 15~20 cm，每塘定植 2~3 条带根的茎。

3. 田间管理

1）施肥管理

成活后当新叶萌发时施尿素 1~2 次，穴植每塘施用 0.002 kg，或多元复合肥 0.025 kg。坚尼草对施肥反应良好，特别对氮肥反应敏感，施肥后可明显增加产量，尤其是第一茬刈割后增施尿素有利于提高单位面积产量。为保证其产量，种植第二年应追施农家肥 7500~15 000 kg/hm^2 或尿素 240~480 kg/hm^2。

2）灌溉管理

坚尼草耐旱，但不耐涝。云南热区雨量集中于 6~10 月，移栽初期遇高温无雨天气应适量浇苗。雨季对易集水的地段应注意排水，旱坡地在极端干旱时要根据土壤墒情和苗情适时灌水。

3）田间杂草管理

主要在幼苗期加强杂草管理，中后期无需管理，坚尼草生长旺盛，萌发力强，有自控杂草的能力。

4）病虫害防治

在生长期间如遇蚜虫或红蜘蛛侵袭，可用氯氟氰菊脂、阿维吡虫啉，根据说明书喷施杀灭。

4. 利用

移栽成活后，可在 8 月底至 9 月初苗高 80~100 cm 进行第一次刈割利用，植株长势好的情况下第一年可刈割 2 次。进入 12 月，坚尼草生长量小，不可刈割利用。青草可直接饲喂牛、羊及其他牲畜，用不完的青草可以加工成为草粉。种植当年可刈割 2 次，翌年可刈割 4 次左右，刈割频率太大会影响其生长。刈割应留茬 30 cm 以上，以利于再生。

饲用价值：适合作青饲料，也可用来晒制干草或调制青贮料，或放牧利用。

生态价值：坚尼草种植于梯田边、排水沟边、水渠边或斜坡地，有保护梯田、河堤，防止水土流失和抑制杂草蔓延的作用。

（八）雀稗（*Paspalum thunbergii* Kunth ex Steud.）

1. 土地准备

雀稗在干旱贫瘠的燥红壤坡地也能生长，叶子明显变窄，而且易老化。种植前施足农家肥，有利于其生长迅速。

2. 种植方法

一般为种子直播，通常在早春播种，以最后一次霜冻出现的平均日期之后播种为宜。夏季播种则会受到杂草的严重危害，还会因旱季来临影响幼苗生长。播种后不需要覆土，如作收种用，可行条播。用种量 7.5~20 kg/hm^2，播种时可用钙、镁、磷肥或草木灰与种子拌匀或做成丸衣种子再播。雀稗种子很小，需要在耕作良好的土壤上播种，种子表面有一层蜡质，影响吸水发芽，播前需进行种子处理，播深 0.5~1.0 cm。

3. 田间管理

1）施肥、灌溉管理

种植后第一年 6 月中旬和 7 月，追肥 1~2 次，施氮肥 30~60 kg/hm^2，以促进幼苗生长发育，以后每年每次刈割后追施一次氮肥 200~400 kg/hm^2，并及时进行灌溉。旱季应根据牧草生长情况适当补灌，以保证能安全渡过旱季。

2）田间杂草和病虫害管理

幼苗与杂草竞争力弱，必须注意控制杂草危害，除草剂对其有影响，通常采用人工清除。雀稗染病率和受害虫侵害较轻，有时会感染币斑病和褐斑病，常见的害虫是蝼蛄。

4. 利用

雀稗是放牧地的优等牧草，牛、羊均喜吃，第一次刈割在抽穗期进行，以后株高达 50.0 cm 既可刈割，在元谋干热区年可刈割 3~4 次，在适当的管理条件下，产鲜草 90 000.0 kg/hm^2 左右。雀稗分蘖力和再生力强，且耐牧、耐火烧，可与大翼豆、柱花草、山蚂蝗、野大豆等混播，当年即可形成良好的草群。

（九）杂交狼尾草（*Pennisetum americanum* × *P. purpureum* cv. 23A × N51）

1. 土地准备

1）地块选择

杂交狼尾草对土壤要求不严，在多种土壤上均可生长，以土层深厚、保水性良好的黏质土壤最为适宜。喜土层深厚肥沃的黏质土壤，在瘠薄的土壤上，只要加强肥水管理，同样可获得较高的产量，但在保水保肥性能差的沙质土壤上种植产量低。在山坡地种植，最好选择黏质土壤类型，且土层深度需 50 cm 以上，同时要有水源灌溉；在山坡地上的养殖场，周围坡地可配套种植杂交狼尾草，种草地应选择在较低处，以便沼液自流灌溉节省电能。有条件的可在水田上种植，但应选择距养殖场较近、便于沼液自流灌溉、排涝条件好的地块。

2）整地耕翻、施肥

土壤耕深 30 cm，打碎大土块，整平作畦，畦宽 90~120 cm，沟深 30~40 cm，沟宽 30 cm 左右。杂交狼尾草生物量大，吸肥力强，故要结合整地时施足有机肥，施腐熟的厩肥 30 000~45 000 kg/hm^2。

2. 种植方法

杂交狼尾草是杂交种，其后代不结实，生产上通常用杂交一代种子育苗繁殖或无性繁殖。

1）育苗移栽

（1）播种育苗。选择具有较好肥力、排灌方便的地块作为苗圃，经深耕、去除杂草后，耙细、整平、作畦，畦宽 1.2 m。当气温稳定在 15℃ 以上时即可播种。在云南热区宜在 4 月中旬播种，播种后覆土 1~1.5 cm，保持土壤湿润，5~7 天即可出苗。

（2）移栽。当幼苗生长至 6~8 片叶时，选择下午或阴天时即可移向大田栽种。每亩苗床的种苗可栽种 30~40 亩大田，大田栽培 45 万株/hm² 左右，移栽的行株距以 40~50 cm 为宜，密度过高，不仅影响通风通气，而且容易造成底部叶片霉烂。移栽时先行挖穴，并向穴中浇水；为减少幼苗消耗营养，提高成活率，种苗在植入前，最好把叶子切短，最后将种苗栽入穴中，并连续浇水 2~3 天即可成活。

2）扦插栽植

在云南热区 6~7 月雨季来临时，选择较粗壮、芽眼突出、芽饱满、无损伤的种苗植株，用锋利的切刀斜切成具有 2~3 个芽节的种苗，节芽朝上，双芽节苗第一个芽埋于土中，另一个芽裸露，盖土至刚好接触裸露芽；单芽节苗让芽浅埋于土壤中，后盖上疏散的细土即可。也可分根繁殖，再按株行距 40 cm×50 cm 移栽。

3）苗期管理

不管是种子繁殖还是无性繁殖，在苗期都要加强田间杂草清除，未封行前要及时中耕松土和追肥。当幼苗长出 3~4 片叶时，应施用 1 次壮苗肥 30~45 kg/hm² 尿素。

3. 田间管理

1）施肥管理

杂交狼尾草对氮肥敏感，在高氮肥的前提下，能够获得最快的生长速度。除了用沼液灌溉外，每次刈割后都应施用追肥 1 次，每次施用尿素 225~300 kg/hm²。但严禁用未经腐熟的粪水或厩肥作为追肥，浇灌或施用于畦面上，以防病原体间接传播给植株。杂交狼尾草对锌元素特别敏感，当植株出现发白或叶间失绿时，为缺锌的表现，应及时追施锌肥，常用"一水硫酸锌"施入植株旁，30~45.0 kg/hm²；也可用 0.05%~0.1% 的硫酸锌溶液，每隔 7~10 天喷 1 次，共喷 1~2 次。

2）灌溉管理

杂交狼尾草虽然耐旱力较强，但水分不足也会影响产量，只有水肥同时充足的条件下，才能获得稳产高产量。因此，要经常用沼液或水灌溉。

3）田间杂草管理

杂交狼尾草生长迅速，繁殖能力强，在生长期杂草无法与其竞争，因此杂草主要在幼苗期进行清除管理，中后期无需管理。

4）病虫害防治

杂交狼尾草病虫害极少。但个别地区在夏季出现松毛虫和蚜虫危害，可在幼虫期用乐果或吡虫灵喷洒，喷洒后要经过7天以上方可刈割利用，以防药物残留。

4. 利用

杂交狼尾草叶片柔嫩，适口性好，是草食家畜和草食鱼类优质青饲料。打浆后配合玉米等精料饲喂猪效果良好，饲喂养猪、兔、鹅等禽畜或做鱼饲料时，草层高度达80~100 cm时，即可刈割。如果用来喂牛、羊等，收割高度为可在100 cm以上，年可收获6~8次。植株过矮刈割，影响鲜草产量；植株过高刈割，会降低草质。刈割时要注意留茬高度，一般以5~10 cm为宜，过高或过低均会影响再生和产量。作青饲料饲用要按需割草，以保证青草的新鲜度，刈割后的青草要及时运走，防止曝晒。

（十）热研4号王草（*Pennisetum purpureum* × *P. americana* cv. Reyan No. 4）

1. 土地准备

能适应全国多数地区的气候和土质条件，栽培容易。对地块的选择不严，一般的土地都可以种植,但王草在燥红土上的表现要优于沙壤土。pH为6~8的荒山、沟沿、房前屋后均可种植，也可种在果园四周作王草"围墙"，以防人畜进入。但选择土壤肥、能灌溉的地块种植较好，整地时深翻，施足农家肥，有利于其迅速生长。整地完毕后，把地划分为2 m宽的墒，墒与墒之间留出宽30 cm、深10 cm的排水沟。按株、行距50 cm×80 cm在墒中打出深10 cm的种苗沟。在沟中施足有机肥和钙肥，晒足半日，土壤黏湿大者可适当延长晒沟时间。

2. 种植方法

通常情况在饲用刈割下，王草不结实，且种子发芽率低，因此主要以扦插繁殖为主。王草生长快，当年栽培幼苗，可以分蘖10~20株，第二年继续分蘖，大多数有30~50株，多的可达100株。

1）种苗处理

采用无性繁殖，用种茎1500~1875 kg/hm²，选择较粗壮、芽眼突出、芽饱满、无损伤的种苗植株，用锋利的切刀斜切成具有1~2两个芽节的种苗备用。

2）种植时间

王草在最低温度8℃以上的季节均可种植，但在热区种植必须视雨水情况和灌溉条件具体来定,如果无灌溉条件,可在第一次透雨后种植,有灌溉条件的可随时种植。

3)种植方式

可采用横埋法或扦插法,研究表明,扦插的出苗率要高于横埋,而在生长后期苗的分蘖速度上,横埋的要比扦插的高,因此应根据实际选择种植方法。

(1)扦插法。把切好的种苗按株距 20 cm、扦插角 60°~70°定植好,节芽朝上,双芽节苗第一个芽埋于土中,另一个芽裸露,盖土至刚好接触裸露芽;单芽节苗让芽浅埋于土壤中。

(2)横埋法。将准备好的种苗顺沟横埋在种苗沟中,让节芽位于种苗的前后两侧,芽节相距 20 cm,后盖上 5 cm 厚疏散的细土即可。如果土壤黏性重,则可让土层盖得稍薄一些(3 cm 左右)。

4)苗期管理

扦插后注重保持土壤湿度,待成活后控制杂草,合理施肥,施肥以氮肥为主。

3. 田间管理

1)施肥管理

扦插前施基肥,施腐熟农家肥 15 000~45 000 kg/hm^2、普钙 225~400 kg/hm^2。王草耐肥性极强,可重施有机肥和氮肥,为加快生长及产草量,可增加施肥次数和数量,只要有充足腐熟有机肥条件,可以随时补充进王草田块中。同时为获得高产稳产,每次刈割后及时补施尿素 300~400 kg/hm^2,并保持土地湿润,但不宜长期水涝。

2)灌溉管理

王草的耗水量大,干旱季节(11 月至翌年 4 月)需要及时补灌水,每隔十五天一次,旱季经常灌溉可收获一定的鲜草;雨季一般不需灌水,在保证肥料充足的前提下,可以任其自然生长。

3)田间杂草管理

主要在幼苗期加强杂草管理,中后期无需管理,萌发后的茎叶自然覆盖可抑制杂草的再生。生长前期加强中耕除草,适时浇水和追肥。当植株长到 2 m 高以后,应将下部老叶摘除,可以促使茎节老化、坚实。

4)病虫害防治

栽培前可用辛硫磷 0.1 kg 加水 50 kg,浇于穴中防治蝼蛄、金针虫;生长期可用 20%杀灭菊酯 3000 倍液喷雾防治钻心虫害与食叶性害虫。

4. 利用

当王草株高 80~100 cm 时即可刈割作为饲料利用,留茬高 5~10 cm,一般每隔 20~35 天刈割一次，一年可割 7~10 次。王草产量视管理水平和土壤条件，年产鲜草 150 000~300 000 kg/hm²，比象草高 10%~40%，干物质含粗蛋白质在 8% 左右。

王草叶片宽阔、柔软，茎脆嫩，适口性好，是牛、羊、猪、鸡、鹅、驼鸟及兔的理想青饲料，也可用来养鱼，还可青贮或调制干草。王草除用作饲料外，还可作田块坝、果园的围栏绿篱；茎秆可作为普通架材、食用菌用材、生产普通纸制品；王草也可作热带地区公园、行道、庭园绿化之用；可防洪护堤，保持水土；后期萌发的嫩笋可作蔬菜。在西部大开发的退耕还草战略中，王草还可用在饲料开发、水土保持、生态绿化等方面。

（十一）象草（*Pennisetum purpureum* Schumach.）

1. 土地准备

象草对土壤要求不严，沙土、黏土和微酸性土壤均能生长，但以土层深厚、肥沃疏松的土壤最为适宜。在坡地上种植不用起畦，在水田种植则以宽 1m 左右起畦，同时要施入充足的有机肥作底肥，一般施 22 500~37 500 kg/hm²。旱地则顺着坡向理出种植墒，墒两侧各理一条宽约 25 cm、深 20 cm 的纵沟，以利于旱季节水补灌。然后在墒上理出相距 40~50 cm、深 20~25 cm 的水平种植沟，施入 7500 kg/hm² 农家肥和 300~450 kg/hm² 普钙作底肥，盖 5 cm 左右土层，待种植。

2. 种植方法

象草因结实率和种子发芽率均很低，且实生苗生长慢，性状不稳定，因此，在生产上多采用无性繁殖，即扦插种植。

1）种苗准备

象草对种植时期要求不严，在平均气温达 13~14℃时，即可用种茎繁殖，种植时要选择生长 100 天以上的茎秆做种茎，把整根种苗用刀切成带 3~4 个芽节的苗节，每苗节入土的节离下切口约 5 cm，切口一般以斜口为宜，利于扦插时入土能达到一定的深度，保持湿度，促进生根发芽。

2）扦插

降雨前后均可进行，按株距 30~40 cm，种芽向上斜插，出土 2~3 个节或将种茎平放，芽向两侧，覆土 5~7 cm，也可挖穴种植，穴深 15~20 cm，种茎斜插，每穴 1~2 苗，用种茎 1500~3000 kg/hm²，降雨过后 5~8 天便可出苗。象草速生，出苗后如有降雨生长良好。

3. 田间管理

象草速生性强，出苗后有降雨，便可生长良好，前期只需除去植株较大的杂草，分蘖开始，密度迅速加大，可粗放管理。但如想获得高产，还是需要充足的水肥，生长期间要注意中耕除草，适时适量灌水和追肥，以保证苗全苗壮，加速分蘖和生长。每次刈割后也应及时松土追肥和灌溉，以利再生。

4. 利用

象草是热带和亚热带地区一种高产的多年生牧草。刈割时株高 100~120 cm，距地面 20 cm 左右刈割较为适宜。年可刈割 6~8 次，产鲜草 75 000~2 250 000 kg/hm^2，高者可达 15 000~30 000 kg/hm^2。象草不仅产量高，而利用年限也较长，一般为 3~5 年，如栽培管理利用得当，可延长到 5~6 年甚至 10 年以上。

象草适期刈割，柔软多汁，适口性很好，利用率高，牛、马、羊、兔、鹅等畜禽均喜吃，幼嫩时期也是猪、鱼的好饲料。象草除四季给家畜提供青饲料外，也可调制成干草或青贮料备用。

象草还具有较高的营养价值，蛋白质含量和消化率均较高。如果按产鲜草 75 000~450 000 kg/hm^2 计算，年可产粗蛋白 9675~5805 kg/hm^2。

象草的产量高，品质优质，适口性极好，使用年限长，用途较广，具有很高的经济价值，是热带和亚热带地区良好饲用植物之一。此外，象草的根系十分发达，种植在塘边、堤岸，可起到护堤保土作用，也可以刈割作为多年生作物的覆盖材料。

（十二）非洲狗尾草（*Setaria anceps* Stapf ex Massey）

1. 土地准备

播前要求良好整地，先用除草剂或人工除去杂草，精细整地，施有机肥 15 000~30 000 kg/hm^2、磷肥 225~300 kg/hm^2 作底肥。

2. 种植方法

1）播种育苗

一般用种子繁殖。4 月中下旬气温稳定在 12~15℃时即可播种。条播或撒播均可，条播行距 30~35 cm，深度 1~2 cm，每亩播种量 7.5 kg。播后盖种、压种，苗期注意中耕除草。每次刈割后适当追施氮肥，施尿素 200~240 kg/hm^2，以促进其再生。

2）分株栽培

分株栽培选用生长两年以上的植株连根挖起，分株种植，行株距 40 cm×

40 cm，植深 8~10 cm，栽后浇定根水。植后 10 天即返青生长。

3. 田间管理

1）灌溉施肥管理

在每次利用或刈割后适当追施氮肥会明显促进其再生和改进草质，刈割后 5~7 天追肥最安全。

2）田间杂草管理

幼苗生长缓慢并较脆弱，而春播草地杂草生长旺盛，所以早期应适时中耕除草 1~2 次。

3）病虫害防治

抗病虫害能力强，云南种植多年，尚未观察到严重病虫害发生。

4. 利用

非洲狗尾草可以单播栽培作为集约化高产割草地。非洲狗尾草生长迅速，播后 70~80 天可形成草层，60~70 天即可第一次收割，割后分蘖加快，最适宜的利用时期是在其孕穗之前，植株高度 50~60 cm 即可刈割，刈割留茬高度 5 cm 以上，放牧利用的留茬高度则应是 10~15 cm 之间。

非洲狗尾草茎叶柔嫩、青脆，无异味，光滑无毛，青嫩多汁，草质柔软，适口性好，适于放牧、青饲，也可晒制干草。在放牧或舍饲中常为牛、羊优先择食，在扬花之后，由于茎秆老化，适口性下降。

非洲狗尾草人工草地年产鲜草 225 000.0 kg/hm² 左右，具有分蘖率高、再生性强等特点，也是保持水土、改善生态环境的良好植物，是我国热带、亚热带地区建立人工草场的一种优质多年生禾本科牧草；也可与大翼豆、柱花草、紫花苜蓿等豆科牧草混播，建成放牧型人工草地。

（十三）高丹草（*Sorghum sudanerse* Hybrid）

1. 土地准备

1）地块选择

高丹草对土壤要求不严，无论沙壤土、重黏土、微酸性土壤和盐碱土均可种植。但在过于瘠薄的土壤和盐碱土壤上种植时，应注意合理施肥，只有在高肥条件下才能获得高产。

2）整地耕翻、施肥

高丹草根系发达，生长期间需要从土壤中吸收大量营养，因此播前应将土壤深耕，要求耕犁深达到 20 cm 以上。施足有机肥，在翻地前施腐熟农家肥 22 500~

30 000 kg/hm^2 或 600~750 kg/hm^2 普钙或钙镁磷作底肥,把地耙平 2 m 开墒。种肥应包括氮磷和钾肥,氮肥用量是 200~240 kg/hm^2,以加快满足早期生长的需要。

2. 种植方法

1)种子直播

(1)播种时间。由于高丹草主要利用其茎叶作饲料,因此对播种期无严格限制,当表土 10 cm 处温度达 12~16℃时即可开始播种,但光周期敏感型品种最好选择日照长度大于 12 小时的季节播种,以获得更长的营养生长期,最适合的土温是 16~18℃。在云南热区灌溉条件较好的地方,可在 3 月播种,而灌溉条件较差的地方,可待雨季来临后在进行播种。

(2)播种方法。可条播、穴播或散播,条播、穴播播种量 30.0 kg/hm^2,播种深度 2.0 cm,条播行距 30~40 cm,撒播时播种量相对提高,每公顷 37.5~45.0 kg。

2)苗期管理

在播种前应精细整地,施足基肥(35 000 kg/hm^2 有机肥)。出苗后根据密度要求进行间苗、定苗,可留苗 45 万~75 万株/hm^2。苗期应注意中耕除草,当出现分蘖后,即不怕杂草为害。

3. 田间管理

1)施肥管理

高丹草的根系发达,生长期间需要从土壤中吸收大量营养,因此播前应将土壤深耕,施足有机肥,种肥应包括氮磷和钾肥。第一次刈割后结合灌溉施氮肥 225 kg/hm^2,以后依据实际情况施用氮肥,特别是在分蘖期、拔节期以及每次刈割后,应及时灌溉和追施速效氮肥。一般每次追尿素约 120~150 kg/hm^2。

2)灌溉管理

旱季根据植物生长情况适时补灌,为能获得高产,在雨季通常结合施肥进行补灌。

3)田间杂草管理

苗期注意除杂草,在出苗后要清耕 1~2 次,每次刈割后要及时中耕,以免杂草生长。

4)病虫害防治

雨水过多或土壤过湿也对生长不利,容易遭受病害,尤其容易感染锈病。害虫主要是蚜虫,如不及时防治,影响刈割后的再发,田间防治主要用抗蚜威。

4. 利用

第一次刈割应在出苗后 35~45 天时进行,过早产量偏低,过晚茎秆老化影响再发，生产季，每隔 20 天左右即可再行刈割，一年可刈割 4~7 次。为了保证鲜草全年高产，每次刈割不能留茬太低，一般留茬高度以 10~15 cm 为宜，要保证地面上留有 1~2 个节。高丹草叶片宽大，叶多质嫩，茎秆味甜，适口性特好，草质柔嫩，消化率高，营养价值高，茎秆细小，叶量丰富，含糖量高，营养丰富，味甘甜，鲜草产量 120 000~1500 000 kg/hm²，是牛、马、羊、鱼的好饲料，可以用来青饲或青贮，也可以调制成干草。

高丹草幼苗含有毒物质氢氰酸，因此高度 50 cm 前，不要放牧或青饲，以预防氢氰酸中毒；第一次饲喂家畜不要让家畜空腹采食，备有充足的水，补充盐和带有硫的矿物质，可减轻氢氰酸的有害作用。在生产青贮饲草和干草的过程中，氢氰酸大多挥发掉了，所以不会引起家畜中毒。

（十四）苏丹草（*Sorghum sudanense*（Piper）Stapf）

1. 土地准备

1）地块选择

苏丹草根系入土深，要求有深厚的疏松土壤，所以做好耕翻和平整土地的工作是极为重要的。不论秋翻或春翻，耕深不应低于 20 cm。为做好保墒工作，必须在耕后及时做好耙、耱、压工作。苏丹草对土壤要求不严，在微酸至碱性的砂质或黏质土壤上都可以生长。

2）整地耕翻、施肥

苏丹草的良好前作是豆类、麦类和薯类作物。春播苏丹草，要求耕深不少于 20 cm。苏丹草喜肥，在高肥条件下能获得高产。通常以有机肥 15 000~22 500 kg/hm² 作基肥，结合耕地翻入土中。

2. 种植方法

1）播种时间

在云南热区 3 月中旬可开始播种，夏播则需在前茬作物收获后随即播种。另外，播种前适当晒种还可以提高发芽率。

2）播种方法

一般采用条播为宜，行距可根据土壤水分情况灵活掌握。土壤肥力高、水分条件好的地区，可密些；土壤贫瘠、干旱地区，可稀些。一般在深 30 cm 左右，播种量为 22.5~30 kg/hm²。播种后要及时镇压，再覆盖稻谷秸秆，保持土壤湿润，减少水分蒸发。

3）播种深度

一般播深为 1~2 cm，潮湿和黏重土壤播深为 2 cm 左右，表土疏松干燥可适当深些。

3. 田间管理

1）施肥管理

苏丹草在分蘖期至孕穗期生长迅速，需肥逐渐增多。除施用基肥外，通常每次刈割利用后，都要追肥，一般每次施硫酸铵 150 kg/hm² 或一定量的腐熟人畜粪尿，并配合耖耙，可促进苏丹草再生，提高产草量。

2）灌溉管理

苏丹草需水量很大，适时灌溉，因此在分蘖盛期和割草后应及时灌水，可促进分蘖和再生，保证高产。

3）田间杂草管理

苏丹草幼苗细弱，生长缓慢，幼苗长到 20 cm 左右时，应及时进行锄草，以利于生长。如宽行播种则可进行中耕除草，苏丹草到后期生长很迅速，其他杂草便不易繁殖。幼苗不耐杂草，出苗后要及时中耕除草。每隔 10~15 天中耕除草一次。单播的苏丹草地，苗期用 0.5% 的 2，4-D 类除草剂液喷雾除草 2~3 次，可以消灭阔叶杂草。

4）病虫害防治

苏丹草易遭黏虫、螟虫、蚜虫等危害。刈割利用作青饲料的，若有蚜虫危害，立即刈割利用，留种田要注意及时防治。

4. 利用

新鲜苏丹草柔嫩多汁，牛、羊、兔、猪、鹅等畜禽均喜食，同时也是草食性鱼类的优质饲料。苏丹草在云南热区可获 3~4 次再生草，鲜草产量 60 000~75 000 kg/hm²。干草品质和营养价值多取决于收割日期：抽穗期刈割营养价值较高，适口性好，营养价值高；开花期后茎秆变硬，饲草质量下降。

茎叶适宜青饲、调制优质干草或制青贮饲料。由于茎秆较多，饲喂牛、羊，一般在抽穗前刈割利用；饲喂鱼、兔、鹅，一般在株高 70~80 cm 时刈割利用。在拔节至抽穗之前的粗蛋白含量为 8%~10%，适口性比其他牧草差。如苏丹草青贮，应在孕穗期至抽穗期刈割，如果与混播的豆科牧草一起青贮，可以获得品质优质的青贮料。苏丹草调制干草，应在抽穗期刈割。苏丹草草场也可用来放牧，或利用第一茬刈割青草，可调制干草或青饲；第二茬以后株高为 50~60 cm 时放牧马、牛、羊均喜食，幼嫩植株可放牧猪群。苗期含少量氢氰酸，特别是干旱或寒冷条件下生长受到抑制，氢氰酸含量增加，应防止放牧牲畜中毒。当株高达 50~60 cm 以上放牧，或刈割后稍加晾晒，可避免家畜中毒。

（十五）香根草（*Vetiveria zizanioides*（L.）Nash）

1. 土地准备

等高线的确定不能通过肉眼估计，使用水平仪测定是最简便又较为准确的方法之一，一般人只需经过简单的培训即可掌握。在坡地上，拿水平仪的技术人员指挥拿木桩的人上下走动，通过水平仪调节，两人处在同一水平时，拿一木桩作标记，不断重复，即可完成一条等高线的确定。

2. 种植方法

1）人工育苗

由于香根草没有种子，也不能通过扦插繁殖，需要通过分蔸育苗繁殖。苗床宜选在气候温暖湿润、土质疏松、灌溉方便的地方。在有香根草分布的地区挖取母蔸，挖前留茬 20 cm 左右，刈割掉上部的叶片，以减少运输和栽培过程中植株的水分蒸发，母蔸留 8 cm 左右长的根，多余的部分砍掉，种植前将较大的母蔸分成含3~5 蘖的小蔸，繁殖材料稀少时，可以分成单蘖繁殖，施用适量的磷酸二氢铵作底肥，以促进分蘖，株距 30~50 cm，分蘖长满苗床后，可再次移苗扩繁或移至水土保持地区种植。用作草生物篱建植时，每平方米苗床每年培养的幼苗可种 10~15 m。

2）建植间隔

香根草生物篱的建植间隔主要由坡度决定，在理论上，通过香根草生物篱自然形成的堤坎可以无限增高，但从实际角度考虑，最终形成的堤坎高 2 m 左右为宜，在这种情况下，5°左右的坡地间隔 22 m，10°左右间隔 11 m，25°左右间隔 5 m，30°左右间隔 4 m，45°左右间隔 3 m，60°以上间隔 2 m。实际工作中，最好在确定等高线的同时用水平仪测定，方法是将 1 m 长的木杆直立，水平仪放在木杆上方，通过水平仪直线向上找到坡地上与水平仪处于同一水平的点，量出两点间斜坡的直线距离，再乘以 2 就得到该坡地上香根草生物篱的种植间隔。坡度不均匀的地方通过两次测量。

3. 田间管理

我国南方可在春末夏初时种植，云南省适宜在雨季来临后种植。首先沿等高线犁出一条 20 cm 左右深的沟，在气候干旱、保水差的地方，开沟相对更深一些，开沟的土壤应翻在沟的下方。沟底施用一定量的磷酸二氢铵作基肥。挖取母蔸前，留茬 20 cm 刈割，母蔸根系留 8 cm 长，多余的部分剪去，分成小蔸时，以 3~5 蘖为宜，不能过少。

单行种植时，株距视繁殖材料的多少而定，当繁殖材料缺乏时，在坡度较小、降雨量大、气温较高的地区，由于香根草生长相对较快，株距可以适度宽一些，但一般情况下不要超过 20 cm，在坡度大，或者气候干旱，或温度较低等非香根草生长最适宜地区植建时，株距应当更窄，否则，香根草形成致密草生物篱所需的时间过长，不能很好地起到水土保持作用，在繁殖材料充裕的情况下，可以不留株距或缩小株距，这样可以更快地形成致密的生物篱。

降雨前后栽培，应栽在沟底，覆土至沟平后，将香根草向上轻提，使所有根尽可能保持向下，然后将土壤压实，使种植香根草的地方仍成一条浅沟，以便可以蓄积一定量的雨水。香根草的耐旱能力极强，降雨后土壤湿润时移栽，移栽苗在连续两个月不降雨的情况下仍能存活，因此种植后一般不需要特殊的管理，降雨低于 700 mm 的地区，有条件时，建植当年可以进行适度灌溉，以促进其迅速增长，降雨量大于 1000 mm 的地区不需要灌溉。种植头两个生长季节，可以施用适量的氮肥和磷肥，每年在植株萌发前，用火烧掉地面枯死部分的植株，以促进萌发。如果植株过高，对临近作物造成隐蔽时，可以留茬 20~30 cm 刈割。此外，不需要其他特殊管理措施。

4. 利用

香根草生物篱于坡地梯田水土保持在印度至少有 50 年以上的历史，需要特别强调的是香根草生物篱必须沿等高线建植，必须要有足够的种植密度，以确保能迅速形成致密的生物篱。香根草生物篱建植方法简单，建植技术主要包括人工育苗、生物篱间隔和等高线的确定、种植管理等。

香根草用途广泛，生物篱除了用于农田、果园、新建幼林、道路、水库、河流、农田灌溉实施和排水沟等的水土保护外，叶子中脉和穗子是制作扫帚的好材料；叶片在幼嫩期家畜喜爱，可用作家畜饲料；可以刈割茎叶用作薪材；可以作为果园或新建幼林地的覆盖物，减少水分蒸发。

三、其他牧草栽培技术

菊苣（*Cichorium intybus* L.）

1. 土地准备

1）地块选择

以土层深厚、土质疏松、排水良好、肥沃的沙质土壤为宜，涝洼及排水不畅或土质黏重、沙砾过多的土壤，易造成徒长，肉质根细小，根毛增多，根叉多，品质低。

2）整地耕翻、施肥

种前深耕细耙，地平土碎，浅开沟，沟覆土。由于其种子细小，播种前整地要细，以利于出苗。施腐熟有机肥 37 500~45 000 kg/hm^2 或复合肥 300~375 kg/hm^2 作基肥，整墒待播。

2. 种植方法

1）种子直播

（1）种子处理。菊苣种子细小，种皮较薄，播种时一般不需要处理，播种后出苗快。播种前，可用 50%的多菌灵 5~10 g/kg 进行拌种。

（2）播种时期。菊苣播种在热带一般不受季节限制，最低气温 5℃以上均可播种，以 4~10 月为好。

（3）播种量。菊苣由于种子细小，条播和撒播播种量为 3.75 kg/hm^2，如地块较差，可适当增加播种量至 6 kg/hm^2。

（4）播种深度。菊苣由于种子细小，最适播种深度为 1.5~2 cm，最深不能超过 3 cm。过深其幼苗无力长出表土；过浅则表层土壤水分不足，不易萌发，或萌发后幼苗扎根不牢。

（5）播种方法。菊苣种子直播时，可采用条播和撒播方式。其由于种子细小，可与细沙混合，以便播撒均匀，条播适宜行距为 30~40 cm。播种要均匀，播后覆土 1.5~2 cm，播后 6~7 天出苗，应及时查苗补苗，达到苗齐苗全，严防缺苗断垄。

2）育苗移栽

（1）育苗：菊苣育苗床应背风向阳，若栽培面积较大，苗床应离移栽地较近，附近要有水源，若栽培面积较小，也可在庭院育苗，苗床宽 1.2~1.3 m，长度可根据育苗多少具体确定，床土表施有机肥，深翻耙细整平。苗床畦内，浇足底水，按种沙比 1：2 的比例，将种子与沙子拌均匀，均匀地撒在苗床上，种用量 22.5 kg/hm^2，然后覆上细土，覆土厚度 1~1.5 cm。若在春季育苗，应进行小拱棚覆膜，播后 3 天注意揭膜换气，移栽前 10 天揭去覆膜炼苗。若秋季育苗，则进行覆草，保持土壤湿润直到出苗。

（2）苗期管理：在出苗后注意及时清除覆盖物，在清除覆盖物时，应避免强烈的太阳直晒。苗期也要注意浇水，并及时除去杂草。

（3）移栽：待小苗长有 4~6 片叶时移栽，最好在阴天进行移栽，移栽严格选苗，淘汰徒长苗，挖苗时带 4~5 cm 主根。移栽采用高垄双行栽植，用铝壶点水，随即栽植，栽时将根颈部分埋入土中，土稍压紧使根部与土壤密接，也可雨后抢墒栽植，行距 30 cm×40 cm，株距 8~10 cm。

3. 田间管理

1）施肥管理

菊苣是以采收肉质根和叶为主要产品的作物，合理的施用肥水，能使菊苣地上叶和地下根茎协调生长，为将来的内质根膨大打下良好基础，菊苣播种出苗后15~30天，去小苗、劣苗，追速效肥1次。成株追肥应掌握在施足有机肥的基础上，再追肥2~3次。肥少地力差的地块，可在苗期追施适量氮肥作为提苗肥，在肉质根生长前期（直径0.5 cm）可追施尿素150 kg/hm²，为促进叶片和直根膨大打基础，当地上的营养面积长到一定程度时，可见叶25片左右，要适当减少氮肥用量，增加磷、钾肥，以利于促进营养物质的转化和积累。

2）灌溉管理

菊苣是需水较多的植物，除自然降雨外，要根据天时、墒情和菊苣需水规律进行浇水，雨水过多时要及时排水。

3）田间杂草管理

菊苣播种出苗后15~30天，去小苗、劣苗，中耕松土，清除杂草，浇水，追速效肥，以利于再生。苗期中耕松土，有利于除草和防止土壤水分蒸发。成株中耕除草2~3次，也可用除草剂进行防除。

4）病虫害防治

菊苣抗虫害能力强，轮牧利用或刈割利用，并及时追肥，一般很少发病，不必施用农药。主要病症为菊苣腐芯病，发病后植株内芯腐烂，然后整棵死亡，损失较大。本病主要发生在多雨季节或低洼地。防治方法：一是不要在低洼地种植菊苣；二是注意排水；三是药物防治。药物防治选用多菌灵500倍液或代森锰锌500倍液喷洒或浇土壤。

4. 利用

菊苣为播种一次可利用3~5年，特点：一是适应性强、病虫害较少；二是利用周期长，每年的4~11月都可刈割；三是用途广，不仅可作饲料，还可加工成蔬菜等。当菊苣株高30 cm左右即可刈割青饲，留茬5~10 cm，此时牧草的营养最为丰富，适口性也最好。一般30天可刈割1次，最后一次刈割应在初霜来临前1个月进行，留茬比平时要高些，以利越冬。

一般多用于青饲，喂猪、鸡、鸭、鹅、兔，以莲座期刈割为好，喂牛、羊，以开花期为好；喂猪可直接饲喂，不必打浆或切碎。喂牛，可切碎与其他禾本科饲草混合饲喂，也可与坚尼草、柱花草等混合青贮，以备冬、春饲喂奶牛。

四、干热河谷优势牧草

（一）豆科牧草

1. 链荚豆（*Alysicarpus vaginalis*（L.）DC.）

链荚豆因种子细小，苗床整地需精细。雨季来临前播种，种子硬实率高，播种前应磨破种皮或机械去壳。播种量 11~16 kg/hm²，播种深度不要超过 1 cm，条播或撒播，播后用滚筒进行镇压。施用钙镁磷肥 300~450 kg/hm² 作基肥。年干物质产量 3750~6500 kg/hm²。适口性中等，幼嫩时期营养价值比较好，但随着生长期延长，养分含量迅速下降，开花结实后几乎无利用价值。放牧利用时，株高 30 cm 左右即开始利用，晒干草时，也应尽量在开花前刈割。种子生产时，待种子成熟后，刈割植株上半部分，晒干后脱粒清选。

2. 大叶千斤拔（*Flemingia macrophylla*（Willd.）Merri.）

苗床整地要求精细，播种前除尽杂草。对磷、钾肥需要量大，基肥中施足磷、钾肥可以提高接瘤能力和干物质产量。播种：种子直播，播种量 1~1.5 kg/hm²，穴播，穴距 1 m 左右。每穴播 4~5 粒，播种深度 1.5~2 cm 左右，播后覆土。一般采用育苗移栽，种子硬实率相当高，播种前用浓硫酸浸泡 15 分钟，以提高出苗的速度和整齐度；也可以用热水浸泡处理，但效果不如浓硫酸处理好。苗期生长相当缓慢，播种后头两三个月需要精心管理。

除放牧利用外，大叶千斤拔也是极好的地被覆盖植物，由于叶片在自然状态下分解速度极慢，叶片脱落 7 周后，土壤中仍有 40%的残留叶片（约 4000 kg/hm²）未被分解，相比较，银合欢残留叶片量仅 20%。大量未分解的叶片不仅有利于保持地温和土壤湿度，而且可以有效阻止杂草种子的萌发和抑制杂草早期生长。种子生产时，可以直接从野生植株上采集，也可以人工种植生产。

3. 白刺花（*Sophora davidii*（Franch.））

苗床整地与其他豆科牧草相似，雨季来临后播种。目前，市场上基本没有种子销售。计划种植时，可在 8~9 月收集成熟的野生种子。条播或撒播均可：条播时，覆土以 1 cm 左右为宜。撒播时，播种后可以轻耙一下，然后进行适度镇压。基肥的种类和数量可参照其他豆科牧草。播种后 15~30 天出苗。出苗差时，苗期生长极度缓慢，应及时间苗、补苗，适时中耕除杂。也可育苗移栽，以减少苗期管理的工作量，同时节约种子用量。

白刺花营养价值较高，成熟期嫩枝叶的粗蛋白含量为 21.80%，粗脂肪为

2.20%，粗纤维为 29.59%，无氮浸出物为 41.4%，灰分为 5.31%，钙为 2.08%，磷为 0.16%。虽然有刺，但并不妨碍山羊采食。牛也爱吃嫩枝叶。除放牧利用之外，白刺花也是十分理想的蜜源植物，同时也是干旱贫瘠的石灰岩地区绿化造林理想的先锋植物。其花蕾可作蔬菜。

（二）禾本科牧草

1. 孔颖草（*Bothriochloa pertusa*（L.）A. Camus）

一般在雨季来临时，即每年的 6~7 月播种。苗床整地应为精细，条播或散播均可。播种深度以 1.5~2 cm 为宜，覆土并适度镇压，以利于出苗，播种量为 6~8 kg/hm²。也可在雨季用匍匐茎扦插繁殖，株行距 50 cm×50 cm 或 50 cm×100 cm。孔颖草草地既可放牧利用，也可刈割制作青贮和干草。

2. 双花草（*Dichanthium annulatum*（Forssk.）Stapf）

采用种子繁殖。种子需进行锤打去芒，然后进行脱落。去芒后的播种量为 4~6 kg/hm²，雨季来临后播种，单播时施氮 200~300 kg/hm² 作基肥。双花草刈牧兼用，草质柔嫩，适口性好，牛、马、羊喜食。饲草产量中等，野生状态下的干物质产量为 3500 kg/hm²，栽培条件下为 6000~9000 kg/hm²。营养价值较好，营养生长期粗蛋白含量可达 10.4%，花后期粗蛋白含量为 5.3%，粗脂肪含量为 2.5%，粗纤维含量为 32.7%，灰分含量为 5.4%，无氮侵出物为 54.1%。

3. 扭黄茅（*Heteropogon contortus*（L.）Beauv.）

对于种子直播，苗床整地应精细，条播或散播均可。播种深度以 1.5~2 cm 为宜，覆土并适度镇压，以利于出苗。种子直播一般在雨季来临时，即每年的 6~7 月播种，也可在雨季分蔸植植，株行距 50 cm×50 cm 或 50 cm×100 cm。扭黄茅草植株高大，采用刈割利用，或刈割制作青贮和干草。

参 考 文 献

白昌军, 刘国道, 陈志权, 等. 2011. 热研 20 号太空柱花草选育研究报告. 热带作物学报, 32(1): 33–41

白昌军, 刘国道, 何华玄, 等. 2006. 热研 14 号网脉臂形草的选育. 热带作物学报, 27(3): 11–16

白昌军, 刘国道, 王东劲. 2004. 西卡柱花草选育及其利用评价. 草地学报, 12(3): 170–175

白昌军, 刘国道, 王东劲, 等. 2007. 热研 15 号刚果臂形草的选育与利用. 草地学报, 15(6): 566–571

白昌军, 刘国道, 严琳玲, 等. 2011. 热研 18 号柱花草选育及利用. 草地学报, 19(1): 147–156

冯光恒, 张映翠, 杨艳鲜, 等. 2005. 元谋干热河谷优势草灌资源. 国土与自然资源研究, (1): 92–94

谷勇, 周榕, 邹恒芳, 等. 2000. 木豆栽培技术与综合利用, 20(4): 213–217

蒋昌顺, 刘国道, 何华玄. 2003. 热研 7 号柱花草的选育. 热带作物学报, 24(2): 51–54

奎嘉祥, 钟声, 匡崇义, 等. 2001. 纳罗克非洲狗尾草引种试验报告. 中国草地, 21(3): 22–25

奎嘉祥, 钟声, 匡崇义, 等. 2003. 云南牧草品种与资源. 昆明: 云南科技出版社

刘国道, 白昌军, 何华玄, 等. 2001. 热研 5 号柱花草选育研究. 草地学报, 9(1): 1–7

刘国道, 白昌军, 王东劲, 等. 2002. 热研 6 号珊状臂形草选育研究. 草地学报, 10(3): 217–220

刘国道. 1999. 海南饲用植物志. 北京: 中国农业大学出版社

刘金祥, 李文送, 张涛, 等. 2015. 香根草研究与应用. 北京: 科学出版社

龙会英, 沙毓沧, 朱红业, 等. 2010. 干热河谷草和灌木资源引种及综合利用研究. 昆明: 云南科技出版社

龙会英, 张德, 朱红业, 等. 2011. 元谋干热河谷豆科牧草的引种试验. 草业科学, 28(8): 1485–1490

龙会英, 张映翠, 朱宏业, 等. 2003. 热研 2 号柱花草在元谋干热河谷区的栽培技术. 中国草地, 25(6): 21–24

龙会英, 朱宏业, 张映翠, 等. 2001. 百喜草对元谋地区自然环境的适应性及其应用效益研究. 热带农业科学, 94(6): 1–5

全国草品种审定委员会. 2011. 全国草品种审定委员会 2008 年审定登记品种简介(30 个). 草业科学, 28(2): 334–350

史亮涛, 金杰, 张明忠, 等. 2009. 云南热带优质牧草栽培及利用技术. 昆明: 云南科技出版社

四川省农业厅土肥处. 1992. 四川省种植香根草试验示范总结. 中国香根草情报网简讯, (10): 6-11

韦家少, 蔡碧云. 2002. 热研 8 号坚尼草选育及利用研究. 热带作物学报, 23(1): 48–53

韦家少, 刘国道, 蔡碧云, 等. 2002. 热研 9 号坚尼草选育研究. 草地学报, 10(3): 158–163

张瑜, 严琳玲, 白昌军, 等. 2015. 热研 11 号黑籽雀稗的植物特性和饲用价值研究. 中国热带农业, 63(2): 50–53

朱红业, 张映翠, 龙会英, 等. 2004. 金沙江流域元谋干热河谷人工酸角林地铺地木蓝引种研究. 西南农业学报, 17(5): 576–579

Anon. 1990. Fodder Value of Vetiver Grass. V etiver Newsletter, (4): 6

Panichpol V, Waipanya S, Siriwongse M, et al. 1996. Analysis of chemical composition of *Vetiveria zizanioddes* Nash for using as feed stuff. In: papers presented at ICV-3, Chiang Rai, 4-8 Feb. 106(3): 141

第六章　干热河谷优良牧草利用模式

第一节　种草养殖利用模式

云南热区地处南亚热带 780~1100 m 低海拔地区，总面积为 8.11 万 hm^2，约占全省总土面积的 21.9%，占全国热区面积的 16.9%，光热资源丰富，日照时数达 1400 小时左右。≥10℃的年有效积温为 6407~7295℃，无霜期长或基本无霜。由于良好的气候条件，云南热区牧草资源富，无论是乡土野生牧草还是引进的优质高产牧草品种繁多，生长季节生长迅速，产草量高，柔软多汁，营养丰富，有利于发展畜牧业。

在云南省热区冬闲田、山地或幼林果树行间闲置土地上，可选用营养价值与产量高的优良牧草（冷季型和暖季型牧草），开展不同季节水肥供给条件下规范性种植与养殖技术研究，以满足全年青饲料均衡供应，实现热区养殖业青饲料季节供应平衡；发展以本地牛、山羊、肉兔和天鹅为主的草食动物，建立以圈养和半圈养的生态模式，利用豆科与禾本科高效配置，提高家畜养殖管理水平和养殖效益，改善农村生态环境，促进本区农村可持续发展；利用苏丹草作为养鱼饲草开展种草养鱼研究，减少养殖成本；利用菊苣和甘薯等营养价值高适口性好的牧草作为饲草开展种草养兔技术等相关研究；利用优良牧草特高黑麦草、海狮杂交苏丹草、坚尼草、杂交狼尾草、臂形草、提那罗爪哇大豆、柱花草、紫花苕等开展种草养鹅技术等相关研究；利用优良牧草热研 4 号王草、象草、坚尼草、孔颖草、雀稗、白羊草、玉米秸秆、柱花草、银合欢、爪哇大豆、木豆、紫花苜蓿、蔓草虫豆、蔬菜叶、薯类等开展种草养羊技术研究。

一、山羊生态圈养技术

干热河谷区内多元民族融合，传统畜牧业发展与脆弱生态环境修复间矛盾日益突显（杨庭硕和伍孝成，2011）。如何建立与完善生态型牧业工艺模式，提高生活生产水平，减缓生态压力，满足区域发展及生态建设的双重要求，正受到越来越多的关注（Boyazoglu，2005；杨兆平和常禹，2007）。饲养山羊对支持农牧地区的贫困人口脱贫有非常积极的意义。传统以放牧为主的山羊饲养中，饲养规模的扩大使品种改良和疾病防治变得复杂、困难且成本高昂，也无法进行有效的个体扶助和监管，对山羊的营养无法进行定量和调控，最终的生产失败不可避免（彭春江，2004）。比较之下，圈养有利于为羊只提供完善的营养，使其肉质大大改善，效益优于放牧饲养（Warner et al.，2010），同时，圈养有利于肉质大理石花纹及风味的形成（Ekiza et al.，2013）。另外，现代农业生产体系对未来绿色有机食品提出了全程有机可追溯的要求，对肉羊生产实行危害分析关键控制点（hazard analysis critical control point，HACCP）食品安全体系监管是未来牧业发展的重要环节之一。因此，规模化、标准化是实现干热河谷畜牧业生态环保及产品质量保障的重要途径，是解决干热河谷区域发展问题的重要环节。

山羊生态圈养是指在"林+农+牧"复合生态农业建设和种草养畜的基础上，提出来的一种克服传统山羊放养缺点，引进科学、生态养殖方法的一种饲养山羊的方法，其目的是：①调整种植业内部结构，使之科学、合理化；②充分利用立体种植模式的初级农产品，实现物质的循环多级利用；③减少农副产品资源浪费，实现牧草饲料的转化增值；④为人类提供肉食品和增加经济收入；⑤过腹还田为种植业提供动力、肥料，为人类提供热能；⑥延长食物链，增强系统的稳定性（杨艳鲜等，2009）。

（一）山羊选择

在云南干热河谷，选择云岭黑山羊、波尔山羊和努比山羊为主。

1. 云岭黑山羊

云岭黑山羊是云南省分布最广泛的云南地方云岭山羊的重要品种之一，属热带、亚热带山地生态型肉皮兼用地方良种，主产于云南境内云岭山系及其余脉的哀牢山、无量山和乌蒙山延伸地区，生长在山区或半山区地带，故称为云岭黑山羊。云岭山羊除云岭黑山羊外，还有棕黄白花、黑棕黄花、棕黄色和杂色花品种等。云岭黑山羊生长速度稍慢，繁殖率偏低，通常引进波尔山羊和努比山羊进行杂交，利用杂交优势，提高其生长速度和繁殖率，从而提高食用性能，增加收入。

云岭黑山羊生性胆大，活泼好动，行动敏捷，喜欢攀登，在其他家畜难以到达的悬崖陡坡上，照样可以行动自如；环境适应能力强，耐粗饲，抗病力强，饲养成本低，劳动代价小，产投比高，生产性能好，肉质较鲜嫩，爱干净，一般在采食前，总要嗅上一番，宁可忍饥挨饿，也不愿吃被污染践踏、霉烂变质或有怪味、异味的草料或水源。

云岭黑山羊具有瘦肉多、蛋白质含量高、脂肪适中、肉质鲜美、品味纯正、浓香可口、多食不腻等特点，又以其特有的滋补功效而深受消费者喜爱。云岭黑山羊既具有普通山羊的优点，又具有其独有的药用价值，符合人们当前的消费趋势，市场前景十分广阔。

1）外貌特征

全身毛纯黑色，被毛粗而有光泽，成年公、母羊均有须，眼睛黝亮，体躯近似长方形，头大小适中，呈楔形，额稍凸，鼻梁平直，鼻孔大。两耳稍直立，公、母羊普遍有角，角扁长，稍有弯曲，向后向外延伸，公羊角粗大，母羊角偏细或退化。颈长短适中。鬐甲稍高，背腰平直，胸宽而深，肋微拱，腹大，尾巴粗短上举。四肢粗短结实，肢势端正，蹄质坚实，黑色。母羊乳房发育中等，多呈梨形，被毛粗而有光泽。

2）生产及繁殖性能

其优点是耐粗饲，耐旱耐贫瘠，适应性和抗病力强，肉质优良，板皮品质好、细致紧密等，缺点是个体较小且差异较大，生长速度慢，饲养周期较长，母羊产羔率和泌乳性能相对较低。云龄黑山羊具有早期育肥特点，羔羊出生重 1.8~2.5 kg，3 月龄达 6.38~12.1 kg，6 月龄达 10.5~14.8 kg，公羔普遍重于母羔。一般周岁公羊体重可达 22 kg，成年可达 34 kg；周岁母羊体重为 20 kg，成年达 32 kg，母羊屠宰率为 53.5%。一年至一年半可以出栏，投入与效益比可达 1∶1。公羊 5~6 月龄性成熟，8~9 月龄开始配种，利用年限 3~4 年；母羊 7~8 月龄发情，10~12 月龄可以配种受胎，利用年限 11~12 年，终生产羔 10~11 胎。一般 1 年产 1 胎，少数 1 年两胎，有 16%左右一年两胎，双羔率为 30%~50%。

2. 波尔山羊

波尔山羊（Boer goat）的名字来源于荷兰语"Boer"意指农夫，二十世纪早期，波尔山羊就出现在南非好望角地区，1997 年中国农业部正式启动引进波尔山羊项目，在全国各地掀起引进波尔山羊的热潮，1999 年由澳大利亚引入云南。2002 年由云南省种羊场引入云南省农业科学院热区生态农业研究所所在地——元谋。波尔山羊具有繁殖能力强、体型大、增重快、产肉多、肉质细嫩鲜美、无膻味、皮板优、耐粗饲、屠宰率高、抗病性强、遗传性稳定、适应性广和杂交改良地方山羊效果显著等特点，有"肉羊之父"之美称，是目前世界上最受欢迎的肉用山羊品种。

1）外貌特征

体躯被毛白色，短而有光泽，头、耳部为深棕色，额部有一条白色毛带。耳朵宽大下垂，可长至下巴；鼻突起，鼻子宽大微拱；角大，公羊角粗大向上向后弯，母羊角细而直立，呈蜡黄色。颈部较粗，体躯长，四肢强壮，肌肉发达，腰背宽阔，胸部发达，肋骨张开与腰部相称，胸部深宽，臀部丰满，背部平直，呈圆筒形，四肢强健粗短，全身被毛细而短，皮肤松软，颈部和胸部有明显皱褶，母羊乳房结构良好，公羊有一对匀称较大的睾丸。肉食比例高，适应性强，适于从温带到热带的各种气候环境。

2）生产及繁殖性能

波尔山羊具有较快的发育速度，属非季节繁殖家畜，一年四季均能发情，6月龄性成熟，秋季为性活动高峰期，发情周期平均为 21 天，5~6 月龄即可配种受胎，2 年产 3 胎，也可 1 年产 2 胎，胎产 1~3 只，偶尔达 4~5 只，初产母羊产羔率为 150%，年平均产羔率在 200% 左右，繁殖成活率 160%~170%，净肉率可达 50%。周岁母羊体重 40~55 kg，公羊 45~60 kg。成年母羊体重 60~75 kg，公羊 80~100 kg。波尔山羊生长快：出生至 3 月龄，日增重可达 255 g；3~6 月龄，日增重可达 225 g；6~9 月龄，日增重可达 205 g；9~12 月龄，日增重可达 190 g；12~18 月龄公母羊的体重分别为 45~70 kg 和 35~40 kg。波尔山羊肉用性能好，屠宰率为 48.3%~60%，皮质厚度 1.4~3.2 mm。最佳屠宰体重为 38~45 kg，此时，屠宰的羔羊肉质细嫩，肌肉横断面呈大理石花纹状。适口性好、瘦肉多、脂肪含量低。与云岭黑山羊杂交后代生长过程中最高日增重可达 200 g，体重可提高 20%~30%。

3. 努比山羊

努比山羊原产于埃及，在非洲广泛分布，属乳肉兼用型山羊。毛色较杂，以棕色和黑色为多，被毛细短，富于光泽。因其性情温驯、适应性极强、耐热耐旱、繁殖率高、生长速度快、成年羊体重大、乳脂率高等而颇受欢迎，现已分布于世界各地，在我国湖北、四川、云南等地广泛饲养。用努比山羊与本地山羊杂交后，后代生长速度、产肉性能、泌乳性能有很大提高。努比山羊是杂交改良地方山羊品种的较好父本之一，由于引进的是纯黑的努比山羊，与云岭黑山羊杂交的后代也是纯黑色，深受市场欢迎。

1）外貌特征

所引进的努比山羊全身毛黑色，油光发亮，鼻梁稍拱，额部和鼻梁隆起呈明显的三角形，俗称"罗马鼻"。头颈相连处肌肉丰满呈圆形，耳宽长下垂至口角，有角，呈螺旋状，体躯长，背直而平，四肢高大而坚实，乳房发育良好，耐粗饲，适应性强。

2）生产及繁殖性能

乳房发达，泌乳量高，繁殖率高，属奶肉兼用品种：奶的含脂量高，产奶性能好，泌乳期 5~6 个月，产奶量一般为 200~300 kg，乳脂率为 5%~8%；繁殖力强，一年可产两胎，或两年三胎，每胎 2~3 羔。公母羔羊初生重分别为 2.8~4.3 kg、3.6~3.8 kg；三月龄断奶公羊重 13~19.4 kg；周岁时公羊体重 50~64 kg，母羊体重 32~48 kg；日增重周岁公羊 0.149 kg，母羊 0.10 kg。成年公羊体重 65~80 kg，体高 75~85 kg，体长 80~90 kg；成年母羊体重 50~60 kg，体高 60~75 cm，体长 70~80 cm。

母羊平均产羔率为 192.8%，产双羔或双羔以上的母羊占 70%。

（二）常用饲草饲料

山羊生态圈养的饲料，按性质分类主要有青绿饲料、青贮饲料、能量饲料、蛋白质饲料、矿物质饲料、维生素饲料、饲料添加剂。每种饲料的详细说明见表 6.1。

表 6.1　山羊生态圈养饲料分类表

编号	饲料种类	饲料性质和利用特点	代表性饲料品种
1	青绿饲料	自然水分含量≥60%，鲜嫩多汁、纤维少、适口性好、易消化吸收、营养丰富全面的青绿植物；含有一定数量的雌性激素，以促进母羊发情；富含氨基酸，如含有各种必需的氨基酸，以赖氨酸、色氨酸的含量最高。富含多种维生素。粗蛋白含量为 10%~20% 或以上，随生长逐渐降低 牧草青刈时期为抽穗期和初花期，此时，品质好，营养价值高	优质牧草：象草、坚尼草、热研 4 号王草、柱花草、新银合欢、木豆等 野生牧草：孔颖草、雀稗、白羊草、双花草、蔓草虫豆等 其他：树叶、瓜果、蔬菜、薯类、玉米青秸秆
2	青贮饲料	将青绿多汁饲料切碎、压实、密封，通过乳酸菌发酵而制成气味酸甜、柔软多汁、营养丰富、易于长期保存的饲料，是冬春枯草季节最好的饲料补充。通过青贮的饲料，养分损失低于 10%，禾本科牧草和豆科牧草混合青贮时，豆科牧草不能超过 30%	玉米青贮、不同的牧草和野生鲜草青贮
3	能量饲料	干物质中粗纤维低于 18%，同时，粗蛋白低于 20%，且每千克干物质含消化能在 10.46MJ 以上的饲料，主要用于供给能量	玉米、象草、坚尼草、热研 4 号王草、薯类、玉米籽实、糠麸等
4	蛋白质饲料	干物质中粗蛋白质含量在 20% 以上，同时，粗纤维含量在 18% 以下的饲料	植物性饲料：柱花草、苜蓿、木豆、豆饼、花生饼、菜籽饼等 动物性饲料：鱼粉、肉粉、血粉等
5	矿物质饲料	包括天然的单一矿物质饲料、工业合成的多种混合的矿物质饲料，以及配合有载体或赋形剂的痕量、微量、常量元素饲料	食盐、盐砖、骨粉、鱼粉、蛋壳粉等
6	维生素饲料	工业合成或提纯的单一维生素或复合维生素	青绿多汁饲料及合成维生素饲料
7	饲料添加剂	不包括矿物质饲料和维生素饲料在内的其他添加剂	防腐剂、着色剂、脂肪酸、氨基酸、各类药剂

（三）圈舍

圈舍设计是山羊养殖中重要的技术环节，是制约区域规模化、集约化养殖的主要因素之一。如何建立与完善舍饲养羊工艺模式，满足区域发展及生态建设的双重需求，正受到越来越多的关注。根据干热河谷气候条件，羊圈设计应遵守阳光充足、空气流动通畅、活动空间足够、封闭式设计及阻断疾病传染源的原则。元谋干热河谷气候主要特点是日照时间长、干湿季分明、常年高温干燥、盛行东南风、温差变化大、水热矛盾突出，因而干热河谷羊场优化设计的要点是依河谷走向选择地质稳定、便于生产管理的地段设置坐北朝南的场区，工艺上注重防暑抗旱、平衡温湿及危害防控；同时需优化设计的半开放-楼式高床羊舍，要能有效降低圈舍温度、平衡舍内温湿度、提高区域饲养管理效率及促进草食畜饲养方式转变（何光熊等，2015）。

（四）山羊生态圈养关键技术

为使山羊的生态圈养达到社会、经济、生态效益的有机统一，使农民得到真正的实惠，云南热区主要引进适应性较强的波尔山羊（种公羊）和努比山羊（种公羊）作为良种，目的是改良云岭黑山羊并进行推广。波尔山羊以其体型大、增重快、产肉多、耐粗饲著称于世，有"肉羊之父"的美称。努比山羊属乳肉兼用型山羊，因性情温驯、适应性极强、耐热耐旱、繁殖率高、生长速度快、成年羊体重大、乳脂率高颇受欢迎。云岭黑山羊是云南本地山羊品种，属品种改良对象。羊圈建于"林-草-牧"立体生态农业模式示范区内，羊群由固定的饲养员进行饲喂。草料来源于模式副产品木豆、柱花草、苜蓿、象草、热研4号王草、多年生黑麦草、饲料玉米、苕子等优质饲草。饲养关键技术如下。

1. 放牧到圈养过渡

此阶段是圈养的重要过渡环节，也是山羊对环境改变后的适应期，要进行强制运动6~8小时，自由活动时间不低于15小时，保持运动场干燥和清洁，使羊群有足够的日光浴，有条件的可适当放牧。否则，会导致山羊抵抗力下降，患病增加。

2. 圈养营养

山羊和其他动物一样，对营养的搭配要求甚严，主要的营养物质有蛋白质、碳水化合物、脂肪、维生素、矿物质和水。通常，要保证饲料的质量和花样品种，合理营养。每次饲喂时至少有一种豆科牧草和一种禾本科牧草混饲，一天中至少有三种以上牧草混饲。此外，草料质量差或草料不足时，要加喂200~300 g/（天·羊）精料，合理营养，以保证羊群的健壮和正常生长。

3. 饲养管理

（1）保证饲料和饮水的洁净卫生，定时喂料，使羊形成条件反射，以利于消化和吸收。每天四次，每次每羊青饲料1.2~1.5 kg。定量供给饲料，根据不同羊的饲养标准制定配合日粮，多次少喂，既能吃饱，又不浪费。每天成年羊青饲料为5.0~6.0 kg。

（2）适时补喂精料和矿钙料：①精料的供养根据羊生长的不同需要期，以及当时羊饲料的营养状况补充。②矿钙料补充为每日每羊饲喂盐5~10 g，或用食盐舔砖补喂，让羊自由摄取。

（3）冬季草饲紧缺时，可制作氨化料、青饲料、草粉等，视青绿草料情况，和所制作饲料的类型特点，每天按比例供给过冬。

4. 科学管理

结合当地畜牧局的要求，对现有羊群全部进行挂牌编号、登记，建立档案，设立各类统计表格。种羊档案项目包括编号、性别、年龄、特征、来源、父号、母号、初生重、断奶量，一岁以上生长指标包括年龄、体尺、体重、泌乳性能、繁殖性能等。

5. 种公羊、怀孕母羊、羔羊、育肥羊

要根据各自的特点实行分类、分阶段饲养管理。

6. 疾病防治

经常修蹄，保持圈舍的干燥卫生，羊疾病按发病性质一般分为传染病、寄生虫病和普通病三大类。防治关键是修建羊床、搞好卫生、按期免疫、及时预防。

二、种草养兔

目前云南的养兔模式仍以传统的农村家庭养殖为主，虽然也有一些规模养殖场户、个别养兔小区和合作社，以及不多的"公司+农户"等形式，但从总体看有待改进提高；另外，云南目前还缺乏兔业方面的专业技术人员，在兔的品种质量、兔饲料生产、兔的饲养管理、疫病防治、兔的繁殖技术、兔产品销售和加工等诸多方面都存在很多需要提高和解决的问题。研究表明，黑麦草、苏丹草、高丹草、象草、坚尼草、提那罗爪哇大豆、柱花草、菊苣、甘薯等在干热河谷区具有良好的适应性，产量大，品质高，为当地肉圈养兔喜食品种，合理配置使用能直接替代玉米、大豆等粮食作物而作为肉兔饲养日粮，极大提高肉兔生产力及出栏率，可用于发展干热河谷圈养肉兔产业。

（一）兔种选择

云南干热河谷地区分布的兔种主要为云南兔（*Lepus comus*），经过长期人工驯化变得非常温驯，基本丧失了野外生存能力，成为具有较好适应能力的地方品种。其主要特征为繁殖能力强、肉质鲜美、易于饲养，成年体重可达 3~5 kg，适应封闭式养殖，易实现工厂化养殖，在肉类短缺年代，云南兔为人们提供了丰富的肉类资源。

（二）圈舍准备

根据干热河谷地区气候特征和不同养殖户基础条件，可修建砖混结构的圈舍，也可利用废弃的猪圈、牛圈、羊圈和鸡鸭舍稍加改造，砌成 80~100 cm 高墙后进行饲养（兔喜啃咬木板树枝，木板结构的圈舍外围需要用砖加固，防止其破坏圈舍逃逸）。圈舍地面要用水泥抹平或以红砖铺平，便于清洁卫生。在改造或修建圈舍时要充分考虑通风、采光、保温、防潮等问题，既要防止日光暴晒，又要让阳光进入圈舍，创造一个冬暖夏凉的饲养环境，为提高家兔的生产能力和出栏率打好基础。由于家兔喜干怕潮，喜温怕热，排尿量大，有条件的养殖场应在圈内应铺上垫网，垫网离地面高度 40~50 cm，以利于通风换气及防止兔球虫病和烂脚病。垫网可用电焊网（孔径）1 cm 或竹片制成，竹片的间距幼兔约为 1 cm，青年兔约为 1.5 cm，成年兔约为 1.8 cm，应根据家兔的不同生长阶段来确定。

（三）饲粮配制

干热河谷圈养肉兔饲养日粮中一般应包含：粗饲料（如干草、秸秆、藤蔓等）35%~45%，能量饲料（如玉米、大麦等）25%~35%，植物性蛋白质饲料（如各种饼粕类等）5%~15%，矿物质饲料（如鱼粉、石粉等）1%~3%，饲料添加剂（如微量元素等）0.5%~1%，食盐 0.3%~0.5%。圈养肉兔喜食包括野草、野菜、天然牧草、栽培枚草、青刈作物的茎叶、树枝叶和水生植物等，来源广泛。研究表明，黑麦草、苏丹草、高丹草、象草、柱花草等在干热河谷区具有良好的适应性，产量大，品质高，肉兔喜食。

鲜草混合饲喂肉兔效果研究表明：肉兔对不同混合的各饲草的采食率从低到高顺序为：坚尼草（55.3%）<柱花草（68.6%）<爪哇大豆（76.2%）<甘薯藤（83.0%）< 莉苣（91.5%）；肉兔对爪哇大豆+坚尼革、菊苣+坚尼草、甘薯藤+坚尼草混合饲草的消化率间差异不显著。爪哇大豆+坚尼草、菊苣+坚尼草、甘薯藤+坚尼草混合饲草的消化率均与柱花草+坚尼草混合饲草消化率差异显著；菊苣+坚尼草混各饲喂肉兔，平均日增重及利用率较高，分别与爪哇大豆+坚尼草、柱花草+坚尼草混合差异显著，与甘薯藤+坚尼草混合差异不显著；爪哇大豆+坚尼草、柱花草+坚尼草混合饲喂肉兔，平均日增重及利用率均与甘薯藤+坚尼草混饲差异显著；菊苣+坚尼草混合饲喂肉兔在经济效益方面最佳，比甘薯藤+坚尼草提高 40.68%（金杰等，2007）。

（四）饲养管理

合理分群及阶段饲养管理在干热河谷区发展肉兔圈养具有较好作用，一般将圈养肉兔分为幼兔、青年兔、肉兔、繁殖兔四个营养阶段精心管理。

1）引种

观察兔的精神状态及粪便情况，两眼要有神，两耳要竖立，四脚粗壮有力，膘情中上；公兔睾丸要发育正常、对称；母兔外阴正常，肉兔头对称并在 4 对以上。引种时公母比例以1∶5为宜，能节约成本。种兔到场后要观察10~15天，在这期间应对种兔进行驱虫、编号、预防注射等。

2）繁殖管理

将每组种兔放入事先固定好的饲养栏内，让其自由交配，每隔15~20天检查一次，看其是否受孕。检查方法是：右手提起后颈宽皮，使头面向内，左手托住母兔的下腹，拇指、食指和中指同时向后腹腔摸索，摸到有花生粒样大小、椭圆形、柔软而有弹性、滑来滑去不易固定的东西时，说明母兔已经有孕胎。如果检查到没有受孕的母兔，要分析原因，必要时用药物催情使其配种受孕。用药物催情配种在生产实践中证明是可行的，可使母兔有计划地进行繁殖生产。

3）繁殖母兔管理

母兔怀孕期30~35天，临产的母兔采食减少或不吃，衔草做窝，拉毛垫巢（部分母兔情绪不安，临产当天能从乳头挤出奶汁。这时应将产仔箱准备好，在箱内铺上干净柔软的垫草后，将母兔转入其内，对不拔毛的母兔可采取人工助拔，使窝内有足够的毛，特别是冬天，兔毛有助于仔兔的防寒保温。在产仔过程中切勿惊扰母兔，要让其安静生产，家兔怕惊扰，无需接产，需做好产后护理。母兔产仔时会本能地逐个将仔兔身上的血渍和胎液、胎膜舔净，咬断脐带并将胎盘吃掉。

产仔完后的母兔可将其暂时移出产仔箱，待5~8小时后再让其喂奶。对初产的母兔往往要采取强制喂奶，连续训练几次后就能主动喂奶了。产仔刚结束的母兔应该供给一些糖盐水和新鲜的青草。对难产的母兔可用药物进行助产。仔兔每天喂奶1~2次即可，无需增加饲喂次数。每次喂完奶后检查一下仔兔是否吃饱，吃饱奶的仔兔安静，腹部皮肤红润而有光泽，肚子圆滚。冬季应注意给仔兔保温，在产仔箱内放25~40W的灯泡即可达到保温的目的。

4）幼兔期的管理

仔兔断奶后到3月龄之间称为幼兔期。幼兔的抗病能力很差，容易感染上疾病，所以饲养管理水平要求很高：①应按体重大小、体质强弱分群，每10~15只为一群；②要经常保持圈内清洁、干燥、通风、不潮湿；③饲草饲料要绝对卫生，喂给优质的牧草，如菊苣、黑麦草、三叶草等，在缺草的时候也可喂些野草、白菜、苕藤和槐树叶等；④每天按"两精三青"饲喂，次数不宜多，分早、中、晚三次喂给，喂量不能过多，青料自由采食，做到喂量刚够不剩，精料则控制在八成饱，精料的蛋白质含量控制在17%~18%即可。⑤在雨季和冬季要注意疾病的预防，因为这两个季节发病率特别高，要做到早发现、早控制和早治疗，使幼兔顺利过渡到青年兔期。

在幼兔期要特别注意圈内的清洁卫生，注意通风，夏季要注意防暑降温，冬季要注意防寒保暖，每周对圈舍消毒一次。

5）青年兔期的饲养管理

幼兔饲养到 3 个月后即进入青年兔饲养期，在这个时期野兔的抗病能力相对增强，管理上适当可粗放一些。公母兔要分开饲养，以免过早交配，影响其生长发育。饲养上以青粗料为主，补充矿物质饲料，喂量可适当增加，粗料不限。5个月后作种兔用的要开始限制饲喂。

6）肉兔饲养管理

肉兔达青年期后挑选种兔，不作种兔用的则任其采食，肉兔饲养 5~6 个月后即达到成年兔的体重（3~5 kg），这时就可考虑育肥后出栏上市。

（五）疾病防治

干热河谷高温少雨，草料易腐败变质，兔子尿量大，舍内卫生不良，可诱发多种肠道疾病。兔肠道病的临床表现可以分为拉稀、水泻、便秘、臌气等，发病率高，死亡率高。肠道疾病大致可分为沙门氏菌病（兔副伤寒）、泰泽氏病、大肠杆菌病、绿脓杆菌病等，可定期向肉兔饮水中加入大蒜素作为预防和治疗用药。另外，兔肠道病大多都是由于卫生条件较差、消毒措施不力、饲料不洁等原因所致，所以，养殖户应从控制兔饲料源头着手，起到事半功倍的防治效果，有效减少兔肠道病的发生。

三、种 草 养 鹅

鹅具有耐粗放饲养、生长发育快、饲养周期短、肉品质优良等特点，同时由于鹅抗病力很强，以青饲料为主，在自然状态下生长发育，不需使用药物添加剂和饲料添加剂等，目前以种草为主的养殖模式，实现了鹅产品为无公害绿色食品，非常适合当前人们对食品安全的需求，因而得到快速发展。尤其是在广大农村，种草养鹅能够很好地利用空闲的房舍、场地、青草和农作物秸秆，是发展生态养殖、促进农民致富的产业、增加农民收入的良好途径，成为农业结构调整和优化畜牧业结构的一个重要内容和途径。特别是随着近年来玉米、豆类等农产品价格的上扬，各种畜禽饲料的价格持续上涨，因此鹅作为食草性节粮型家禽，受到了人们前所未有的重视。

干热河谷区特殊的气候优势，为优质牧草生长提供了充足的光热资源：一方面在该区发展种草养鹅的牧草品种资源丰富，同时该区生长的牧草主要以热带牧草为主，具有生长快、产量高等特点，为种草养鹅的发展提供了大量饲料来源。但另一方面，由于干热河谷区干热气候特点在一定程度上限制着种草养鹅产业的发展，因此结合该区气候特点，探索适宜该区科学合理的种草养鹅技术和模式，对于区域扩大种草养鹅产业发展尤为重要，现将该区种草养鹅技术总结如下。

（一）牧草品种选择及栽培技术管理

鹅生长发育和生产需要的营养主要来自青绿饲料，对精饲料要求较少，因此鹅能否采食到足够的优质青饲料，将直接影响鹅的生长和生产性能。通常在农户庭院式小规模养殖中，青饲料主要来源于田间、地头的各类野生青草，但由于野生青草产量低、品质较差，且草产量和品质的季节变化大，一旦养殖规模扩大，野生青草无法满足养殖需求。因此，为了保证鹅的青饲料营养均衡、促进鹅的生长，必须人工搭配种植各类优质牧草，实现优质青饲料的周年均衡供应。

根据我们多年在元谋干热河谷区牧草筛选利用研究，以及鹅的消化特点和生长需求，初步筛选出以下几个干热河谷区适宜养鹅的牧草品种：叶菜类以将军菊苣和地方品种老鹅菜为主；禾本科牧草如一年生特高黑麦草、海狮杂交苏丹草、象草、坚尼草、杂交狼尾草、臂形草等；而豆科牧草则以提那罗爪哇大豆、柱花草、紫花苜为主。

（二）鹅苗选择和主要品种

选好鹅苗对整个养殖尤为重要，购苗时，应当选择有严格防疫和消毒制度、种鹅体格健壮、出雏率高的种鹅场。雏鹅应选出壳早、体重大、体质外貌优良、绒毛松软，口鼻、肛门干净和无分泌物，活泼好动声洪亮的。下面介绍几个国内外优良鹅种，各地可根据需要选择饲养。

1. 四川白鹅

原产于四川省温江、乐山、宜宾、永川和达县等地，在江浙一带称为隆昌鹅。四川白鹅是我国中型鹅中基本无就巢性而产蛋性能优良的品种。全身羽毛洁白，喙、胫、蹼橘红色，虹彩为灰兰色。公鹅头颈较粗，体躯稍长，额部有一呈半圆形肉瘤，母鹅头清秀，颈细长，肉瘤不明显。成年公鹅体重 4.5~5 kg。母鹅 4~4.5 kg，母鹅开产日龄 200~220 天，年产蛋 60~80 枚，蛋重 0.15 kg。雏鹅初生重 0.071 kg，60 日龄可达 2.5 kg，90 日龄达 3.5 kg。

2. 狮头鹅

原产于广东省饶平县、澄海县，因头大如雄狮状而得名。颌下咽袋发达，眼凹陷，眼圈呈金黄色，喙深灰色，胸深而广，胫与蹼为橘红色，头顶和两颊肉瘤突出，母鹅肉瘤较扁平，显黑色或黑色而带有黄斑，全身羽毛为灰色。成年公鹅体重 6~8.5 kg，母鹅 4.5~6.5 kg。在较好的饲养条件下，56 日龄体重可达 5 kg 以上。

3. 法国朗德鹅

原产于法国西南部的朗德省，是当今世界上最适于生产鹅肥肝的鹅种。朗德鹅毛色灰褐，颈背部接近黑色，胸部毛色浅呈银灰色，腹部呈白色，成年公鹅体重 7~8 kg，母鹅 6~7 kg，8 月龄开始产蛋，年平均产蛋 35~40 枚，蛋重 0.18~0.20 kg，种蛋受精率在 65%左右，繁殖力较低。朗德鹅在适当条件下，经 20 天填肥后体重可达 10~11 kg，肥肝重 0.70~0.80 kg。该品种仔鹅生长迅速，8 周龄体重可达 4.5 kg。

4. 云南鹅

云南鹅耐粗饲、生长快、适应性强，分白鹅和灰鹅两种。白鹅头较大，喙橘黄色，喙基部有一肉瘤，颈细长，稍弯曲，胫较长，形似天鹅，胫和蹼橘黄色；灰鹅的喙和肉瘤呈黑色，胫和蹼灰黄色。云南鹅主要分布在云南省大理、楚雄、文山、德宏、玉溪等地，在回族，傣族集居的村落中饲养较多，是我国地方优良品种之一（何光熊等，2013）。

（三）鹅的饲养管理技术

1. 鹅舍建设

鹅舍应根据饲养鹅种的不同年龄、不同饲养方式、不同饲养地的气候条件来建造。为节省成本建筑材料，选用原则是就地取材、因陋就简。通常商品鹅养殖过程中需修建育雏舍和育肥两种鹅舍。

1）育雏舍建设

雏鹅绒毛稀少，体质比较娇嫩，调节体温能力差，需要有 14~28 天的保温时间，因此，要求育雏舍温暖、干燥，保温性能良好，空气流通，电力供应稳定，最好设有保温设备。每栋育雏舍以容纳 500 只雏鹅为宜。房舍檐高 2~2.5 m，内设天花板，以增加保温性能。育雏舍地面最好用水泥或砖铺成，以便于消毒，并向一边略倾斜，以利于排水。室内放置饮水器的地方，要有排水沟，并盖上网板，雏鹅饮水时溅出的水可漏到排水沟中排出，确保室内干燥。为便于保温和管理，育雏室应隔成几个小间。每小间的面积为 15 m^2，可容纳 30 日龄以下的雏鹅 100 只左右。舍前设运动场和水浴池，运动场亦是晴天无风时的喂料场，略向水面倾斜，便于排水。运动场外接水浴池，池底不宜太深，且应有一定坡度，便于雏鹅上下和浴后站立休息。

2）青年鹅舍建设

由于育成阶段鹅的生活力较强，对温度的要求不如雏鹅严格。因此，育成鹅舍的建筑结构简单，基本要求是能遮挡风雨、夏季通风、冬季保暖、室内干燥。在干热河谷区可采用简易的棚架式鹅舍。鹅舍要建在地势高、通风好、水源足、排水畅的地方，棚子要达到防漏、保温、通风的要求，面积按 10 只/m² 计。

以放牧养殖模式的，鹅舍可以简易些。主要是在夜晚或雨天提供鹅躲避场所。而圈养模式下育肥鹅舍内可设计成栅架，分单列式或双列式两种，四面可用竹子围成栏栅，外设料槽和水槽。育肥栅架离地面约 70 cm 以上，栅底竹条编成间隙 2.5~3 cm，以使粪便漏下。育肥舍分若干小栏，每小栏 10~15 m²，可容纳中等体型育肥鹅 50~70 只。也可不用棚架，鹅群直接养在地面上，但须每天清扫，常更换垫草，并保持舍内干燥。

2. 雏鹅饲养管理

（1）雏鹅绒毛稀少，体质比较娇嫩，调节体温能力差，需要有 14~28 天的保温时间，需进行增温饲养管理。

（2）单靠青饲料是不能满足鹅仔生长发育需要的，需要补喂部分精料，精料以玉米面为主，补喂原则是育雏期精、青各半，将青饲料切碎后与精料混合，随着雏鹅生长可逐渐减少精料量。当鹅龄至 30 日，就可以喂青绿饲料为主，早晚适当添加少量精料。

（3）做好疾病防治和饲养管理工作，实施"二针一驱"的模式，即 1 日龄打好小鹅瘟防疫针；15 日龄副粘病毒防疫针；40 日龄用广谱驱虫药驱虫。

另外，平时注意观察鹅群，做到"三看"：一看精神，二看采食，三看粪便。发现问题及时处理，抓好温度、湿度、空气新鲜度的控制和日常消毒卫生工作。

3. 青年鹅饲养管理

1）确立牧草种植面积和养殖规模

当鹅龄至 30 日龄左右就可以停止补饲精料，以饲喂牧草为主，据研究，每只鹅从孵化到出栏需 90 天，每只鹅需要饲料（干物质）27 kg，青年鹅养殖过程主要是进行合理的饲料搭配。在元谋干热河谷区，合理的牧草种植模式可保证鹅全年青饲料需求。首先要根据养殖规模来确定牧草种植面积，或是根据自己可提供的牧草量来确定养殖规模。通常情况下，干热河谷区大多禾本科牧草产鲜草 15 000.0 kg/hm²，豆科产量相对要低些，但主要是配合饲喂，如果肉鹅育肥期按 90 天计算，可养鹅 100~150 只。但在实际生产中，应考虑到气候和田间管理水平等都影响牧草的产量，以及出栏时间受市场价格等因素影响。因此，在生产计划上可按每亩草饲养 100 只鹅进行牧草种植和确立养殖规模。

2）牧草种植和养殖模式

根据元谋干热区气候特点和牧草生产，一年可饲喂 4 批鹅，主要分别是夏秋

2 批、冬春 2 批。夏秋季节热量和水资源相对丰富，热带牧草生长迅速，因此以菊苣和象草、柱花草等多年生热带牧草为主。冬春则是以一年生黑麦草、苏丹草、紫花苕等为主，同时从 3 月开始，在适当补灌条件下，热带牧草也能获得部分产量，具体可分以下两种牧草利用模式。

（1）象草、坚尼草、狼尾草、柱花草、爪哇大豆等热带禾本科牧草+菊苣养殖模式：夏秋季节是热带牧草生长旺盛时间，各类热带优质牧草品种丰富，产量高，因此可适当扩大养殖数量，可采用分批套养模式，但套养批次可根据养殖场地情况来定，但建议不宜过多套养，每次套养两批，便于管理，可在 3 月底至 4 月初开始引进第一批雏鹅，5 月底至 6 月初套养第二批。5~10 月是热带牧草主要产草期，此时可大量饲喂青饲料，优质牧草可占到年鹅日粮的 90%，玉米等精料占 10%，精料、柱花草、爪哇大豆等豆科牧草，热带禾本科牧草，"将军"菊苣或老鹅菜的比例为 1∶1∶2∶6，热带禾本科牧草由于纤维含量相对较高，因此放养模式下，饲喂过程时主要是在早晚将热带禾本科牧草切碎后拌上玉米等精料饲喂，而白天则主要是直接将豆科和菊苣定点投放到放牧场中，任其自由采食。

（2）特高黑麦草、苏丹草+紫花苕、菊苣养殖模式：元谋干热河谷冬春季非常适宜一年生黑麦草、紫花苕等温良型牧草品种生长，同时菊苣、苏丹草等牧草在此季也能正常生长，而热带牧草则产量很低，因此在冬春季节以黑麦草和紫花苕为主要青饲料。6~7 月种植苏丹草，8~9 月开始刈割利用，可一直持续到翌年 1~2月；9 月开始种植黑麦草、紫花苕，11 月开始进入生产期，一直可持续到翌年 4月中旬。这种情况下，在 8 月底至 9 月初就可开始引进第一批雏鹅，10 月底至 11月初套养第二批。冬季由于气温较低，不利于雏鹅的生长，因此此阶段不再进雏鹅。精料、黑麦草、苏丹草、菊苣或老鹅菜的比例为 1∶5∶2∶2，由于此模式中苏丹草纤维含量相对较高，因此放养模式下，饲喂过程时主要是在早晚将苏丹草切碎后拌上玉米等精料饲喂，而白天则主要是直接将黑麦草草、菊苣、紫花苕定点投放到放牧场中，任其自由采食。

（3）另外，饲喂过程中还要注意钙、磷等营养元素的补充。育肥鹅生长后期主要以青绿饲料为主，容易造成缺钙或钙、磷比例不合适，病鹅表现为腿部麻痹、瘫痪。因此，要注意给鹅补充矿物质饲料，饲喂骨粉、贝壳粉、磷酸钙等，钙、磷比例要保持 1.3∶1，同时供给足够的维生素 D，以促进鹅对钙、磷的吸收。

4. 常见病害及防治措施

1）小鹅瘟

小鹅瘟是由小鹅瘟病毒引起的急性败血性传染病，患鹅精神沉郁、食欲废绝、严重下痢，有时出现神经症状，主要侵害 20 日龄以内的雏鹅，致死率高达 90% 以上。典型病状是患病初期食欲减退、精神萎顿、缩颈、羽毛蓬松、离群独处、行走艰难；继而食欲废绝、严重下痢，排出混有气泡或呈黄白色（黄绿色）水样的稀粪；鼻分泌液增多，摇头，口角有液体甩出，喙和蹼色发绀。濒死时发生颈部扭曲、两腿麻痹或抽搐等神经症状。

防治措施：①小鹅瘟主要通过孵坊传播，因此孵坊要做好各个环节的消毒。发生本病后应立即停止孵化，对全场彻底消毒后方可再孵。②用小鹅瘟弱毒疫苗在母鹅产蛋前作二次免疫接种，所产后代可获得坚强免疫力。③对出壳雏鹅每羽注射 1 ml 小鹅瘟高免血清，病鹅每羽注射 2~3 ml 用于治疗。

2）鹅痢疾

鹅痢疾是由沙门氏杆菌引起的传染病，以雏鹅最常发，气候突然变化、饲养管理不善、饲料变质等均易诱发此病。患鹅喙的周围常粘有黏液，精神萎顿，羽毛松乱，垂头闭目，食欲不振或废绝，体质逐渐衰弱；病情严重时常排出未消化的食物，有时清晨发病，下午即死。

防治措施：主要是不喂腐败的饲料，加强饲养管理，注意搞好环境卫生，经常消毒鹅舍及用具。患病后用土霉素、氯霉素或呋喃唑酮治疗效果较好，也可将大蒜洗净捣烂，1 份大蒜加 5 份清水制成 20%的大蒜汁内服，疗效较好。

3）小鹅流行性感冒

此病是发生在大群饲养场中的一种急性、败血性传染病，常侵袭半月龄后的雏鹅，所以称小鹅流行性感冒。初期患鹅鼻腔不断流清涕，有时还流眼泪，呼吸急促，伴有鼾声，甚至张口呼吸；患鹅身躯前部羽毛上粘有鼻黏液，体毛潮湿；随着病情的加重，患鹅缩颈闭目，体温升高，食欲逐渐减少，后期头脚发抖，两脚不能站立，死前出现下痢。雏鹅死亡率一般为 50%~60%，有时高达 90%~100%。

治疗以预防为主，加强对鹅群的饲养管理，保证适宜的饲养密度，保持鹅舍干燥和场地垫草的清洁，对 1 月龄以内的雏鹅要注意防寒保暖；患鹅可选用氯霉素、磺胺噻唑钠或磺胺嘧啶治疗。

4）软骨病

该病属营养代谢性疾病。由于肉鹅生长发育快，当饲料中的钙磷含量不足或比例不当、维生素 D 缺乏或不足时即易发生。病鹅腿无力，常以飞节着地，呈蹲伏状，喙和爪变软，生长发育缓慢，消瘦贫血。剖检可见黄色黏稠之关节液增多，关节面软骨肿胀，常见粟粒状突起或溃疡，有的有较大软骨缺损或粘附纤维样物。预防主要是改善饲养管理，保证钙磷正常需要。

防治措施：给予易消化含矿物质及维生素较多的青草，并把病鹅赶出鹅栏，增加日光照射和适当运动。补喂骨粉或贝壳粉，每 100 kg 饲料中添加骨粉 4 kg 或贝壳粉 5 kg 左右；喂鱼肝油，每只病鹅喂几滴，每天 1~2 次，连喂 7 天；严重者注射 10%的葡萄糖酸钙。

5）禽流感

禽流感是由 A 型流感病毒引起的一种传染病，常发于春、秋两季，主要感染 1 月龄内的小鹅。病鹅表现为体温升高、精神萎顿、毛松打堆、食欲减少、下痢、消瘦，部分病鹅头颈和腿部麻痹、抽搐，腿部皮肤发红等。急性型在发病后 1~2 天内死亡率可高达 70%~100%；慢性型主要表现为咳嗽、罗音、流泪、流鼻液、鼻窦肿胀、头和颜面部水肿、神经症状、呼吸困难。有的出现单一症状，有的可同时出现几种症状。

防治措施：禽流感灭活苗免疫，20~30 日龄首免，60 日龄二免，150 日龄三免；目前本病无特效药治疗，一旦发现该病，则必须本着"早、快、严、小"的原则，坚决予以扑灭。对具有特殊种用价值的鹅，在征得有关部门同意后，可于早期采用高免卵黄抗体，按大鹅 2 ml、中鹅 1.5 ml、小鹅 1ml 肌肉注射、隔天再注射一次，同时肌注干扰素 2 万单位/kg 体重，喉炎平或喉炎清每 0.10 kg 加水 550 kg，自由饮水，连续 3 天，有一定疗效，同时用贯众、野菊花、大青叶、板蓝根、金银花、桉叶各 0.2~0.3 kg 煎水供 50~100 只鹅 1 日饮用，连用 2~3 天。

6）中暑

俗称"发痧"，本病多在夏秋季节发生，主要是由于烈日照射过久、闷热天气长时放牧、长途行走等引起，主要表现为头颈后仰、站立不稳、摇摆跌倒、在地上或水上打滚或两脚朝天、乱蹦乱动、状如打拳，如不及时进行处理和治疗，易引起大批死亡。

防治措施：将病鹅赶到阴凉通风的树荫、桥荫等处休息；针刺趾静脉，放血数滴或拔几匹尾羽以刺激穴位；立即灌服中成药仁丹丸、十滴水或用中草药金银花、生地、甘草等适量煎水灌服。

7）鹅球虫病

鹅球虫病是由多种球虫引起鹅的一种寄生虫病，主要感染 3 周龄至 3 月龄的鹅，多发于 5~9 月，病死率可高达 60%~90%。病鹅常表现为步态不稳、羽毛松乱、下水易湿、食欲减少、脱水、眼窝下陷、极度消瘦、衰弱，拉白色或带血稀粪，污染肛门周围羽毛。

防治措施：加强饲养管理，严格清洁消毒，定期消除粪便，防止饲料和饮水被污染。药物治疗：将磺胺甲基异恶唑，按 100 ppm[①]混入饲料内给予，连喂 4~5 天；烟草 1 份加水 50 份浸泡 1 昼夜，再煮沸 30 分种，凉后让鹅自饮，连用 10 天。

---

① ppm 表示 10^{-6}

四、种 草 养 鱼

（一）牧草筛选及鱼苗引进

供试牧草为苏丹草、高丹草、坚尼草、银合欢，种植于热区所后山科技示范园内，三种禾本科牧草均在孕穗期前刈割。供试草鱼从元谋县鱼苗培养场引进纯种大规格草鱼鱼苗。由于干热河谷区夏季气温较高，不利于草鱼生长，且容易发生缺氧泛塘，因此，试验时间选择在温度适宜的秋季进行，即 2010 年 8~12 月，试验网箱建在热区所后山大水塘中。

（二）鱼塘养殖管理技术

1. 水质调控技术

鱼塘养殖过程中水质调控非常关键，由于种草养鱼过程中青饲料投喂量大，草鱼排泄量大，容易引起水质恶化。水质恶化又会导致病害增加，严重时甚至导致泛塘。因此为防止水质恶化，一方面投料应采取定时、定位、定量、定质的"四定"投饵方法，要求青料新鲜无污染，随割随喂，不投老化茎叶、变质陈草。为防止青饲料被风吹满塘，引起腐烂而败坏水质，需要设置投草框；根据鱼采食情况充分利用青饲料，防止浪费，青饲料投喂量以草鱼每天有少许残剩为宜，并对剩饵残渣及时捞取。另一方面为了增加水中溶氧，防止鱼浮头一定要设置增氧机，增氧机使用方法如下：一是如果鱼塘发生少量鱼浮头，应于半夜后开动增氧机，连续开机到太阳出来为止。二是在阴雨天，可在第二日早上 3~5 时开机，一直开到东方日出；当鱼塘水肥鱼密时，开机时间应适当提前。三是在高温季节，为打破热水层，一般在下午 2 时左右开机，开机的时间1.5~2.5 个小时为宜。四是注意增氧机的使用原则，即低温天气不必开机，高温天气为打破热水层可天天开机。为了直接增氧，开机的时间应以夜晚为主，傍晚一般不开机。阴雨天白天不开机，夜晚开机应在太阳出来前为宜。最后，要勤巡塘，早晚观察鱼类是否浮头，中午观察鱼类摄食是否正常，在元谋干热区尤其是在夏季雷雨天和炎热的夜晚更须勤巡塘。时常始终保持水质清新，控制水体透明度在 30~40 cm。一旦发现池水透明度低于 40 cm 时要及时换水；如不能及时更换的，要投放水质改良剂，平常可在鱼类生长快速时，每月使用生石灰 225~300 kg/hm^2 化浆趁热全池泼洒 1 次，既能起到消毒水体的作用，又可使池水呈微碱性；也可以用漂白粉 1g/m^3 全池泼洒，可保持池水溶解氧含量。

2. 病害防治技术

主要病害有细菌性病害、病毒性病害、寄生虫、营养性病害。另外，水质恶化如（pH、亚硝酸盐含量、氨氮含量超标，容氧不足等）也易造成病害发生。病害防治注重"预防为主、防治结合"的原则，做到"无病早防、有病早治"，除清塘、鱼种浸洗消毒、水体消毒外，还应定期进行药物预防，出现疾病应对症下药。

第二节　饲草多元化加工利用模式

在现代化畜牧业发展过程中，青饲料生长普遍存在着季节、地域的不平衡性，主要表现在夏、秋两季的饲草资源比较丰富，且热带牧草在夏季生物量大、生长迅速、野生饲草较多，人工种植的优质牧草常常显得过剩，而冬、春季节，随着温度降低和雨量的减少，优质牧草将会出现季节性短缺，严重影响着畜牧业的持续发展。因此在养殖过程中，为确保一年四季饲草的均衡供应，保证养殖户畜牧养殖健康、稳定和持续发展，对夏秋过剩牧草进行合理加工和储存非常必要。同时，一些适口性差、消化率低的牧草经加工调制后也可提高其适口性和消化率，目前比较科学的加工方法主要有青干草调制和青贮（史亮涛等，2009）。

一、青干草加工技术

（一）青干草及其特点

青干草是指将人工种植的牧草或优质的野生饲草在其产量和品质都达到最佳的时期刈割后，经过自然或人工方法脱水干燥调制而成仍保持青绿色并能长期保存的青绿饲草。青干草调制过程中一般选择茎秆较细、叶片大小适中的牧草品种，大部分热带牧草都适宜调制青干草，但如象草、王草、杂交狼尾草等高大型牧草抽薹后不宜进行青干草调制。

青干草受植物种类、刈割时期及调制方法等因素影响，营养价值差异很大，优质青干草具有：茎叶完整、叶片损失少、色带青绿、质地柔软、气味芳香、养分含量丰富、适口性好，并含有较多的蛋白质、维生素和矿物质等优点。优质青干草一方面因调制方法简单、原料丰富、成本低等便于长期大量储藏，能够常年为家畜提供均衡的饲料，极大缓解因饲料季节性生产不平衡而制约畜牧业发展的重要问题；另一方面因其饲用价值高、营养丰富可以为草食家畜提供优质的蛋白质、能量、矿物质和维生素等营养，尤其在以舍饲圈养为主的养殖模式中，优质青干草更是为家畜提供高干物质含量的粗饲料，保证家畜正常生长发育并发挥其生产潜能不可或缺的饲料来源。

（二）青干草调制方法

青干草调制的首要目的是为了便于储藏，充分利用夏秋牧草资源，为冬、春季青饲料不足时提供饲料保障。在青干草调制过程中，要尽可能保持牧草原有的营养物质和较高的消化率和适口性，最大程度地减少青绿牧草中粗蛋白质、胡萝卜素及必需氨基酸等营养成分的损失。影响青干草品质的因素很多，除牧草种类及品种的差异外，最重要的是牧草收割时期、干燥方法、干燥时间的长短、外界条件及储藏条件和技术等。

1. 牧草收割时期

牧草刈割时期对青干草品质影响最大，刈割时期选择主要考虑产量和可消化营养物质两项指标，具体参见第五章相关内容。

2. 干燥方法

青干草调制主要有自然干燥和人工干燥两种，不同干燥方法对保持鲜草的营养成分影响很大，但是在调制过程中为减少营养物质的损失，无论哪种干燥方法，都必须在牧草收割后，使牧草迅速干燥、脱水，整个过程越短，牧草的营养损失就越小。通常情况下，人工干燥的青干草品质要比自然干燥的好，但是需要一定的机械设备，投资大、成本较高，此法多在大型养殖场采用，而小型养殖户一般适宜采用投资小、简便易行的自然干燥法。

1）自然干燥法

自然干燥法是指利用自然日晒或仓库自然通风进行的牧草干燥方法。它是一种传统的干燥方法，因其投资较少、干燥成本较低、简便易行，目前在国内外都普遍采用，但此法一般干燥时间长，很难进行快速干燥，且容易受气候、环境的影响，牧草养分损失较大。自然干燥法通常又包含地面干燥、草架干燥、发酵干燥 3 种干燥方法。

（1）地面干燥法。地面干燥法是指在晴好天气时，将牧草刈割后在原地或附近地势较高的干燥地段摊开晾晒或起垄，每隔数小时加以翻晒，待水分降至 50% 左右时，就可将半干草堆垛成 1 米高的小堆，让牧草在小堆内风干。天气晴朗时，清早刈割草摊晒，傍晚就可堆垛；天气恶劣时，小草堆外面最好盖上塑料布，以防雨水冲淋，待天气晴朗时再倒堆翻晒，直到干燥为止。一般小堆晒草的干燥速度和干草品质均优于起垄晒草，起垄晒草又优于随地摊晒。但是小堆和起垄都比较费时费工，可根据具体的实际情况选用晒制方法。

（2）草架干燥法。草架干燥法就是搭建晒草架，将刈割的青草置于木制或铁丝制成的晒草架上晒干。一方面由于草架中部空虚，通风性好，有利于牧草水分散失，大大提高牧草的干燥速度，减少各种营养物质的损失；另外将青草上架后避免了与地面接触吸潮，提高青干草的品质。在草架干燥中，上架的牧草堆放成圆锥形或屋顶形，力求平顺，减少雨水浸渗，另外，堆放时应自下而上地逐层堆放，草的顶端朝下，最好打成草束往草架上搭放，最低层的牧草应高出地面30.0 cm左右，草层不宜过厚，草层厚度一般超过80.0 cm。草架可用树干或木棍搭成，也可采用铁丝搭成三角形或长方形。草架干燥法虽对提高青干草品质有很大的作用，但草架晒草还是需要一定设备，相对于地面干燥投资大，需要劳力也多，因此通常是在牧草收割时因多雨而地面晒制难以成功或农户家畜饲养量不大的情况下采用。

（3）发酵干燥法。发酵干燥法是一种介于干草调制和青贮间的一种特殊干燥方法。该方法主要是将牧草通过地面暴晒和翻转，使牧草水分降至50%左右时，把半干草分层夯实压紧堆积，充分利用牧草本身和草堆中各种细菌、霉菌活动所产生的热量，迅速提高草堆温度，在利用通风手段、设备蒸发青草水分，最终达到快速干燥，减少青干草营养成分的损失，但此法也同样存在投资较大、费工费时、成本高等问题，一般养殖不宜采用此法，只有大中型养殖户在阴雨天等无法一下子完成青干草调制而对青干草饲料依赖较强时采用。

2）人工干燥法

人工干燥法主要是利用各种干燥设备，在短时间内将收割的牧草迅速干燥，以减少牧草营养物质损失，提高青干草品质。人工干燥的原理是利用大气的快速流动和高温进行迅速干燥。人工干燥法最大优点是制作的青干草品质好，且调制过程不受气候影响，但是设备要求高、投资成本大，一般养殖户都不采用此法。目前常用的人工干燥法风力干燥法、高温快速干燥法、低温干燥法、压裂草茎干燥法和化学干燥法5种。

（1）风力干燥法。就是把刈割后的青草压扁后，在田间进行自然干燥至含水量在50%左右时，将半干草装在设有通风道的干草棚内，用鼓风机或电风扇等吹风装置进行常温吹风干燥或是利用鼓风机、电风扇对青草堆或草垛直接进行常温吹风干燥。风力干燥法是相对于其他人工干燥方法中投资最少的一种，一般只需建造干草棚，在棚内配备电风扇、鼓风机等吹风设备即可。

（2）高温快速干燥法。将收割后的鲜草切短，置于牧草烘干机中，通过高温气流，使牧草迅速脱水、干燥。牧草切割的长短，主要是根据饲喂家畜和烘干机类型确定，而干燥时间的长短取决于烘干机的种类和型号，一般是当牧草含水量降至15%以下即可。

（3）低温干燥法。将刚收割的青草放置于密闭的干燥间内，并堆成草垛或搁置于漏缝草架上，从底部吹入干热空气，将青草水分烘干，上部用排风扇吸出潮湿的空气，经过一定时间后，即可调制成青干草。

（4）压裂草茎干燥法。牧草干燥时间的长短主要取决于其茎秆干燥所需的时间，通常叶片干燥的速度比茎秆要快，为了使牧草茎叶干燥保持一致，减少叶片在干燥中的损失，常利用牧草茎秆压裂机或石碾等机具碾将牧草茎秆压裂压扁，消除茎秆角质层和纤维束对水分蒸发的阻碍，增大水导系数，加快茎中水分蒸发的速度，从而使干燥速度加快。

（5）化学干燥法。利用干燥牧草，将一些化学干燥剂添加或者喷洒到牧草（主要是豆科牧草）上，经过一定的化学反应使牧草表皮的角质层破坏，以加快牧草株体内的水分蒸发，提高干燥的速度。目前国内外常用的干燥剂有碳酸钾、碳酸纳、氢氧化钾、石油醚等，最常用的是碳酸钾。此法不仅可以减少牧草干燥过程中叶片损失，而且能够提高干草营养物质消化率。

3. 青干草的储藏

调制好的青干草需要进行及时合理的储藏，以免引起青干草发酵、发热、发霉而变质，降低饲用价值。具体储藏方法可因具体情况和需要而定，但在储藏过程中应尽量缩小与空气的接触面，减少日晒、雨淋、风吹等不良因素的影响。以下简单介绍两种常用储藏方法。

1）露天堆垛

将调制好的青干草在户外堆成圆形或长方形草垛。草垛堆放地应选择在地势高而平坦、干燥、排水良好、背风或与主风向垂直（便于防火）、距离畜舍较近的地方；为了减少青干草的损失，堆垛前垛底要用木头、树枝、老草等垫起铺平，高出地面一定高度，同时还需在草垛的四周开挖排水沟；堆垛时应逐层堆垛，第一层先从外向里堆，使里边的一排压住外面的稍部，如此逐排向内堆排，使草垛形成外低中高的弧形，堆垛过程中一定要压紧踩实，加大草垛密度，减少与外部环境的接触面，同时含水量高的青干草应当堆放在草垛上部，过湿的干草应当挑出来，不能堆垛，草垛堆放时，需要连续作业，堆一个草垛不能拖延和中断，最好是在当天就堆垛完成。草垛一般用干燥的杂草、麦秸或薄膜封顶，垛顶不能有凹陷和裂缝，以免进雨、蓄水。另外，草垛的顶脊必须用绳子或泥土封压坚固，以防雨淋或大风吹刮。需堆大垛时，为了避免草垛中产生的热量难以散发以及自燃现象的发生，垛藏的干草含水量一定要在控制 15% 以下。

2）草棚堆藏

草棚堆藏主要适宜在气候湿润或条件较好的养殖场采用，通过建造干草棚或青干草专用储存仓库,可避免日晒和风吹雨淋,减少青干草养分损失。草棚或储存仓库应建在离畜舍较近、易管理的地方,也可利用空房或房前屋后能遮雨的地方储藏。堆草方法与露天堆垛基本相同,堆垛时,干草和棚顶应保持一定距离,有利于通风散热。

另外,在干草垛的日常管理中,为了保证垛藏青干草的品质和避免损失,应注意草垛的防水、防潮、防霉、防火及人为破坏,更要注意防止老鼠类动物的破坏和污染。堆垛初期,草垛易发生塌顶现象,要定期检查,如果发现有漏缝,应及时加以修补。草垛堆藏30~40天时要密切注意草垛内温度,当草垛温度超过65℃时,应及时采取穿垛降温或倒垛,否则干草会被毁坏,或有可能发生自燃着火。穿垛散热主要是用一根粗细和长短适当的直木棍,先端削尖,在草垛的适当部位打几个通风眼,使草垛内部降温。

二、草粉、草块、草颗粒饲料加工技术

优良牧草调制成青干草后,根据需要,也可粉碎加工成草粉或再加工成草颗粒,或者切成碎段后压制成草块、草饼等。

(一)干草粉加工技术

干草粉制作是将青草快速干燥后,用草粉粉碎机将干草粉碎即可制成干草粉,干草粉作为维生素、蛋白质饲料,在畜禽营养中具有不可替代的作用,许多国家已把牧草草粉作为重要的蛋白质、维生素饲料资源,干草粉加工已逐渐形成一种产业。干草粉具有高蛋白质和低能量的特点,在配合饲料中加入一定比例的草粉,可解决蛋白质不足的问题,对畜禽健康、生产性能及畜产品品质都有较好的效果,但因青草粉粗纤维含量较高,配合比例不宜过大。干草粉适宜作为猪和鸡鸭等家禽的添加饲料。

1. 原料和配方

混合牧草草粉的配制,刈割孕穗期前的热带禾本科牧草和孕穗期前的热带豆科牧草,禾本科牧草主要以坚尼草、象草、王草等高产量的牧草为主,豆科牧草以蛋白含量较高的银合欢、柱花草、爪哇大豆为主,分别晾晒至牧草含水量在20%以下。

2. 工艺流程

加工草粉的生产流程一般为:刈割→切短→干燥→粉碎→压制颗粒→装袋→储运。

3. 操作要点

（1）适时刈割。做草粉用干草的刈割时期：豆科饲草在孕蕾期至开花初期；禾本科饲草在抽穗初期。刈割如果迟于上述时间，则茎秆粗硬、纤维增多，蛋白质含量下降。

（2）切短。切短是指在牧草草粉的生产过程中将收获的牧草经简单的加工，有利于下一步的晾晒充分。

（3）干燥。干热河谷有充足的光热资源，牧草干燥最简单、常用的方法是利用太阳能经行自然干燥法，将牧草的含水量降到13%以下，通常准备做草粉用的饲草，切短后在地面平晒，而后集成小垛进行自然风干。干燥时间尽量缩短，因为牧草在干燥过程中，产生一系列复杂的物理、化学变化。能量的消耗、维生素的损失等诸多原因，往往使干草的生物学价值下降。

（4）粉碎和压制颗粒。压制颗粒是草粉加工中是最重要的一道工序，利用锯片式粉碎机将牧草粉碎成草粉后，可以配合精料和微量元素，按各种家畜家禽的营养要求，配制成含不同营养成分的牧草颗粒，便于畜禽全套配合饲料的生产。

4. 质量要求

刈割要保持牧草鲜绿，经暴晒迅速脱水，不与杂质混染。加工牧草草粉和颗粒的关键技术是调节原料的含水量。水分含量超过规定的标准，颗粒饲料松散易碎，易发霉变质，不利于保存，还会使营养成分的含量相对减少，降低饲料的能量；水分含量太低，则难以压制，易出现堵塞粉碎机的现象。据测定，用豆科饲草做牧草颗粒，最佳含水量为14%~16%，而禾本科为13%~15%。

（二）干草块

将晒制的干草切碎成草段，再用专业机械压制成一定规格的方草块，干草块加工的原理及营养价值与草粉加工相同。草块加工分为田间压块、固定压块和烘干压块三种类型：田间压块是由专门的干草收获机械田间压块机完成；固定压块是由固定压块机强迫粉碎的干草通过挤压钢模形成；烘干压块则由移动式烘干压饼机完成。草块的压制过程可根据饲喂畜禽的需要，加入尿素、矿物质及其他添加剂，干草块适宜饲喂肉牛或奶牛（史亮涛等，2009）。

（三）草颗粒

云南干热河谷具有特殊的气候优势和地理位置，是水分相当缺乏的地区，水热供需矛盾十分突出。但却有着极耐旱的乡土植物资源，包括特有的乡土牧草及引进的饲料牧草资源品种，给当地畜牧业的发展和生态恢复奠定了基础。该区是雨季比较集中而旱季漫长的气候带，使得雨季牧草生长茂盛处于丰沛状态，利用雨季的饲草资源，既可降低生产成本，减轻劳动强度，又可改善畜禽产品品质。用草颗粒饲料饲喂牛、羊等草食家畜，可以增加干物质的采食量，使饲草料消化率提高10%~12%（张昌吉和郝正里，2005；格根图，2005）。

1. 混合牧草草粉的配制

5~6月是元谋干热区雨季初期，雨季的来临促使牧草开始返青，待牧草开始抽穗前选择晴天早上刈割，刈割孕穗期前的热带禾本科坚尼草和孕穗期前的豆科牧草柱花草，刈割时要整齐平摊在草茬上晒制，尽量少接触地面，防止露水与地面土壤接触而附带泥土在草样上。分别晾晒至牧草含水量为20%以下，然后粉碎，将粉碎的坚尼草与柱花草按质量比为3:1的比例混合而成混合牧草草粉；配制混合料100 kg，混合牧草草粉按下述"2."节的比例为混合料的65%，即65kg，按坚尼草与柱花草的质量比为3:1的比例，混合牧草中坚尼草草粉为48.75 kg，豆科柱花草草粉为16.25 kg。

2. 混合料的配制

所述的混合料按以下组分和含量混合而成：混合牧草草粉 65%，配制100 kg 混合料，混合牧草是 65 kg；玉米粉35%，即玉米粉35 kg，所述的玉米粉是用晒干的玉米籽粒粉碎而成的。

3. 添加剂的加入及热带牧草饲料颗粒的制成

在上述"2."节所述的混合料中加入人食用的食用盐 0.5 kg 和 L-赖氨酸盐酸盐 2.0 kg 搅拌混合，食用盐的用量是"2."节所述混合料的0.5%，L-赖氨酸盐酸盐的用量是"2."节所述混合料的2.0%；制备混合液，将含氮46%的尿素 1.0 kg 和丙酸钙 0.5 kg 加入 10 kg 清水中溶解制成混合液，混合液中含氮46%的尿素的用量是"2."节所述混合料的1.0%，丙酸钙是"2."节所述混合料的0.5%；将上述制备的混合液洒入加入食用盐和 L-赖氨酸盐酸盐的混合料中搅拌后，自然发酵2小时而成发酵后的混合料，草粉纤维软化，控制发酵后的混合料的含水量为14%，启动颗粒饲料机，将发酵后的混合料加入颗粒饲料机中制成水分含量为12%的饲料颗粒；在加工饲料颗粒时，先将发酵后的混合料少量加入漏斗，直到正常出颗粒时换成大漏斗，再加入较多的发酵后的混合料，但不能太多，否则会导致颗粒机停止转动。

以上各步骤所述的百分数均是质量分数。刚刚加工制作的颗粒温度高、水分大，要及时降温，尽快使水分蒸发，避免积压成块以致发霉。冷却风干后的颗粒装在干净的编织袋内，保存在阴凉通风、防潮防湿的环境中，作为动物的储备粮食。所生产制作的饲料颗粒，因添加了尿素添加剂，只能适合反刍动物家畜；没有添加尿素制成的饲料颗粒可以饲喂所有食草动物。

4. 质量要求

为减少青干草粉在储存过程中的营养物质损失和便于储运，生产中常把粉碎的干草通过不同孔径的颗粒饲料轧粒机压制成直径为 0.4~1.6 cm、长度 2~4 cm 的草颗粒饲料。加工草颗粒最关键的技术是调节原料的含水量。研究结果表明，用豆科饲草做草颗粒，最佳含水量为 14%~16%；禾本科饲草为 13%~15%。草颗粒加工可以按各种家畜家禽的营养要求，配制成含不同营养成分的草颗粒。草颗粒适宜于猪、牛、羊等家畜，同时还可饲喂鱼类（张明忠等，2015）。

（四）草粉、草块及草颗粒的储藏

1. 草粉储藏

草粉属粉碎性饲草，颗粒较小，与外界接触面积大。在储藏和运输过程中，一方面营养物质易于氧化；另一方面草粉的吸湿性较强，容易吸潮结快，易造成草粉发热霉变、变色变味，丧失饲用价值。通常采用干燥低温储藏、密闭低温储藏、添加抗氧化剂和防腐剂储藏。

（1）干燥低温储藏：将草粉装入袋内或散装于大容器内，于 15℃ 以下储藏。

（2）密闭低温储藏：将草粉密封在牢固的牛皮纸袋内，置于仓库内，使温度降低到 3~9℃。

（3）添加抗氧化剂和防腐剂储藏：在草粉中添加常用乙氧喹、丁羟甲苯、丙羟甲基苯抗氧化剂和甲醛、丙酸钙、丙酸铜、丙酸等防腐剂。

2. 草块、草颗粒的储藏

草块、草颗粒体积小、密度大，较草粉容易包装、运输和储藏。草块、草颗粒安全储藏的含水量一般应在 12%~15% 及以下，在高温、高湿地区，草块、草颗粒储藏时应加入甲醛、丙酸钙、丙酸铜、丙酸等防腐剂。草块、草颗粒最好用塑料袋或其他容器密封包装，以防止在储藏和运输过程中吸潮发霉变质（张明忠等，2013）。

三、牧草青贮加工技术

（一）青贮及青贮饲料

1. 青贮

青贮是一种传统的在国内外广泛利用的牧草加工方法，是一种将牧草、农作物秸秆、野生草及各种藤蔓等可饲作物切碎后装入青贮容器（青贮塔、窖、袋），在厌氧环境中以乳酸菌发酵为主的饲草调制方法。

青贮原理：在厌氧环境中，附着在青贮料表面的乳酸菌利用青贮原料中的碳水化合物进行发酵，并将碳水化合物转变成大量以乳酸为主的有机酸，在青贮原料里积累起来，当有机酸积累到一定程度使青贮料中 pH 达 4.0~5.0 时，就会抑制有害微生物的生长与繁殖，使青贮饲料得以长期保存。

2. 青贮饲料

青贮饲料指在厌氧条件下经乳酸菌发酵而成的，密封状态下能长期保存的饲料和饲草。青贮饲料因具有以下优点而普遍在养殖场中饲用。

（1）是解决养殖场全年饲料均衡供应的重要手段，青贮饲料通常在夏秋对大量优质高产的鲜草进行集中收割、储存，在冬春缺草季作为家畜主要饲料或补充添加饲料。

（2）青贮饲料营养物质损失少，能保持原料青绿时的鲜嫩汁液，适口性好，消化率较高，且含有大量水分，具有多汁饲料的功能。饲喂奶牛、肉牛、羊等家畜效果良好。

（3）青贮饲料可以扩大饲料来源，改善饲料的适口性。如野生草、向日葵（*Helianthus annuus*）玉米秸等适口性较差，家畜不喜食或利用率较低的青绿植物，如果调制成青贮饲料则可明显改变口味和口感，增加畜禽采食量和利用率。

（4）青贮饲料相对于青干草而言，占地空间少、制作不受时间限制，保存时间长，在缺乏牧草干燥设备的养殖场或不适宜制作青干草的地区，夏秋季收获的牧草很难进行干燥，而通过青贮技术可将这些牧草资源有效的储藏。

（5）青贮饲料制作成本较低，制作方法简单，制作方式多样，青贮饲料制作过程中可采用青贮塔、青贮池、青贮堆等便于机械化作业的制作方式，也可采用青贮窖、塑料袋青贮、缸、木桶青贮等便于人工操作的制作方式，因此既适用于大型养殖场，也适用于小型养殖场或农户庭院养殖。

（二）青贮方法

1. 一般青贮

一般青贮也称常规青贮，即将青贮原料刈割后，按照一般的青贮原理和步骤，在厌氧条件下进行乳酸菌发酵制作的青贮方法。青贮过程包括以下几个步骤。

1）青贮原料的适时刈割

人工种植的优质禾本科、豆科牧草及农作物秸秆等都可以作为青贮原料。适宜的青贮原料刈割时期，不但能使青贮原料水分和碳水化合物含量适当，便于青贮，而且还可提高青贮原料产量和营养价值，增加牲畜的采食量。青贮原料刈割时期选择与干草调制刈割时期相同，大致禾本科牧草为抽穗期收割，豆科牧草为孕蕾期收割；而农作物秸秆等应尽量争取提前收获。收获的青贮原料应及时进行青贮处理，尽量避免暴晒和堆积，以保证原料的新鲜。

2）青贮原料的水分调节

一般青贮中，青贮原料的适宜含水量在 75%左右。如果刈割后直接青贮的原料水分含量较高，则可加入干草、秸秆等或稍微进行晾晒再青贮；而一些农作物秸秆如含水量过低，则直接添加一定的水或与新刈割青绿原料混合填装青贮。原料水分含量通常可以采用以下方法进行粗略判定，抓一把割下并切碎的青贮作物的样品，在手里攥紧 1 分钟然后松开，若能挤得出汁水，则含水率必定大于 75%；草球能保持其形状但无汁水，则含水率为 70%~75%；草球有弹性且慢慢散开，则含水率为 55%~65%；草球立即散开，则含水率为 55%左右；若牧草已开始折断，则含水率已低于 55%。

3）切碎

青贮原料在青贮前必须切碎，切碎是为了便于青贮时压实，增加青贮密度，提高青贮窖等利用率，排除青贮料间隙内空气，尽早形成窖内良好的厌氧环境；另外，青贮原料切碎后，切口渗出的汁液能润湿原料表面，可加速乳酸菌的生长繁殖，提高青贮料的品质；同时，原料切碎有利于家畜采食，提高消化率。原料切碎要因地制宜，主要是根据原料的质地、含水量及饲喂家畜的种类等来决定：质地较粗硬的，如农作物秸秆、象草、王草、柱花草等，切碎以 0.5~1.0 cm 效果为好，便于汁液渗出，有利于乳酸菌发酵，提高青贮料的品质；质地较软的，如菊苣等叶菜类原料，可不切碎直接青贮。当原料含水量高时，切的长些，反之则短些。如饲喂牛、羊等反刍家畜的青贮原料可长些，一般可切成 2.0~3.0 cm，而如饲喂猪、禽时则越短越好。

4）装填与压实

原料切碎后随即进行装填，装填前需对青贮设施进行清理，使青贮设备保持清洁干净，在清理过程中还要检查青贮设备四周是否密封，同时为便于吸收青贮汁液，可在青贮设备底层铺上一层切短的秸秆或干草。待准备工作完成后，迅速开始进行装填，装填过程中最重要的是要层层压实，既每层装填 30 cm 左右厚时就要压实一次，再装填另一层。根据条件，压实可用人踏实，也可用牲畜践踏或相关机械设备压实，要特别注意青贮设备边缘和角落一定要压实，减少青贮原料间空隙，将残留空气排除干净，为青贮创造厌气乳酸菌发酵的条件。紧实与否是青贮成败的关键技术环节之一，青贮原料装填越紧实，空气排出越彻底，青贮的质量越好。装填过程越短越好，一般应在 2~3 天内完成，否则，会导致青贮原料变质甚至青贮失败。

青贮原料装填完后，应立即严密封埋，如是袋装法，将切碎的牧草装入塑料袋内，装满后压紧扎口或抽气封口即可。而如用青贮窖或青贮池等固定设备青贮时，当原料装填和压紧到窖（池）口齐平时，要求中间要高出窖（池）面一些，顶部呈馒头型或屋脊型以利于排水。最后用塑料薄膜或软草覆盖严后用土覆盖、密封。

5）日常管理

青贮设备贮好封严后，青贮过程中由于饲料下沉，会出现裂缝，造成漏气渗水，要及时检查填平；雨季最好能在青贮池四周 1.0 m 处开挖排水沟，以防雨水渗入；青贮池等还要防牲畜等践踏，以免踩破覆盖物；启用后应遵循尽量减少青贮料暴露面和用多少取多少的原则，以免形成二次发酵，造成不必要的损失。

2. 半干青贮

半干青贮也称低水分青贮或凋萎青贮，是指青贮物料收割后不直接贮藏，而是将青贮原料刈割后，就地晾晒风干或采用其他晾晒方式，将牧草含水量晾晒到45%~55%后，再进行切碎、装填、密封压实的青贮方法。半干青贮操作步骤与一般青贮相同。但由于半干青贮原料是半干草，水分含量为45%~55%，高于干草而低于青贮草，这样的水分含量接近于牧草生理干旱状态，有利于抑制腐败菌和产酸菌的生长，加以发酵过程较弱，不但使青贮品质提高，而且还克服了一般青贮过程中由于排汁所造成的营养损失，具有干草和青贮料两者的优点。

3. 混合青贮

混合青贮是指两种或两种以上青贮原料混合在一起制作青贮饲料的青贮方法。混合青贮主要是为了解决青贮原料中不具有制备优质青贮饲料的某些缺点，如青贮原料干物质含量太低或原料水分含量太低，或是可发酵糖分含量少和单独青贮时营养价值低等。牧草混合青贮，不仅解决了某些牧草不易青贮成功的难题，而且获得的是优质全价日粮饲料。混合青贮主要有以下三种类型。

（1）干物质含量低、水分含量大的原料与干物质含量高的原料混合青贮。如一些蔬菜废弃物（牛皮菜、白菜）、青绿多汁饲料（菊苣、饲用莴苣、甘薯藤）及食品和轻工业生产的副产品（如啤酒糟、淀粉渣、豆腐渣等糟渣饲料）等含水量较高的原料，与适量的干饲料（如糠麸、草粉、农作物秸秆粉等）混合青贮，既提高了青贮饲料的营养价值，又吸收了原料中多余或不足的水分，且适口性好。

（2）可发酵糖分含量少或单独青贮时营养价值低的原料与富含糖的原料混合青贮。此类青贮多数为禾本科与豆科牧草混合青贮，如将柱花草与坚尼草、象草等混合青贮。

（3）为提高青贮饲料营养价值而配置的优质混合青贮饲料。主要是用多品种优质牧草搭配，组成营养丰富、能量适宜、品质优质的混合青贮粗饲料，再与精料、矿物质、维生素和其他添加剂充分混合，配置成品质优质营养全面的青贮饲料。

4. 添加剂青贮

添加剂青贮是指在青贮过程中，为能保证乳酸菌繁殖条件，促进青贮发酵，或是为了改善青贮原料的营养价值，而采用的在青贮原料中适当添加一定添加物的青贮方法。其青贮步骤与一般青贮完全相同。青贮添加剂主要分为发酵促进剂、发酵抑制剂、好气性变质抑制剂、营养性添加剂四类。

1）发酵促进剂

此类添加剂可分为乳酸菌制剂和添加糖类及富含糖分的原料。添加乳酸菌制剂是人工促进青贮原料中乳酸菌迅速繁育的方法。目前，主要使用的乳酸菌菌种有植物乳杆菌、肠道球菌、戊糖片球菌及干酪乳杆菌，一般每100 kg青贮原料中加入乳酸菌培养物0.5 L或乳酸菌制剂0.45 kg。通常原料中的可溶性含糖量不足时，添加糖和富含糖分的饲料可明显改善发酵效果。这类添加剂有糖蜜、葡萄糖、蔗糖、糖蜜饲料或粉碎的玉米、麦类等谷物，添加量根据原料的含糖量来确定，通常添加糖蜜时为原料质量的1%~3%，禾本科原料中要比豆科原料添加量少些；而粉碎的玉米、麦类等谷物类等的添加量为3%~10%。添加剂在原料装填时分层均匀混入。

2）发酵抑制剂

此类添加剂能部分或全部地抑制微生物的生长。此类添加剂有甲酸、甲醛、乙酸、无机酸、乳酸、苯甲酸、丙烯酸、柠檬酸、山梨酸等，但目前用量最多的是甲酸。适量添加甲酸可快速降低原料的pH，抑制原料呼吸作用和菌酸及肠杆菌等不良细菌的活动，使营养物质的分解限制在最低水平，从而保证饲料品质。添加甲酸能明显降低丁酸和氨态氮的生成量，从而改善发酵品质。另外，添加甲酸还能减少青贮发酵过程中的蛋白质分解，提高青贮饲料蛋白质利用率。当用85%的甲酸作为添加剂使用时，禾本科牧草添加量为0.3%，豆科牧草为0.5%，混合牧草为0.4%，比较幼嫩的牧草或保存期长的青贮饲料，需多添加0.05%~0.01%。

甲醛是常用的消毒剂，具有抑制微生物生长繁殖的特性，从而抑制青贮发酵。另外，甲醛还可阻止或减弱瘤胃微生物对食入蛋白质的分解，起到保护蛋白质完整的通过瘤胃的作用，因此主要用于饲喂反刍家畜用的富含蛋白质的豆科牧草青贮时添加。一般可按青贮原料中蛋白质的含量来计算甲醛添加量，为每千克粗蛋白质添加甲醛0.04~0.08 kg。

3）好气性变质抑制剂

此类有丙酸、己酸、山梨酸和氨等。丙酸主要用于谷物贮藏。添加此类添加剂可降低干物质含量低的青贮饲料好气性变质的程度，而对干物质含量高的则可防止其好气性变质。

4）营养性添加剂

营养性添加剂主要用于改善青贮饲料营养价值，对青贮发酵一般不起作用，此类添加剂有尿素、氨、二缩尿和矿物质等。目前应用最广的是尿素，将尿素加入青贮饲料中，可降低青贮物质的分解，提高粗蛋白含量，降低木质素含量，从而提高青贮饲料的营养物质。同时还兼有抑菌作用，能增加好氧稳定性。研究表明，玉米青贮饲料中添加 0.6% 的尿素，粗蛋白质可提高 62%~146%，所以在肉牛育肥中广泛使用。

第三节　牧草在生态治理的利用模式

退化生态系统草和灌木筛选及综合利用研究与示范是针对金沙江干热河谷水土流失严重、土地退化加剧、植被恢复困难及生态环境脆弱等现状而进行的。恢复和重建已退化的生态系统，维持人类生存环境的稳定和持续发展是现代生态学研究的重要课题。近十年来，部分国家重点生态治理项目，如国家组织的"长江上域防护林体系建设工程"、"西部大开发工程"、"退耕还林还草工程"、"十五科技攻关项目"等已经在本区实施，一些其他区域的恢复技术和物种被引用到了该区域，产生了一系列问题。罗望子等是治理退化燥红土较好的乔木物种，但在干热变性土上种植效果不佳，种植桉树导致土壤"干化"现象。有资料报道，种树在干旱、半干旱地区不合理，不符合自然规律。在年均降水量不足 300mm 的地区，天然分布的草原灌丛及树木生长需要的雨量和有效积温不能满足，树木很难成活，即使活了，也只能长成"小老头树"，另外还会加重土壤的干旱。草和灌木是元谋干热河谷的主要自然覆盖植被，在本区乃至整个长江流域的生态环境保护、治理与恢复退化生态系统及畜牧业发展中占据重要的地位和作用，鉴于此，项目在原来研究工作基础上进一步筛选适宜本区种植的耐热、耐旱、速生的草和灌木物种，并应用于不同退化生态系统的恢复重建中。通过实施自然封禁灌木和草保育技术、退化草地人工改良技术、果-草复合种植技术，一方面起到改良与培肥土壤、提高地力作用；另一方面，可以增加退化生态系统内植被盖度，减少水分蒸发，防止水土流失，改善生态环境，促进区域农村经济的发展。

一、研究区部分功能块本底调查

调查包括植物群落特征、土壤特征调查。根据不同植被类型、每一类植物分盖度及土壤类型，5 个样方 30 hm² 的调查。在研究区采集 13 块地 39 个点 0~40 cm 剖面土壤样品 13 个，样方面积 1 m²。调查结果表明：区内植物超过 30 种，总盖度为 72.08%，优势种以热研 4 号王草、羽芒菊和孔颖草居多，常见种有香附子、白杨草、狗牙根、飞扬草、扭黄茅、毛臂形草、小白酒草（Conyza canadensis（L.）Cronq）、尾稃草和芒草（表 6.2 和表 6.3）；土壤肥力偏低（表 6.4）。

表 6.2　元谋金雷小流域苴林基地牧草资源保存片区牧草种植前植被调查情况

序号	植被类型	密度/%	总盖度/%	分盖度/%	产量/（g/m²）
1	银胶菊	0	72.08	0.00	0.00
2	狗牙根	35.48		8.06	26.76
3	黄花捻	0		0.00	0.00
4	香附子	25.76		3.54	7.00
5	飞扬草	7.06		0.82	3.90
6	奶浆草	0		0.00	0.00
7	扭黄茅	9.74		1.84	36.96
8	毛臂形草	0.25		0.82	0.10
9	白杨草	0		0.00	0.00
10	羽芒菊	92		26.00	140.96
11	牛筋草	0.5		0.82	0.14
13	英雄菜	0		0.00	0.00
13	香焦	0		0.00	0.00
14	小白酒草	0.27		0.66	5.84
15	孔颖草	24.74		18.94	95.92
16	栓果菊	0		0.00	0.00
17	多花白日菊	0		0.00	0.00
18	尾稃草	9.5		4.04	3.74
19	芒草	22.5		5.64	4.32
20	小桐子	地埂			
21	王草			70.00	
22	小花扁担木	地埂			
23	刺花莲子草	地埂			
24	短莩灰叶	地埂			
25	蒺藜	地埂			
26	西南宿苞豆	地埂			
27	肿柄菊	地埂			
28	甜根子草	地埂			
29	刺苞果	地埂			
30	狼毒	地埂			

表 6.3　元谋金雷小流域苴林基地经济林果资源保存片区经济林果种植前植被调查情况

植物类型	密度/%	总盖度/%	分盖度/%	产量/（g/m²）
银胶菊	0	72.08	0.00	0.00
狗牙根	35.48	72.08	8.06	26.76
黄花捻	0	72.08	0.00	0.00
香附子	25.76	72.08	3.54	7.00
飞扬草	7.06	72.08	0.82	3.90
奶浆草	0	72.08	0.00	0.00
扭黄茅	9.74	72.08	1.84	36.96
毛臂形草	0.25	72.08	0.82	0.10
白杨草	0	72.08	0.00	0.00
羽芒菊	92	72.08	26.00	140.96
牛筋草	0.5	72.08	0.82	0.14
英雄菜	0	72.08	0.00	0.00
香蕉	0	72.08	0.00	0.00
小白酒草	0.27	72.08	0.66	5.84
孔颖草	24.74	72.08	18.94	95.92
栓果菊	0	72.08	0.00	0.00
多花白日菊	0	72.08	0.00	0.00
元谋尾稃草	9.5	72.08	4.04	3.74
芒草	22.5	72.08	5.64	4.32

表 6.4　元谋金雷小流域苴林基地牧草资源保存片区牧草种植前土壤养分情况

土层深/cm	采样日期 （年.月.日）	全氮/%	速效 /（mg/kg）	速效 /（mg/kg）	有机质/%	pH	水分/%
0~20	2004.10.28	0.066	7.55	62.50	0.41	6.72	0.40
20~40	2004.10.28	0.033	11.40	35.70	0.28	6.30	0.30
20~40	2004.10.28	0.086	40.90	132.00	0.51	7.24	1.00

二、退化生态系统草和灌木的筛选

1. 轻、中度退化生态系统耐旱草和灌木的筛选

一方面，在前期研究工作基础上筛选出提那罗爪哇大豆、柱花草、百喜草、坚尼草、扭黄茅和孔颖草等作为干热环境下生物资源限制因素和耐旱物种选择研究的基础，研究引种物种的适宜性特征，并用植物、土壤等方面的指标值，结合观测指标，对引种植物进行适宜性的定量评价。主要观测指标包括生长状况、产出量、经济价值、根系特征、土壤养分等，以开展其生物学特性、生物量的观测

研究，评价其抗旱、保持水土及培肥土壤能力。另一方面，针对银合欢、苦刺花、小桐子、车桑子四种干热河谷的优势植物在人工种植条件下对植被恢复的效应进行研究，筛选优良耐旱品种。在苴林基地台地上布置试验小区，小区面积为 10 m²，3 个重复。主要观测研究 4 种植物不同生长时间的地上部分营养体生长分布情况，以及地下部分根系的分布情况等。主要观测指标为生物量、土层内根的生长分布情况，测定分<1 mm、1~3 mm、3~5 mm、>5 mm 四级测定根量，结果见表 6.5、表 6.6。

表 6.5　4 种灌木根系生长情况

植物品种	根长/cm				
	<1 mm	1~3 mm	3~5 mm	>5 mm	合计
银合欢	1326.0	592.6	322.9	372.3	2613.8
车桑子	554.2	356.7	68.2	37.4	1016.6
麻疯树	727.0	304.2	129.9	270.9	1432.0
白刺花	513.1	524.0	160.6	131.8	1329.5

表 6.6　4 种灌木生物量情况（鲜重）　　　　（单位：g）

植物品种	茎	叶	根	总计
银合欢	1144.2	936.7	200.7	2281.6
车桑子	292.5	256.2	48.1	596.8
麻疯树	529.0	448.9	305.4	1283.3
苦刺花	251.4	190.1	156.6	598.1

从表 6.6 可以看出，4 种灌木中以银合欢生长最快，其根量和总生物量均最高，其次是麻疯树，最低的为车桑子。另外，以生物量大，其消耗的水分也较大来看，车桑子较为耐旱。

2. 重度退化生态系统耐旱草和灌木筛选

在元谋热区所苴林基地重度退化区，纯雨养条件下开展了柱花草、金合欢、白刺花、坚尼草、百喜草 5 种草和灌木资源筛选研究。

从种植一年后的调查结果（表 6.7），百喜草在重度退化区适应性最强，在纯雨养条件下，完全适应退化区土壤及气候条件，并能快速、有效地覆盖地表，种植一年后，地表覆盖率高达 95%，且植株低矮，紧贴地表，根茎发达，对控制退化山地水土流失效果明显，适宜作为水土流失治理利用。而豆科牧草柱花草、小灌木白刺花和禾本科牧草坚尼草均能在重度退化系统正常生长，但生物产量相对较低、生长较为缓慢；金合欢在 5 个草和灌木品种中成活率最低，且生长较慢。

表 6.7　5 种草和灌木在茸林重度退化区成活率调查　　　（单位：%）

时间（年.月）	柱花草	金合欢	白刺花	坚尼草	百喜草
2008.8	100.0	100.0	100.0	100.0	100.0
2008.9	98.7	92.8	95.4	98.8	100.0
2008.10	90.9	70.7	93.4	98.8	100.0
2009.3	88.3	67.4	93.0	86.6	100.0
2009.5	89.5	60.1	97.5	80.6	100.0
2009.10	87.0	54.0	87.9	71.5	100.0

三、优良牧草在侵蚀沟谷治理技术中的应用

元谋干热河谷是金沙江干热河谷的典型区域，其坝周低山区气候干旱，降雨分配极为不均，雨季降水集中且多暴雨，地表冲刷严重；春旱、伏旱严重，植被旱季严重缺水，导致植物生长受阻。地表覆盖度小，本区森林覆盖率仅为 0.06%，为全县最低区域。年平均气温为 21.9℃，极端最高气温为 42℃，极端最低气温为 –2℃，≥12℃的持续天数为 349 天，积温为 7796℃，年降雨量为 613.8 mm，全年太阳总辐射量为 641.8 kJ/cm^2，日照率为 62%，干燥度为 4.4。

该区域海拔 1088~1167 m，土地极不平整，平地或小于 5°的坡地仅占 17%，沟壑密度达 21.5 km/km^2。地表物质组成主要以泥岩、砂岩为主，土质松散，多为垂直节理发育，抗冲性弱，兼之地形较陡、地面坡度大及人类活动的频繁干扰，该区地形破碎、千沟万壑，冲沟侵蚀极为严重。冲沟通常是深而边坡陡峭的山地沟道，是山水汇集、砂石运动的通道，也是泥石流的形成区和泥砂堆积地，冲沟阶段是水土流失最为严重、地面切割最为强烈、危害最大、治理最难的发展阶段。

高蒸腾低降雨是元谋干热河谷的主要特征，许多人工栽植的幼林很难度过旱季，使本区生态恢复和重建工作难度加大。

侵蚀沟为线形伸展的槽形凹地，是暂时性流水形成的侵蚀地貌，主要发育在半干旱气候带的松散沉积层上。在植被稀疏的缓坡地区，侵蚀沟可以发展得很快，使地形遭受强烈的分割，残蚀耕地，破坏道路，造成大量的水土流失。侵蚀沟的形成与发展可分为以下几个阶段。①细沟阶段：水流在斜坡上由片流逐渐汇集成细小的股流，在地表形成大致平行的细沟（宽 0.5 m，深 0.1~0.4 m，长根据地形实际而定）。②由细沟进一步下切加深可形成切沟：切沟已有了明显的沟缘，沟口形成小陡坎，宽和深可达 1~2 m。③切沟再进一步下蚀，形成了冲沟：冲沟的沟头有了明显的陡坎，沟边经常发生崩塌、滑坡，使沟槽不断加宽，冲沟深约几米至几十米，长约几百米，冲沟在我国的黄土高原特别发育。④冲沟进一步发展，沟坡由崩塌逐渐变得平缓，沟底填充碎屑物，形成宽而浅的干谷，称为坳谷。

沟蚀是金雷小流域内水土流失的一种主要方式，其影响范围大。示范区内侵

沟谷纵横分布，而采用生物措施对固定沟床、稳定谷坡有重要作用。沟底林造价低廉，易于营造，又有经济效益，易于大面积推广，但是同时由于侵蚀沟受雨水长期冲刷，表层疏松的富含养分的土层已被冲刷，裸露的土质瘦瘠，植被生长困难。因此，在治理过程中有一定的难度，必须生物与工程措施相结合进行综合治理。在研究中，我们主要采用生物技术和工程相结合的措施治理减缓沟蚀发展速度，增加侵蚀沟内植被覆盖减少土壤冲刷。生物治理措施主要在沟头、沟内种植耐性好的木本和乡土草本植物；工程措施主要是配合生物措施，进行种植塘、水平沟、鱼鳞坑的开挖，形成侵蚀沟谷生态恢复与治理技术体系。其具体如下。

（一）侵蚀沟本底资料调查

为制订切实可行的治理技术措施，先对项目区侵蚀沟谷侵蚀和发育程度、土壤和原生乡土植被物种进行全面调查。

（二）植物选择与配置

根据侵蚀沟谷不同侵蚀程度和不同区位进行林草配置，林草措施包括人工造林种草、禁封育林育草，侵蚀沟造林中根据侵蚀沟侵蚀程度、土壤条件进行林木树种选择和草被资源配置。

①新银合欢：根据前期研究和元谋干热区气候水资源状况，在侵蚀沟治理中我们主要选择新银合欢和南洋樱。抗旱能力非常强，耐热耐干旱、耐瘠薄、萌发分蘖能力强、速生，自我繁殖和更新能力强，能在短期内密闭成林，可起到保持水土的作用；②南洋樱：固氮能力强，生长迅速，木材坚硬，砍伐后萌芽率高，对土壤有广泛的适应性，能适应沙土、重黏土、石灰质土壤和碱性土壤，种子、实生苗均能正常发芽生长，无性繁殖成活率高，管理上无特殊要求，既可作为绿肥使用，也可作为饲料利用，还可作为燃料利用的热带速生多功能树种。草被植物主要选择扭黄茅、孔颖草、双花草等乡土物种和生态型牧草王草、象草、百喜草等。

四、自然封禁草和灌木保育技术

金沙江干热河谷生态退化区尤其是重度退化区受干热气候和人为因素等影响，通过人工重建等人工干预较大的生态系统修复难度大，且投入成本高，而依靠退化系统自然修复能力，结合人为因素对退化系统进行合理的、适度的干预，即通过封禁技术开展本土灌、草的自然植被恢复保育技术，可最终实现退化生态系统自我修复。对于重度退化系统而言，自然封禁灌、草保育技术应作为植被恢复的首选，因为人畜活动频繁是影响退化区植被自我更新及恢复的重要因素之一。另外，封禁保育是一项投资少、操作简便、效果良好的植被自我更新、恢复技术措施。大量研究以及本试验研究 3 年研究结果都表明，实施封禁后，系统内植物种数、土壤含水率、植被覆盖度、密度、多度等相关指标都明显高于对照区，封育区自然和人为干扰强度则明显降低，封育成效显著。

干热河谷重度退化生态系统封育保育技术是一项主要利用退化生态系统中具有天然下种或萌蘖能力的残存草、灌通过封禁或管护等人工干预措施后，在自然力作用下进行自我更新和繁殖，最终实现退化生态系统植被恢复的技术措施。

（一）封禁保育技术

1. 前期基础数据调查

全面了解封育区地形、地势、气候、土壤、植被等自然条件和人口分布、交通条件、农业生产状况、人均收入水平、农村生产生活用材、能源和饲料供需条件，以及今后当地发展前景等社会经济条件和植被状况，为封育措施设计提供依据。

2. 封育方式

结合前期调查数据，且由于退化系统为重度退化，因此封育方式定为全封，选取云南省农科院热区所后山基地和元谋县老城乡尹地村委会两个试验区，封禁期间禁止放牧、砍柴、打草、垦荒等一切人为活动。

3. 技术措施

热区所后山基地封育区采用建设人工围栏封育技术，围栏以刺丝和有刺灌木生物围栏相结合；老城乡尹地村委会试验区则采用人工巡护封育技术措施，设一名兼职护林员进行巡护，同时在山口和交通要塞设卡，对封育区进行管护。

（二）草和灌木人工补植及培育管理技术

一方面是利用豆科草和灌木固氮改土作用，进行人工补植管护，以改善退化土壤条件，促进退化系统植被恢复；另一方面，人工补植耐旱、耐瘠薄，以及生长迅速、根系发达等适应性强的草、灌木，快速覆盖地表，增加退化区植被覆盖度，减少水体流失，控制土壤侵蚀，促进退化区生态环境改善和提高退化区土地产出。主要采用人工补植和培育管理两种措施对热区所苴林基地人工补植；在苴林基地重度退化区对自然繁育能力不足的地块进行人工补植或补播豆科类草、灌植物，其中灌木以乡土灌木为主（如金合欢、银合欢、白刺花等）。

1. 前期基础数据调查

重点开展治理区地形、地势、气候、土壤、植被类型等自然条件为封育措施设计提供依据。

2. 人工栽植草、灌筛选及培育管理

人工建立新的植物群落，主要进行人工育苗移栽柱花草、乡土草、小灌木（银合欢、苦刺花）；半人工抚育措施主要进行间种、补播、条播柱花草、乡土草、小灌木（银合欢、苦刺花），对原有灌木进行施肥、松土等培育管理。

五、水土保持技术

土壤侵蚀是全球性的主要环境问题之一，据估算，全球水土流失面积约 $16.43×10^6$ km^2，占地表总面积的 10.95%（Eswaran et al.，2001），全球土壤侵蚀模数约为 0.38mm/a，其中 60%的流失源于人为活动，21 世纪耕地的侵蚀量会增加 17%（Yang et al.，2003）。中国是世界上水土流失最严重的国家之一，现有土壤侵蚀面积 356.92 万 km^2，目前仍有近 200 万 km^2 水力土壤侵蚀面积需要治理（鄂竞平，2008；李智广等，2008），与此同时，工业化、城市化、西部大开发等大规模的基础设施建设还正在难以避免地产生新的土壤侵蚀（冷疏影等，2004）。

一方面，干热河谷区为金沙江上游流域的主要组成部分，主要分布于滇、川境内，是我国西南一类特殊的生态系统，区内气候异常干旱炎热，土壤干旱瘠薄，水土流失严重，生态环境脆弱异常，是我国植被恢复和生态治理极为困难的区域，成为我国西南地区土壤侵蚀控制的核心区域。而另一方面，金沙江干热河谷地处长江上游，该河段水量充沛，落差势能大，成为当前我国水利水电工程建设的战略区域。区域内高强度大面积土壤侵蚀及植被持水保土效益低下的问题极大地限制了该区域社会经济发展，并导致长江流域生态安全和流域内大型水电工程受到严重威胁。

目前，植被恢复被认为是防治土壤侵蚀最重要的有效措施之一。干热河谷植被多为"稀树灌木草丛"，以中小型灌木和禾草草丛为背景构成大片 Savanna 草被（金振洲等，1994；金振洲，1999；刘方炎和李昆，2008），在当地生态环境治理、生态恢复及草畜动态平衡中扮演着重要角色（刘方炎等，2010），因而草被系统在干热河谷地区具有重要地位。有证据显示，自然草被的水土保持及改良效益要好于银合欢、辣木等乔木人工林及一些热带牧草。由此可见，解决干热河谷生态问题的主要途径是草被功能恢复，这是由干热河谷的气候环境条件决定的。因此，具有土壤侵蚀治理功能的草被构建是有效控制干热河谷土壤侵蚀的重要手段，对于干热河谷土壤侵蚀的功能群落构建理论及技术的研发及集成，具有重要的现实意义。

1. 草种选择

1）速生型牧草

其特点是：种子等繁殖构建易收集，栽培方式极度简化，生长快，对施肥等人工措施响应快速而明显，能在短时间内对地表形成快速覆盖。例如，在干热河

谷原生的土著种中，三芒草具有种子数量基数大的特征，成熟扭黄茅小穗扭聚成团，易收集；外引的象草，其一年生茎杆扦插即可成活。这些牧草兼具易管理、生长快，迅速覆盖的特点。

2）长效覆盖型牧草

其特点是：适应当地气候及环境条件，能在地表长期形成大面积的覆盖层。例如，干热河谷原生的土著种中，孔颖草以多年生的生活型及构件的繁殖方式，常在地表形成网状结构；拟金茅在生长季形成较厚而保持生长形态的凋落物层；同时，外引的百喜草也具有及强的干旱适应能力，其生长形成柔软而坚韧的地上植株，这些特征均能对地表形成长效覆盖。

3）土壤改良型牧草

其特点是：能形成庞大而复杂的根系系统，对土壤改良有较好的直接作用，同时能与区域微生物及土壤动物形成较好的共生关系。例如，豆科的柱花草等，对干旱具有较强的耐受能力，同时与多种真菌及放线菌形成根瘤，可对干热河谷山地土壤的氮素改良起到良好作用。

2. 主要技术

1）水土保持型功能牧草品种筛选技术

通过野外观测平台控制试验，对高持水保土性能群落物种的地上、地下性状特征，土壤的水分涵养特性及其在不同坡度径流小区中泥沙及养分流失特征进行系统观测，采用方差分析、聚类分析及通径分析等方法，探讨干热河谷优势物种植物性状与其水土保持功能间的关系，以及这些功能性状在混合群落中的结构特征，并在此基础上建立植物功能性状与草被持水保土功能间关系的分析体系，构筑水土保持型功能牧草品种筛选的概念模式及选择模式。

2）水土保持型功能草被构建技术

对人工管理条件下自然混合群落及功能群组配群落中物种的功能性状特征进行观测，比较自然条件及不同管理措施下同物种间、不同物种或不同功能群间功能性状、分布特征的变化，物种间协作-竞争关系的变化，以及这些变化对群落水土保持型功能的影响。从物种相互关系与群落功能间关系的角度建立及发展水土保持型功能草被构建技术。

3）水土保持型功能草被长效管理技术

对不同人工干预管理措施条件下自然混合群落及功能群组配群落物种的功能性状进行观测，比较不同人工干预管理措施下不同功能群间功能性状、分布特征的变化，分析不同人工干预管理措施对群落功能群间协作-竞争关系及草被功能性状-土壤特性间相互关系的影响，集成及发展人工群落管理条件下水土保持型功能草被长效管理技术。

　　4）快速植被覆盖技术

　　针对山体滑坡、泥石流及尾矿急性污染等紧急情况，宜采用速生型牧草，能在短时间内对地表形成快速覆盖，对表层泥沙或污染物进行固定或吸附，减少有毒有害物质的扩散。

六、金沙江干热河谷退化山地径流塘-草网络固土稳水技术

　　干热河谷主要位于中国西南的元江、金沙江、怒江、和澜沧江四大江河的河谷地带，位于 23°00′~28°10′N，98°50′~103°50′E。东南边以蒙自曼耗为界，西以怒江河谷山地为边，北以金沙江流域的永善为限，随各大江河道干热或干暖的边界构成多角形或不规则的蛛网形，其实际范围是海拔 1500 m 以下干旱、半干旱的沿江两岸和干燥度大于 1.5 的南亚热带河谷地区，植被为"河谷型萨瓦纳植被（Savanna of valley type）"或"稀树灌木草丛"，面积约 3.2 万 km^2。其中金沙江干热河谷包括云南省的永善县、巧家县、会泽县、东川县、禄劝县、武定县、元谋县、永仁县、华坪县、永胜县、大姚县、宾川县、鹤庆县，共 13 个县。

　　金沙江干热河谷位于 25.5°~28.0°N，100.3°~103.60°E 之间的地区，属南亚热带气候。年平均降雨量为 558~801.2 mm，蒸发量 2636~3830 mm，是降雨量的 3.0~6.0 倍，高温干旱，干旱时期长达 6~7 个月，雨量集中 6~10 月。

　　金沙江干热河谷生态环境极度脆弱，土地退化严重，森林覆盖率极低，仅为 3.4%~6.3%，植被覆盖率低于 50%，平地或小于 5°的坡地仅占 17%，每年侵蚀模数多为 2250~8000 t/（km^2·a），土壤瘠薄化发生率为 26.5%，多属中度以上退化荒坡地。所以解决水分问题是该区植被恢复成功的关键，种草植树及方法就显得尤为重要。现有技术（即传统植被恢复方法）对金沙江干热河谷退化山地人工造林恢复植被采用植树种草、封山育林，仅对林木进行适度管理，不对相对稳定状态下的原生草被层进行保护和合理利用。尤其是在经济林建设中，采取清耕除草措施或挖穴掩埋，致使近地层土壤草被破坏，水土流失治理效果受到影响，金沙江干热区退化山地植被恢复中土壤的水分仍然严重缺失，人工林树种的生长也受到抑制。经过多年研究和实践克服了现有技术的缺陷，在金沙江干热河谷退化山地果树旁修筑径流塘-草网络，采用了一套科学、有效的技术措施，成功地解决了金沙江干热河谷造林过程中土壤的水分严重缺失问题，大大提高了果树-草复合系统的生产力（张映翠等，2002；朱红业等，2003）。

1. 径流塘-草网络修筑

　　在每年雨季结束后的 10~11 月，土壤潮湿时，选择金沙江干热河谷退化山地，

坡度为 7°~25°，在退化山地挖径流塘，所述径流塘是指拦截和蓄存径流的蓄水塘；各径流塘间距离根据果树的株行距确定，在径流塘内人工种植果树，果树的株行距为 6 m×6 m 或 6 m×8 m，各径流塘之间留 1~1.5 m 宽的草带，各草带交叉形成草带网络，种植的果树与径流塘以及草带形成径流塘-草网络。

2. 修建径流阻截弧形土埂

将径流塘上沿的泥土耙至径流塘下沿，再耙至朝顺坡方向的果树树冠滴水线，在果树树冠滴水线处的最大汇集水面处修筑径流阻截弧形土埂，径流阻截弧形土埂的弧形口朝向山顶方向，埂高 25~35 cm，埂长 2.5~3.5 m，形成类似鱼鳞状的径流阻截弧形土埂。径流塘上沿是朝逆坡方向的径流塘的边沿，下沿是朝顺坡方向的径流塘的边沿。

3. 管理

1）果树管理

每年夏季施肥，在距果树苗 7~10 cm 的周围开 10~15 cm 深的小沟，施入追肥，追肥由复合肥：尿素为 1：1 组成，所述复合肥中 N：P_2O_5：K_2O 为 11：8：6，在每径流塘内追肥的施入量为 0.1~0.2 kg。整形修剪按常规方法进行，如在每年的 1~3 月，根据树体剪掉弱枝、披垂枝、密集枝、内膛枝。病虫害监控与防治按常规方法进行，如发现病虫害及时报告或处理；报告要阐述病虫害发生特点及危害程度，采集代表性标本，送有关专家鉴定，按照专家提出的防治方案进行防治。罗望子病虫害较少，但也有发生，易受兰绿象、绿色金龟子、毒蛾等危害，用菊脂、乐果防治，病以白粉病危害为重，用多菌灵、粉锈灵防治。果实采收按常规方法进行，如在罗望子树果荚成熟期间，适时进行采收，精选后用纸箱装箱或者直接存放在通风、干燥的室内。

2）原生草被带的管理

秋末，在原生草被的草带行间用草甘磷药剂并按其说明书要求喷施 2~3 次。

4. 覆草

每年初秋将草被带的草留茬高 20~30 cm，刈割其草，用于覆盖径流塘地表。每年夏季对果树施肥时加固弧形土埂，将草带以外的草刈割或铲除用于覆盖径流塘地表。

七、南洋樱植物地埂围篱的利用技术

（一）背景技术

南洋樱是一种热带速生的豆科树种，原产于中美洲地区，自然分布区域为

25°30′N 至南纬 7°30′S，海拔 1500 m 以下。现在世界许多热带地区都有种植，如西部非洲、西印度群岛地区、热带美洲、南亚地区等。南洋樱具有固氮能力强、生长迅速、耐割、适用性强、木材坚硬，砍伐后萌芽率高和对土壤有广泛的适应性等特性，它能适应 pH 在 4.5~6.2 间的酸性土壤，以及肥沃的沙土、重黏土、石灰质土壤和碱性土壤，种子和实生苗均能正常发芽生长，无性繁殖成活率高，管理上无特殊要求。2004 年，云南省农业科学院热区生态农业研究所从印度国际半干旱作物研究所（ICRISAT）引进该树种，经 4 年在云南金沙江干热河谷区引种试验，表明其具有很强的耐旱性。在热带、亚热带地区旱坡地种植作物完全靠雨养，复种指数低，每年只能在雨季种植一茬作物，而在旱季由于受水分条件的限制，作物不能正常生长，对于推广绿肥作物更具有难度。同时由于种植作物时，有机肥投入过低，作物产量依靠施用化肥来保障，导致土壤日渐板结及水体富营养化，加之其他因素的影响，土壤退化现象十分严重。现有植物围篱技术中，通常单一重视围篱的绿化或防止水土流失或围篱植物单一的经济效益。为克服上述缺陷，本技术措施充分考虑了热带地区旱坡地生态环境极度脆弱、水土流失严重、生态环境强烈退化、干旱十分严重、推广绿肥作物难，以及选择的作物要特别适宜热带地区易受水土流失危害和土壤退化严重的旱坡地地埂生长，又使一种作物具有可作绿肥、饲料、燃料等功能的多重因素，选择南洋樱植物作为围篱植物，充分利用南洋樱植物耐旱、生长迅速、耐割、固氮能力强、适用性强、管理粗放、用途多样的特点，加之本技术适宜的育苗技术、密植、矮化等技术措施，有效保护了地埂、拦截泥沙、减少水土流失，还能将其茂盛的枝叶直接施于土壤中作绿肥使用，增加了土壤有机质，改善了土壤条件和山地生态系统，发挥了一种作物既能有效减少水土流失、又能作为绿肥、饲料、燃料的多用途作用（史亮涛等，2011）。

（二）地埂围篱植物的选择

选择生长迅速、耐割、固氮能力强、适用性强、管理粗放的南洋樱植物。

（三）利用区域的选择

选择云南省金沙江干热河谷元谋县小新村流域，试验区属热带地区。于 2004 年 3 月在元谋小新村流域水土流失危害和土壤退化严重的旱坡地地埂上开展试验。本试验共栽植 14 400 多株，建立围篱 2100 m，涉及旱坡地面积 3.33 hm²。

（四）地埂围篱栽培措施

本试验采用以下育苗移栽、密植、矮化技术措施。

用种子育苗和扦插育苗两种方式育苗，种子育苗浸泡采用熟石灰和浓硫酸两种处理。

1. 种子育苗

在 3 月将已清选过的 2.4 kg 种子在室温下用清水浸泡 12 小时，浸泡时在水里加入熟石灰进行消毒灭菌，其熟石灰质量为清水质量的 5%；2.4 kg 种子用 95% 浓硫酸 60 ml（硫酸用量 30 ml /kg），处理 2 分钟，再用水浸 12 小时。浸泡后浅播于苗床，并用稻草覆盖，出苗前期保持苗床土壤含水量为 25%~30%。

2. 扦插育苗

1 月底，在南洋樱植株上选直径为 2~6 cm、长为 30~100 cm 的健壮枝条，从基部剪下，把主、侧枝剪成 40 cm 长的插穗 6000 条，插穗蘸生根粉后将基部插入土中 20 cm，当日扦插完毕，扦插后用地膜覆盖。2005 年 3 月对上述两种育苗移栽的篱埂进行调查，其成活率均达到 98%。

3. 栽植

将准备好的南洋樱苗，于 6 月将植株分 11 000 株按 30 cm×40 cm 株行距，栽植 2 行，3335 株，按 40 cm×50 cm 株行距，栽植 3 行，并以"品"字形栽植于旱坡地地埂之上，定植后浇少量定根水，成活后，全靠雨养，不再进行水分管理。当南洋樱生长超过 1.5 m 时，将其离地 50±5 cm 进行刈割，在种植 2 年后即形成围篱。

4. 管理

定植后禁止家畜和人为破坏。2005 年 6 月（播种雨季作物以前）开始进行刈割利用，修剪离地 50±5 cm 以上的枝条；2005 年 9 月（播种秋季作物以前）刈割 1 次，2006 年分别在 3 月（播种夏季作物以前）、6 月（播种雨季作物以前）、9 月（播种秋季作物以前）各刈割 1 次。

（五）综合利用

1. 植物篱埂利用

当南洋樱植物生长超过 1.5 m 时，将其离地 50 cm 进行刈割，促进侧枝的生长，在种植 2 年后形成围篱，并能有效拦截水土，减少坡地水土流失。

2. 绿肥利用

将南洋樱叶片从茎上分离，然后将叶（带叶柄）均匀地撒在地面或施在沟里，随后翻耕入土壤中，入土 15 cm 深，砂质土可深些，黏质土可浅些；根据土壤肥力的情况和作物对养分的需要施用，每公顷分别施用 15 000 kg、195 000 kg、225 000 kg 鲜叶。

3. 饲料和燃料利用

将南洋樱叶片从茎上分离，然后将叶片晒干粉碎后作为饲料，饲喂牛、羊，2005 年 3 月至 2006 年 2 月产叶片 119 790 kg/hm²，共将 23.958×10^8 kg 叶片晒干，晒干粉碎后作为饲料每公顷每年可补充饲喂 135 头牛、345 只羊。2005 年 3 月至 2006 年 2 月产枝条 5896.0 kg/hm²，共将 26.532×10^4 千克枝条晒干，直接作为燃料，供家庭生活使用（史亮涛等，2011）。

八、基质改善酸性土壤技术

（一）背景技术

汽车尾气、工业二氧化硫的排放，造成大气污染，形成酸雨，从而导致土壤板结，酸性较大，很难适合植物生长，甚至致使植物死亡。在正常范围内，植物对土壤酸碱性敏感的原因，是由于土壤 pH 影响土壤溶液中各种离子的浓度，影响各种元素对植物的有效性。土壤酸碱性对营养元素有效性的影响主要表现在：①氮在 pH6~8 时有效性较高，是由于在 pH 小于 6 时，固氮菌活动降低，而大于 8 时，硝化作用受到抑制；②磷在 pH 为 6.5~7.5 时有效性较高，由于在 pH 小于 6.5 时，易形成磷酸铁、磷酸铝，有效性降低，pH 在高于 7.5 时，则易形成磷酸二氢钙、无机磷的固定；③酸性土壤的淋溶作用强烈，钾、钙、镁容易流失，导致这些元素缺乏，在 pH 高于 8.5 时，土壤钠离子增加，钙、镁离子被取代形成碳酸盐沉淀，因此钙、镁的有效性在 pH 为 6~8 时最好；④铁、锰、铜、锌、钴五种微量元素在酸性土壤中因可溶而有效性高；⑤钼酸盐不溶于酸而溶于碱，在酸性土壤中易缺乏；⑥硼酸盐在 pH 5~7.5 时有效性较好。

为改善酸性土壤，一般采用石灰中和活性酸、潜性酸，改良土壤结构。沿海地区也使用含钙的贝壳灰，也可用紫色页岩粉、粉煤灰、草木灰等。这些改良剂存在一定的欠缺，要么成本大，为不可再生资源，要么在改变土壤酸性的同时，也会增加土壤板结等不良现象。而本技术利用一种适合热带地区迅速生长、产量高、可持续利用的热研 4 号王草，经过粉碎发酵等工艺流程研制而成的基质，与酸性土壤适量混合，有效改变土壤的酸碱性及其土壤物理特性，增加土壤肥力，以达到土壤适宜植物生长较佳需求。王草茎秆和叶片纤维含量高，质地硬，发酵处理的草粉经过酸碱性检测，得出 pH 为 8~11，其碱性较强。作为可再生基质，不能直接利用，需与酸性物质中和至中性才可适合植物生长。同时，用草粉经过工艺流程处理而成的基质，与酸性土壤混合后，能改变土壤的物理性状，增加土壤肥力（张明忠等，2010）。

（二）具体操作措施

1. 基质制作

割取王草晒干，用粉草机将晒干的王草粉碎成草粉，在草粉中加入在市场购买的大地旺活菌原液和含氮46%的尿素；按草粉：大地旺活菌原液：尿素为200：1：1的比例均匀混合后，掺入清水拌匀，手捏有湿感即可，堆成圆台形，高40~50 cm，压实后用编织袋覆盖封严，自然发酵15天后，再拌翻一次，发酵10±1天，使其充分发酵。把充分发酵的草粉松散地平滩在阴凉的地面上凉干即为基质，其pH为10。大地旺活菌原液是由南昌联城实业有限公司生产的菌种，其商品名称为大地旺活菌原液，主要成分为由酵母菌、光合成菌、放射线菌等多种有益土壤菌群与微量元素合成的大地旺活菌原液。

2. pH测量

用pH试纸测量需改良的酸性土壤的pH和基质的pH。在8~9月水稻收割后，翻犁水稻田耕作层表土，检测土壤pH为4.5~5.5，基质pH为10。

3. 基质用量的确定

随机抽取该农田面积100 cm×100 cm、土层20 cm深度的土壤样方，按土壤体积的1/5少量多次定量确定需中和该酸性土壤的基质的用量。最终测定出土壤pH为7时，中和1m²的酸性土壤需1 kg基质。据此，计算出中和该示范区酸性土壤所需基质用量$M=m×S$［其中M为需要改良的土壤所需基质的总量（kg），m为中和随机抽样1 m²的酸性土壤面积所需基质的用量（kg/m²），S为需要改良的酸性土壤的总面积（m²）］，如果要把100亩的酸性土壤变成中性土（pH为7），则需要基质为66 700 kg（1 kg/m²×100亩×667 m²/亩=66 700 kg）。

4. 基质施入时间

在翻犁后晒土1个月后，于11月（冬季）下午5时，对土壤施入基质。

5. 土壤湿度控制

混合后的土壤湿度控制在50%~70%，基质施入土壤5~8天后表层土壤风干，应及时补充水分，以保持土壤湿度。

6. 基质施入操作

基质施入按所需用量分两次以上逐一撒在酸性土壤表面，然后翻犁土壤表层至 15~20 cm 土层深度的耕作层，耙平混合土壤，使之充分融合，中和反应及时。第 1 次施入量为所需用量的 85%，即 57 t（66 700 kg×85%=56 695 kg 基质）左右的基质，施入量切勿过量，以免造成混合后土壤 pH 过高显碱性土而不可逆。一周后，先测定其混合后的土壤的 pH，其土壤 pH 为 5.8~6.1，还没有达到完全中和，则第 2 次施入剩余的 10%（约 6.7 t）基质，7 天后测定其土壤 pH 为 6.4~6.9，已经使土壤 pH 达到理想范围。微量调整土壤 pH：把剩余的 5%，约 3.3 t 的基质分次再中和土壤，最终测出土壤 pH 为 6.5~7.2，已适宜植物生长需求。

7. 种植前土壤准备

种植一个月前再翻犁土壤一次，作为种植时备用，同时能有效地改善土壤物理结构和减少病虫害的危害（张明忠等，2010）。

九、柱花草作为生态牧草改良退化土壤的技术

（一）背景技术

柱花草具有固氮、速生、耐割、适用性强、耐旱性强等特点，适口性好，是牛、羊等畜禽喜食的热带、亚热带地区重要的豆科牧草和饲料植物。生态牧草是指既有生态保护与恢复功能，又有增进畜禽生产作用的草本植物。其生态功能表现为：作为生物措施，在丘陵山地开发中起到表土覆盖、保水固土、防风固沙和防治流失的功能；作为绿肥，在果园（或竹、林地）套种或与作物轮作，通过生物固氮和养分富集，起到改善土壤结构，提高土壤肥力等培肥地力的作用。其作为牧草的作用表现为：具有较强的适应性和抗逆性，可以适应一定地区的气候和土壤条件；在正常管理栽培下，具有较高的生物产量、养分含量和较长的生长周期；可以作为某类或某种草食或杂食动物的饲料，且适口性较好；可以通过混播或加工作为牲畜的饲料成分或添加剂。

土壤退化是指土壤肥力衰退导致生产力下降的过程，是土壤环境和土壤理化性状恶化的综合表征，有机质含量下降，营养元素减少，土壤结构遭到破坏，土壤被侵蚀，土层变浅，土体板结，以及土壤盐化、酸化、沙化等。其中，有机质下降是土壤退化的主要标志。在干旱、半干旱地区，原来稀疏的植被受到破坏，土壤沙化，就是严重的土壤退化现象。

金沙江干热河谷位于 25.5°~28.0°N、100.3°~103.60°E，属南亚热带气候。年平均降雨量为 558~801.2 mm，蒸发量 2636~3830 mm，是降雨量的 3.0~6.0 倍，高温干旱，干旱时期长达 6~7 个月，雨量集中 6~10 月。其土壤以燥红土为主，抗蒸发能力弱，旱季土壤干旱相当严重。雨季高温高湿，土壤有机质分解极快，得不到补充。土壤侵蚀严重，有机质含量低，不足 3 g/kg，林下枯落物少，生态环境退化，水土流失日益加剧，

是我国生态环境最为脆弱、水土流失最严重、土壤严重退化的区域，这不仅危及本区土地资源的可持续利用，还直接威胁到长江中下游地区的生态安全。因此，对该区域退化土壤的改良工作势在必行。现有改良退化土壤技术中，常通过种植绿肥、施用农家肥提高土壤肥力、改良土壤结构，达到改良退化土壤的目的，但直接种植绿肥改良效果慢，大量施用农家肥存在成本较高的缺陷和不足。因此，有必要研究一种成本低又能较快提高土壤肥力、达到改良退化土壤的目的（张德等，2012；2015）。

（二）具体操作措施

1. 退化土壤的选择

选择云南省金沙江干热河谷元谋县金雷小流域羊开窝基地退化土壤，位于101°49′54″E、25°51′09″N，试验涉及退化土壤面积 2 hm²，在该该退化土壤上设置2 个处理。处理 1：种植柱花草；处理 2：翻压柱花草；对照：无种植柱花草也无翻压柱花草（空地）。该试验区海拔为 1016 m，试验期间月平均气温为 23.5℃，极端最高气温为 35.9℃，极端最低气温为 6.6℃，平均地表温度为 27.6℃，最高地表温度为 63.3℃，最低地表温度为 4.9℃，日照时数 3469.2 小时，月均相对湿度为 53.9%，降雨量为 897.0 mm，蒸发量为 2319.9 mm，是降雨量的 2.6 倍。样地土壤以中度退化的燥红土为主，中度退化土壤有机质含量为 1%~2%，全氮为0.05%~ 0.1%；重度退化土壤有机质含量为 0.5%~1%，全氮为 0.02%~0.05%。

2. 柱花草的种植

1）育苗

在 4~5 月，选择向阳、排水与灌溉方便、土层深厚的疏松壤土或砂壤土作为苗床地，早春深耕翻苗床地，施腐熟农家肥 112 500~22 500 kg/hm²，过磷酸钙225~450 kg/hm²，碎土整平，理成宽 1.5~2.0 m 的畦面。柱花草种子硬实率达 90%以上，将种子倒入桶中，往桶中加入 80℃的热水浸泡种子 3~5 分钟，使种子表皮软化，倒去热水后再将种子放在阴凉处晾干待播，播种量 37.5~49.5 kg/hm²。在没有种植过柱花草的地方，应采集柱花草或豇豆的根际土壤拌入苗床。

2）苗期管理

4~5 月是金沙江干热河谷元谋县高温干旱时期，幼苗前期水的管理以湿为主。苗期柱花草地（40~50 天）应勤除杂草并补施氮肥 1 次，如果苗弱可用尿素溶于水中，浓度为 0.3%~ 0.5%，搅匀后淋施，每天淋清水一次保持土壤湿润以利出苗，出苗后除去覆盖的稻草并搭上遮阳网，防止烈日对幼苗的损害，提高成活率。

3）柱花草的移栽

移栽前，在上述的退化土壤中结合整地施入腐熟农家肥 7500 kg/hm² 和过磷酸钙 375 kg/hm²，挖定植塘，塘距为 50 cm×100 cm；于金沙江干热河谷雨季 6 月，将柱花草苗移栽在定植塘中，每塘定植 1~2 株，浇足定根水。

3. 田间管理

柱花草苗成活后当新叶萌发时追施尿素 1 次，每次追施尿素用量为每塘 0.005 kg；柱花草耐旱但不耐涝，金沙江干热河谷雨季集中在 6~10 月，因此雨季应及时排水，控制土壤含水量不超过 15%，保证柱花草正常生长和产量。干旱季节（11 月至翌年 5 月），旱季长达 6~7 个月，应保持土壤含水量不低于 3%，保证柱花草成活；柱花草在移栽当年前期生长较慢，通常杂草比柱花草生长要快，应及时进行杂草防除，有利柱花草生长，主要采用中耕时人工除杂草；柱花草为多年生草本植物，于每年 6~11 月用质量分数为 50%多菌灵可湿性粉剂 1000~1500 倍液喷雾 2 次，每次喷雾相隔 10~15 天，防止炭疽病的发生；每年 10~11 月用 20%啶虫脒粉剂 3000 倍液喷杀蚜虫或黏虫至蚜虫或黏虫死亡，每次喷杀 20%啶虫脒粉剂药液相隔 5~7 天。

4. 刈割柱花草饲喂山羊

当柱花草生长超过 80 cm 时，在柱花草离地 30±5 cm 刈割柱花草，刈割的鲜柱花草，可用于饲喂牛和羊。

5. 翻压柱花草改良土壤

（1）挖翻压沟：雨季前，在退化土壤挖宽 40~45 cm、深 20~25 cm 的沟，各条沟之间的间距为 30~40 cm，各条沟在该退化土壤均匀分布。

（2）翻压柱花草：雨季时，当柱花草生长到 60~80 cm 时，在柱花草离地 30±5 cm 处刈割柱花草，将割下的柱花草鲜草放置在所挖的沟内，用土壤将该沟内的柱花草覆盖，试验用柱花草鲜草施入量为 15 000 kg//hm²、22 500 kg/hm²、30 000 kg/hm²，生产可根据实际情况而定。以每公顷退化土壤施入的柱花草鲜草量确定每条沟中施入的柱花草鲜草量，且每条沟中施入的柱花草鲜草量相等。

十、果园间种牧草栽培模式

（一）背景技术

热果业除当地特有的酸角外，热带、亚热带经济林果［如芒果、火龙果（*Hylocereus undatus* Britt..）、龙眼］、青枣（*Zizyphus Jujuba* Mill.）、葡萄（*Vitis vinifera* spp.）等均有产出。畜牧业发展则以自然放牧为主，再加上人类其他活动干扰，致使干热河谷植被覆盖率低，植被正在出现荒漠化的倾向。结合干热河谷降水资源和土壤水容量有限的实际问题，以及土壤退化严重、土壤养分贫瘠的现状，走果草复合经营模式，对提高该区的生态效益、经济效益和社会效益，实现现代化农业持续、稳定发展具有重要意义。

林果树定植后，幼树期树冠较小，可利用行间空地种植短作，这样不但能起到以短养长、培肥地力，又充分利用了土地，提高了土地的利用率，而种植豆科作物能提高土壤的含氮量，抑制杂草生长，作物秆叶还可作为主栽作物的覆盖材料，秆叶腐烂后可增加土壤有机质含量，对土壤改良有较好作用。

对定植当年间种牧草和不间种的果园进行营养生长调查可以看出：间种牧草后对果树的营养生长有明显的促进作用。间作的株高、茎粗、冠幅均大于不间作。方差分析表明，后两者的差异达显著。说明果树行间种植和翻压豆科牧草，具有饲喂牲畜、保持水土、改善土壤结构、增进土壤肥力等作用，对发展养殖业和保护区域生态环境、提高经济效益、促进植被恢复的持续发展有很大作用，这说明果草间作发展模式在本区具有广阔的推广应用前景。

（二）热带、亚热带经济林果资源引进与筛选

1. 热带、亚热带经济林果资源引进

结合干热河谷自然资源和气候特征，在调查区域市场需求、种植结构、作物品种及营养价值、节水技术和前期研究工作基础上，引进收集了芒果、阳桃、番荔枝、火龙果、番木瓜、羊奶果、柿类、油梨、菠萝蜜、无花果、莲雾、西番莲、澳洲坚果、石榴、枣、柠檬、橙类、轴类、黄皮、龙眼、荔枝、罗望子、蛋黄果等热带亚热带经济作物资源（表 6.8）。

表 6.8　引进的部分热带、亚热带经济林（果）资源名录

序号	科名	属名	种名
1	漆树科 Anacardiaceae	芒果属 Mangifera	芒果 Mangifera indica L.
2	酢浆草科 Oxalidaceae	阳桃属 Averrhoa	阳桃 Averrhoa carambola L.
3	番荔枝科 Annonaceae	番荔枝属 Annona	番荔枝 Annona squamosa Linn.
4	仙人掌科 Cactaceae	三角柱属 Hylocereus	火龙果 Hylocereus undatus Britt.& Rose
5	番木瓜科 Caricaceae	番木瓜属 Carica	番木瓜 Caria papaya L.
6	胡颓子科 Elaeagnaceae	胡颓子属 Elaeagnus	羊奶果 Elaeocapus conferta Roxb.
7	柿树科 Ebenaceae	柿树属 Diospyros	柿类 Diospyros kaki L. f.
8	樟科 Lauraceae	鳄梨属 Persea	油梨 Persea americana
9	豆科 Leguminosae	酸豆属 Tamarindusindical	罗望子 Tamarindus indical.
10	桑科 Moraceae	菠萝属 Artocarpus	菠萝蜜 Artocarpus heterophyllus Lam.
		榕属 Ficus	无花果 Ficus carica Linn.
11	桃金娘科 Myrtaceae	蒲桃属 Syzygium	莲雾 Syzygium samarangense（Bl.）Merr. et Perry
12	西番莲科 Passifloraceae	西番莲属 Passiflora	西番莲 Passionfora coerulea L.
12	山龙眼科 Proteaceae	澳洲坚果属 Macadamia	澳洲坚果 Macadamia ternifolia F. Muell.
13	石榴科 Punicaceae	石榴属 Punica	石榴 Punica granatum L.
14	鼠李科 Rhamnaceae	枣属 Zizyphus	枣 Zizyphus jujube Mill
15	芸香科 Rutaceae	柑橘属 Citrus	柠檬 Citrus limon（Li）Burm f.
			柚 Citrus maxima（Burm）Merr.
16			橙子 Citrus sinensis
		黄皮属 Clausena	黄皮 Clausena lansium（Lour.）Skeels
17	无患子科 Sapindaceae	龙眼属 Dimocarpus	龙眼 Dimocarpus longana Lour.
		荔枝属 Litchi	荔枝 Litchi chinensis Sonn.

注：以上资源主要由马开华、段日汤、沙毓沧、张德、刘海刚、何璐等引进。

2. 热带、亚热带经济林果母本园建设

根据干热河谷区特有的生态环境条件，结合当地农村农业产业结构调整，在原有特色经济植物品种的基础上，从 2002 年开始，课题组从中国热带农业科学研究院（海南省）、夏威夷、台湾农友公司、巴西、四川、广西、中国林业科学研究院资源昆虫研究所、云南省内的云南省德宏热带农业科学研究所、保山潞江坝、腾冲、宾川、昆明等地引进热带、亚热带果树资源品种，并建立母本保存园 100余亩，进行功能区划分，以科属为单位开展引种及品比研究，观测研究其适应性、抗逆性、生长量、果实现状、品质等。

3. 热带亚热带经济林果的筛选

以市场为导向，根据作物农艺性状、产量和品质，评价筛选出具有开发利用前景的经济林果，如芒果、阳桃、火龙果、莲雾、枣、龙眼、荔枝、罗望子等主栽物种（表 6.9）。

（三）经济林果果园间种牧草栽培技术要点

柱花草栽培技术按第五章第二节实施，养殖技术参照第六章第一节。

1. 物种选择

（1）牧草：热研 2 号柱花草、热研 5 号柱花草、西卡柱花草、提那罗爪哇大豆、大翼豆、铺地木蓝、木豆、平托花生、百喜草、臂形草、黑麦草等。

（2）经济林果：芒果、阳桃、火龙果、台湾青枣、小枣、龙眼、罗望子、荔枝等。

（3）牲畜：山羊选择努比山羊和云岭黑山羊，肉兔选择云南兔，鹅选择四川白鹅、狮头鹅、法国朗德鹅，鱼选择草鱼等。

2. 土地选择与平整

（1）土地选择。对土壤要求不严，在 pH 5~8 范围内均能存活，以 pH 5~6 最好。选择土层深、排灌方便的地块。

（2）土地平整。间种地提前在种植前一年的雨季结束后，即 10~12 月准备。种植当年，距离果树 150~200 cm，在果树行间深耕土 25~30 cm，施农家肥 7500~15 000 kg/hm^2 和过磷酸钙肥 250~400 kg/hm^2，打碎土块，耙平地面，同时除去杂物。

3. 种植穴（沟）准备

果树种植穴（沟）经济林果栽培技术按经济林果常规栽培实施。在果树行距间，距离果树 150 cm 或 200 cm，按株行距 50 cm 挖 15 cm×15 cm×15 cm 的

表 6.9　区域部分经济林果品种特性

作物	品种	主栽品种	果实性状
人心果 Manilkara zapota (Linn.) var. Royen	四季人心果	四季人心果	果实呈椭圆形或长卵形，平均单果质量 80~150 g，果皮粗糙，呈棕褐色。这品种树冠圆形或椭圆形，树高 5~9 m，叶簇生于枝端，革质。墨绿色，长椭圆形，长 5~11 cm，宽 2.5~5.5 cm，叶柄长 1.5 cm 左右。花着生于新生枝的叶腋、花小，呈钟状，直径约 0.9 cm，萼片 6 枚，内外合 3 枚，互生，雄蕊 6 枚包被于肉生萼片中，全年有花，果实成熟期主要集中于 4~5 月及 9~10 月（谢碧霞等，2005）
番荔枝 Annona squamosa Linn.	非洲骄傲、本地番荔枝	非洲骄傲	平均单果重达 380.9 g，最大的果达 626.1 g，平均纵/横径为 9.79 cm/9.09 cm，单果种子平均重 14.54 g，平均每果有种子 28.9 粒，种子粒重 338 g，可食率达 78.3‰。其可溶性固形物高达 21.5%，还原糖为 12.8%，维生素 C 含量达 48.7 mg/100 g，感为甜酸滑度（高爱平等，2002）
阳桃 Averrhoa carambola L.	马来西亚 B17 阳桃、台湾蜜丝阳桃、美国香蜜阳桃	马来西亚 B17 阳桃、台湾蜜丝阳桃	果实个大，单果重 200~400 g，有蜜香气，果肉质细嫩，纤维少，汁多，味甜，糖度 0.15%，有机酸 6.9%，风味较佳。9 月中旬至翌年 2 月下旬果实陆续成熟。果肉白黄色，果实成熟时金黄色，可溶性固形物 11.05%~13.0%，高酸可达 16%，品质极优
番木瓜 Carica papaya L.	KAPOHO、Sunrise、红妃、美中红、穗中红、巴西木瓜、福眼、石硖、储良、灵龙、大乌圆、八月鲜、水南一号、东壁、乌龙岭、赤壳、广眼、85-3	红妃	果实呈长圆形，果实颜色橙黄色，单果重 2200.00 g，可食率 70.88%，可溶性固形物含量 10.50%，横/纵径为 12.80/30.00，抗病性好，是理想的推广品种（郭英等，2006）
龙眼 Dimocarpus longana Lour.		石硖	单果重 7.5~10.6 g，最大的重 14 g，果核较小，果核极上，品质极上。还原糖 12.6%，蔗糖 7.23%，酸 0.052%，易离核，肉质爽脆，浓甜带蜜味，每 100 g 可溶性维生素生素 C 65.85~74.47 mg 21%~23%
		储良	果大，单果重 12~14 g；果肉厚 0.65~0.76 cm；易离核、肉质爽脆、汁少、清甜，每 100 g 果含维生素 C 44.52 mg，果实可食率为 69%~71%。果汁含可溶性固形物 20%~22%，全糖 18.6%，蔗糖 12.6%，酸 0.1%
无花果 Ficus carica L.	美国马斯义、陶芬、法国法兰克福	本地无花果	果形卵圆形，果实紫红色，国肉浅红或红色，味美香甜，单果重 30~50 g，最大单果重 90 g，可溶性固形物 17%~20%，品质优良（郭英，2003）
火龙果 Hylocereus undatus Britt. & Rose	红皮红肉火龙果、红皮白肉火龙果	红皮红肉火龙果、龙果-合农 1 号、2 号	果实近圆形，鲜食品质佳，红皮红肉，有光泽，果皮鲜红色，细腻而多汁，含可溶性固形物 16%~21%，可食率 79.82%。单果重 293.14 g（何研等，2006）
荔枝 Litchi chinensis Sonn.	大红袍、妃子笑、黑叶、糯米糍、白糖罂、楠木叶、三月红、鸡嘴荔、水东、无核荔枝	妃子笑	品质优，果大核小，肉厚质脆，品莹透明，味道清甜，香味浓郁，多汁爽口，平均单果重 27.3~28.4g，可溶性固形物 18.3%~19.5%，可食率达 76.4%~80%（林国兴，2005；张鹏等，2002）
澳洲坚果 光壳种 Macadamia integrifolia Maiden & Bethe keauhou（246）、粗壳种 (M. tetraphylla S. Johnson)	夏威夷品种：Kukea（508）、Kukea（660）、Kun（344）、Muka（741）、keauhou（246）；南澳大利亚品种：Hinde（H2）（云南澳洲坚果产业调研组，2007）	夏威夷品种	平均单株产量都在 8~10 kg 及其以上。大部分果实形状为卵圆形，重 15.0~20.0 g，果皮为光滑亮绿色，腹缝线不明显，果顶乳头状突起明显，果柄长度长（>4.5 mm）或短（<3.0 mm）。多数壳果为扁圆形，表面斑纹分布分散，壳孔密闭

续表

作物	品种	主栽品种	果实性状
芒果 Mangifera indica L.	吕宋芒、白象牙、马切苏、野生种、三年芒、生香芒、金凤凰、四季芒、紫花芒、凯特、贾妃芒、桃芒、香蕉芒等	三年芒、凯特	三年芒：果近圆球形，果色胭脂形，单果重350~500g，可溶性固形物含量为15%~17%，可食率达72%，纤维多且较粗，长，味酸甜，具有果、橘、辛、松等的复杂香味。具有早产、早熟特性。该品种高产、优质、抗病，主要用途是供食用 凯特：单果重600 g，果皮黄色，质细，纤维少，味甜，多汁，品质中上等，可食率75%~80.1%，可溶性固形物15.5%，总糖12.24%，酸0.19%，粗纤维0.66%，Vc含量14.07 mg/100g。丰产稳产，耐储运
番石榴 Psidium guajava Linn.	珍珠番石榴、四季番石榴、泰国番石榴、本地种	珍珠番石榴	果实卵圆形，黄绿色，单果重178.69 g，可食率99.47%，含可溶性固形物6.88%，横径/纵径为7.39/12.58。珍珠番石榴正造果和番花番成熟果大小无显著差异，而纵径果月增长量正造果发育时间：即正造果生长比番花果快（约90天）。显著大于番花果（约110天），即正造果生长比番花果快（何露等，2006）
莲雾 Syzygium samarangense (Bl.) Merr. et Perry	红宝石、黑钻石、青绿色、黑珍珠、抗特、本地野生种、泰国红宝石种	黑钻石、青绿色	果实为球形，果实颜色绿色，单果重41.91 g，可实率达100%，横径/纵径为4.85/4.59，需肥重大，幼蕾期对氮、磷、钾均需要
罗望子 Tamarindus indica	斯里兰糖、抗特、本地野生种	甜型 酸型	对甜型和酸型的两个品种营养成分分析得知，两个品种的总糖和总酸平均值分别为34.51%和10.64%，糖酸比值为3.24。两个品种的酸含量分别为7.86%和13.42%，蛋白质分别为3.47%和3.06%；脂肪和粗纤维小平均值为2.12%和1.19%。甜酸型的水分比酸型约高3%（周淑荣等，2013）
葡萄 Vitis vinifera spp.	无核白鸡心、红富士、红地球、巨峰、红提、黑猪、白香蕉、康拜尔等	无核白鸡心 红地球	无核白鸡心着果性能好，果穗圆锥形，纵横径比为1.6：1~1.8：1。果皮底色绿、光洁，成熟时转淡黄绿色，无裂果，着粒紧密。可溶性固形物为15%~16%，酸度低。果肉厚，质地硬脆，可切薄片不流汁。果皮薄、不易剥离，品质上（杨治元，2000） 鲜食红地球表现出果穗大，果粒大小均匀，外观美，味甜适口。平均穗重850 g，果粒大，圆形或卵圆形，平均粒重10 g，最大20 g。极耐储运等特点，果实呈红色或紫红色，果皮中厚，果肉硬而脆，味甜而催，品质佳。可溶性固形物为16%~18%（管仲新，2005）
小枣 Zizyphus jujuba Mill.	金丝小枣、滇南枣（酸木）、越南野生枣（酸木）、大刺枣、大白玲、晋矮四号、晋矮二号、晋矮五号、壶瓶枣等	金丝四号	适应性和抗逆性很强，活栽区域广泛，耐旱、耐盐碱、耐瘠薄和抗风沙能力也很强。金丝四号果皮呈完熟红色、着色均匀、明壳鲜艳，果肉质地松脆、汁多味甜，鲜食品质极佳。平均单果重最大11.70 g，可溶性固形物含量为31.2%
青枣 Zizyphus jujuba Mill.	高朗一号、台南一号、留香、木瓜、五千、蜜枣、大利枣、蜜丝、脆蜜、蜜王、新世纪、特尼等	高朗、五千	适应性强，具有耐热、耐低温的特点，高产、高效。年结果2次。青枣平均单果重达到84.3 g；青枣单株产量达到65.7 kg，单产78 840 kg/hm²

牧草种植穴（沟）。

4. 繁殖方式

果树和牧草均以种子进行有性繁殖为主，个别实行无性繁殖。

5. 栽种方式

果树实行育苗移栽，牧草既可实行育苗移栽，也可种子直播。

6. 建植时间

在地温达 10℃、气温达 15℃时即可进行建植，即每年 4~9 月均可，以 6~8 月较好。

7. 有性繁殖（种子繁殖）

育苗主要按以下方式进行。

（1）果树育苗：在间种前一年袋装育苗，于每年的 4~5 月育苗，营养袋装育苗，根系穿袋应换袋，至第二年雨季 6~8 月移植。

（2）牧草育苗：种植当年的 4~5 月，将种子均匀撒播在苗床上，播种后复土或农家肥深 0.5~1cm，再用稻草覆盖墒面，浇透水，单苗高 15 cm 即可移栽。

（3）硬实（如柱花草）种子处理：将称取足够的种子倒入桶中，往桶中加入 80℃左右的热水，浸泡种子 3~5 分钟，倒去热水后将种子放在阴凉处晾干。用 0.1%~0.2%的多菌灵或托布津等药液浸泡经硬实处理后的种子 10~15 分钟便可有效杀死种子携带的炭疽病菌。

（4）接种根瘤菌（豆科牧草）：将事先配给的（随种买进）的根瘤菌用冷水调成糊状，倒进已浸好种晾干后的种子中，拌匀，拌种宜在阴凉处进行。拌进根瘤菌后加入干土使种子散开，即可播种，当天拌种当天播完；或用种过豆科牧草的土壤拌种。

8. 栽植

主要有育苗移栽、种子直播两种方式。不论采用哪种方式，栽后应立即浇定根水，注意保持土壤的湿度。

（1）育苗移栽：刈割利用或改良土壤种植株行距为 50 cm×50 cm，种子生产种植株行距为 50 cm×100 cm，每塘定植 2~3 株。

（2）种子直播：雨季，播种前距离果树 1.5~2.0 cm，以株行距 40 cm（或 50 cm）挖穴，播种量 3~3.5 kg/hm^2；或以行距 50 cm（或 60 cm）条播，用种量 2~3 kg/hm^2。播种后复土或农家肥深 0.5~1cm，再用稻草覆盖墒面，浇透水。

9. 田间管理

果树种植穴（沟）经济林果田间管理技术按常规栽培管理实施，豆科牧草栽培技术按第五章第二节实施。

10. 收获利用

幼龄果园种植牧草应刈割利用，在刈割饲喂牲畜中，牧草种植第一年当牧草苗高 60~80 cm（提那罗爪哇大豆 110~200 cm）时刈割，留茬高 20~30 cm；第二年当牧草苗高 60~80 cm（提那罗爪哇大豆 80~100 cm）时刈割，留茬高 20~30 cm；刈割的牧草青草配合禾本科牧草直接饲喂牲畜，也可以青贮、调制干草或生产草粉，在旱季缺乏饲草时与精料和谷草等配合饲喂。山羊养殖按第六章第一节实施。

11. 果树压青

（1）压青沟的准备：果树周围滴水线内两边挖长×宽×深为 30 cm×20 cm×20 cm（幼龄果树）或 40 cm×30 cm×30 cm（成年果树）条沟。

（2）压青料准备：盛花期留茬高 20~30 cm 刈割鲜草。

（3）翻压：将准备好的牧草每条沟翻压 2（幼龄果树）~4 kg（成年果树）牧草，直接翻压或将牧草切短为 5~10 cm 放入已准备好的条沟中，然后用土封严即可。

（四）龙眼园行间种植柱花草栽培技术

1. 品种选择

热研 2 号柱花草、热研 5 号柱花草。

2. 土地选择与平整

对土壤要求不严，在 pH 5~8 范围内均能存活，以 pH 5~6 最好。选择土层深、排灌方便的地块。间种地提前在种植前一年雨季结束后，即 10~12 月准备。种植当年距离果树 150~200 cm，在果树行间深耕土 25~30 cm，施农家肥 7500~15 000 kg/hm^2 和过磷酸钙肥 250~400 kg/hm^2，打碎土块，耙平地面，同时除去杂物。

3. 种苗繁殖

（1）将称取足量的种子倒入桶中，往桶中加入 80℃左右的热水，浸泡种子 3~5 分钟，倒去热水后将种子放在阴凉处晾干。

（2）用 0.1%~0.2% 的多菌灵或托布津等药液浸泡经硬实处理后的种子 10~15 分钟便可有效杀死种子携带的炭疽病菌。

（3）将事先配给的（随种买进）的根瘤菌用冷水调成糊状，倒进已浸好种晾干后的种子中，拌匀，拌种在阴凉处进行，也可用栽过柱花草土壤拌种。

（4）拌进根瘤菌后加入干土使种子散开，即可播种，当天拌种当天播完。

（5）种植当年的 4~5 月将种子均匀撒播在苗床上，播种后复土或农家肥深 0.5~1cm，再用稻草覆盖墒面，浇透水，单苗高 15 cm 即可移栽。

4. 柱花草栽植

在地温达 10℃、气温达 15℃时即可进行建植，即每年 4~9 月均可，以 6~8 月较好。柱花草实行育苗移栽、种子直播两种方式。不论采用哪种方式，栽后应立即浇定根水，注意保持土壤的湿度。

芒果对温度比较敏感，选择光照充足、空气流通、无涝害、无霜冻或霜冻较小、土层深厚、排水良好、土质疏松的土壤。排灌系统要做到涝能排、旱能灌，果园的灌溉系统可设计滴灌或沟灌等。适宜于海拔 1700 m 以下微酸至中性土壤中种植，定植前采用梯田墒沟式或鱼鳞坑大塘集雨和改土，施足底肥。种植前充分犁耙，翻犁深度在 40 cm 以上，尽量让土壤松散，并全面翻晒土壤后栽种。

刈割利用或改良土壤种植株行距为 50 cm×50 cm，种子生产种植株行距为 50 cm × 100 cm，每塘定植 2~3 株。

5. 田间管理

1）杂草防除

定植 20~40 天后进行补苗和除草，清理塘边的杂草，对树盘进行浅中耕，清除树盘及果园内杂草，保持果园清秀整洁，减少病虫滋生环境。将塘边或其他地方的小杂草覆盖在已定植的果树周围；以后每年 7~10 月雨后天晴时及时清理树盘，清理果树塘边和柱花草墒面的杂草。

2）追肥

龙眼定植后 2 个月即可开始施肥，每株放腐熟清粪水 8~10 kg，尿素 0.025 kg，每年施 3~4 次，随着树龄增加适当增加施肥量和肥料种类，进入冬季前用 0.2% 的磷酸二氰钾作叶面喷施 2~3 次，增加叶片和树梢的含钾量，提高龙眼幼树的抗逆能力。

在距柱花草苗 25 cm 的周围挖 5~10 cm 深的塘；第二年柱花草每刈割一次追肥一次，在柱花草苗 25 cm 左右的周围挖 5~10 cm 深的塘，施入追肥，追肥为 46.4% 尿素，每塘追肥施入量为 0.003~0.006 kg。

3）灌溉

在旱季对果树和柱花草样地人工灌溉 2~3 次。

4）整形修剪

果树定植第二年的 1~3 月，剪除果树 50 cm 以下弱枝，第三年的 1~3 月确定主干 1~3 枝；成龄树根据树体采取单干、双干型为主，分枝高度为 100~200 cm。

5）病虫害防治

危害龙眼病害以霜疫霉病为主，危害龙眼果实的食果蝙蝠以棕果蝠为主。可根据农药安全使用标准（GB4285—1989）科学合理用药。高温多雨天气（4~10月）防治炭疽病发生，高温干旱季节（如 10~11 月花期）防治蚜虫危害，也可通过合理施肥、灌水及刈割利用，防止病虫的蔓延。

6. 收获利用

幼龄果园种植牧草应刈割利用，在刈割饲喂牲畜中，牧草种植第一年当柱花草苗高 60~80 cm 时刈割，留茬高 20~30 cm；第二年当牧草苗高 60~80 cm 时刈割，留茬高 20~30 cm；刈割的柱花草青草配合禾本科牧草直接饲喂牲畜，也可以青贮、调制干草或生产草粉，在旱季缺乏饲草时与精料和谷草等配合饲喂。

7. 果树压青

在龙眼周围滴水线内两边挖长×宽×深为 30 cm×20 cm×20 cm（幼龄果树）条沟。盛花期留茬高 20~30 cm 刈割鲜草。将准备好的牧草每条沟翻压 2 kg 牧草，直接翻压或将牧草切短为 5~10 cm 放入已准备好的条沟中，用土封严即可。

（五）芒果园行间种植提那罗爪哇大豆栽培技术

1. 牧草品种选择

提那罗爪哇大豆。

2. 土地选择与平整

选择光照充足、空气流通、无涝害、无霜冻或霜冻较小、土层深厚、排水良好、土质疏松的土壤。排灌系统要做到涝能排、旱能灌，果园的灌溉系统可设计滴灌或沟灌等。

适宜于海拔 1700 m 以下微酸至中性土壤。间种地提前在种植前一年，雨季结束后 10~12 月准备。种植当年距离果树 150~200 cm，在果树行间深耕土 25~30 cm，施农家肥 10 000~20 000 kg/hm^2 和过磷酸钙肥 300~400 kg/hm^2，打碎土块，耙平地面，同时除去杂物。

3. 种苗繁殖

苗期提那罗爪哇大豆应勤除杂草，前期每一天淋水一次，保证土壤湿润以利出苗，5~7 天出苗后要除去覆盖的稻草并搭上遮阳网或阴棚，防止烈日对幼苗的损害，提高成苗率。

4. 栽植

在地温达 10℃、气温达 15℃时即可进行建植，即每年 4~9 月均可，以 6~8 月较好。干热河谷区，雨量集中于 6~10 月。播种后 40~50 天，苗高 15~20 cm 即可定植，雨过后阴天移栽成活率高，注意避开暴雨或大雨。

采收利用栽种密度种子田块株行距 50cm×100 cm，刈割利用株行距 50 cm× 70 cm 或 50 cm×50 cm，每塘定植 2~3 株幼苗。成活后留健壮的幼苗 2 株。不论采用哪种方式，栽后应立即浇定根水，注意保持土壤的湿度。

5. 田间管理

1）杂草防除

主要在幼苗期加强杂草管理，中后期无需管理，提那罗爪哇大豆的茎叶自然覆盖可抑制杂草的再生。以后每年 7~10 月雨后天晴时及时清理树盘，清理果树塘边和提那罗爪哇大豆墙面的杂草。

2）追肥

芒果幼树施肥以少量多次进行，以氮肥和磷肥混施为主，每次每株施氮肥 0.2 kg、磷肥 0.1 kg，方法是离树干 50~80 cm 穴施，穴施后及时灌水，灌水后用杂草死覆盖。也可施用腐熟农家肥或沼液肥，每株每次施用 5~10 kg，一年施用 3~4 次。

在距提那罗爪哇大豆苗 5~10 cm 的周围挖 5~10 cm 深的塘；第二年提那罗爪哇大豆每刈割一次追肥一次，在柱花草苗 5~10 cm 的周围挖 5~10 cm 深的塘，施入追肥，追肥为 46.4%的尿素，每塘追肥施入量为 5~10 g。

3）灌溉

在旱季对果树和提那罗爪哇大豆样地人工灌溉 2~3 次。

4）整形修剪

芒果树冠采用自然圆头形为主，定干高度 70 cm 左右。剪除弱枝、旺长无果枝、部分空花枝，剪除的枝叶、病果必须集中烧毁或消毒深埋，修剪用具必须单独固定使用，每次用后或者剪到病枝、病果后立即用杀菌剂进行消毒处理。

5）病虫害防治

每次抽梢期喷药 1~2 次，以防治病虫害。重点防治炭疽病、白粉病、角斑病、流胶病等病害及蚧壳虫、蚜虫、蓟马、瘿蚊、切叶象甲、横线尾夜蛾等虫害。

6. 收获利用

幼龄果园种植提那罗爪哇大豆应及时刈割利用，在刈割饲喂牲畜中，当提那罗爪哇大豆藤蔓长 110~200 cm 时刈割,留草茬高 20~30 cm,刈割的提那罗爪哇大豆青草直接饲喂牲畜,也可以青贮、调制干草或生产草粉。

7. 果树压青

在芒果周围滴水线内两边挖长×宽×深为 30 cm×20 cm×20 cm 的条沟。初花或盛花期留茬高 20~30 cm 刈割鲜草。将准备好的牧草每条沟翻压 2 kg 牧草,直接翻压或将牧草切短为 5~10 cm 放入已准备好的条沟中,用土封严即可。

(六)青枣园行间种植黑麦草栽培技术

1. 品种选择

特高多花黑麦草。

2. 土地选择与平整

选择光照充足、空气流通、无涝害、无霜冻或霜冻较小、土层深厚、地势平坦、排水良好、土质肥沃、土壤 pH 为 6.0~7.0、土质疏松的土壤。排灌系统要做到涝能排、旱能灌,灌溉系统可设计滴灌或沟灌等。整地要精细,黑麦草生长时期短,宜在短期轮作中栽培利用。

间种地在种植前雨季快结束后的 8 月底准备。距离青枣 100~150 cm,在青枣树行间深耕土 25~30 cm,施农家肥 10 000~20 000 kg/hm²,打碎土块,耙平地面,同时除去杂物。

3. 播种

以秋播 9 月较宜,也可迟至 10 月播种。在雨水充足地区撒播量为 22.5~37.5 kg/hm² 左右,条播量为 15~22.5 kg/hm²。一般以条播为宜,行距 15~20 cm,收种的可加宽,覆土 1~2 cm。

4. 田间管理

1)杂草防除

播种前进行杂草清除,待开始刈割利用后只需清除高于黑麦草的杂草。

2)追肥

青枣幼树施肥以促进生长、强化叶片功能、活跃根系、迅速形成丰产树冠为目的。宜勤施薄施追肥,以氮肥为主,适当配合钾肥,每年 3 月、8 月施两次。定植当年第一次新梢老熟后开始施肥,以后每两个月施一次肥,每次施水肥(粪水或沤制水肥)3 ~5 kg/株,或施尿素 0.02 kg/株,雨季干施,旱季水施。

在每公顷施氮 150~336 kg 的情况下，每 1 kg 氮素可生产黑麦草干物质 24.2~28.6 kg、粗蛋白质 4 kg。收割前 3 周每公顷施硫酸铵 127.5 kg 的黑麦草，穗及枝叶中胡萝卜素含量较不施氮肥者约多 1/3~1/2，一般施氮量为 150 kg/hm² 左右。

3）灌溉

青枣根忌渍，雨天或暴风雨后需及时排除积水，以防青枣烂根、枯死，特别是苗期，尤须防积水。定植时一定要浇足定根水，每隔一天浇一次水；开花座果期前（8~9 月）暂停灌水，促进植株生殖生长。果实发育期（10~12 月）植株需大量水分，应保持水分均匀供应。收获前 15~20 天停止灌水，以提高果实品质。冬春旱季每 5~7 天灌水一次。

黑麦草是需水较多的牧草，在分蘖期、拔节期、抽穗期及每次刈割以后适时灌溉可显著提高产量。夏季灌溉可降低土温、促进生长，有利于越夏。

4）整形修剪

定干高度为 30~40 cm，并用竹棍支撑，保持幼苗直立。在主干上选留粗壮、生长位置好的 3~4 条主枝（一级分枝），并用竹竿诱引至四方，使其均匀分布，形成开心形。随后在主枝上交互形成肋骨状侧枝（二级分枝），侧枝继续抽发新梢则形成当年结果枝（三、四级分枝）。

5）病虫害防治

黑麦草抗病虫害能力较强，但高温高湿情况下常发现赤霉病和锈病，可用 1% 石灰水浸种，发病时喷石灰硫酸合剂防治。茎叶颖上产生红褐公粉末状疮斑后变为黑色，可用石硫合剂、代森锌、萎锈灵等进行化学保护。合理施肥、灌水及提前刈割，均可防止病的蔓延。具体措施如下。

①青枣应选择适应性强且比较抗病的优良品种；②加强肥水管理，增强树势，培养壮枝，提高抗病虫能力；③及时合理修剪，创造一个良好的果园环境，减少病虫害侵染源；④勤除杂草，采果后结合回缩修剪，清除果园杂草、残枝、落叶、落果，集中烧毁，用石硫合剂等消毒杀菌，搞好果园环境卫生，减少病虫害滋生的环境。

另外，农药的使用参照 GB 4285 1989 和 GB/T 8321.9—2009 中有关的农药使用准则和规定执行，禁止使用未经国家有关部门批准登记的农药。

5. 收获利用

一年生黑麦草（特高多花黑麦草）是云南热区冬季重要的青饲料来源，每年可刈割 4~7 次，在元谋干热区秋季种植时产干草达 11 399.0 kg/hm²。一年生黑麦草营养物质丰富，品质优质，适口性好，各种家畜均喜采食。茎叶干物质中分别含蛋白质 13.7%、粗脂肪 3.8%、粗纤维 21.3%，草质好，适宜青饲、调制干草、青贮和放牧，是饲养马、牛、羊、猪、禽、兔和草食性鱼类的优质饲草。

（七）罗望子园行间种植木豆栽培技术

1. 品种选择

选择饲料型和蔬菜型两类，引种号分别是 ICPL87119、ICPL87091、ICP7035、LO29、LO31、LO33、LO35 和 LO36。

2. 土地选择与平整

选择有机质丰富、保水保肥力强、排水良好、向阳开阔、避风寒、土层深厚的红壤，砖红壤，燥红土，沙壤土。排灌系统要做到涝能排、旱能灌，果园的灌溉系统可设计滴灌或沟灌等。间种木豆地雨季前 5 月准备，距离罗望子树 150~200 cm，在果树行间深耕土 20~25 cm，施农家肥 7500~9000 kg/hm^2 和过磷酸钙肥 300 kg/hm^2，打碎土块，耙平整地地面，同时除去杂物。

3. 木豆播种

雨前直播，每穴播 1~2 粒木豆种子，深度以 1~2 cm 为宜，播种量视播种密度和种子千粒重不同而异，一般为 36~56 kg/hm^2。

4. 田间管理

1）杂草防除

雨季杂草茂盛需要及时清除杂草。一般出苗后三周进行第一次除草，之后若杂草还在严重影响木豆的正常生长，必须在第一次除草一月后进行第二次除草。

2）追肥

罗望子施肥集中在雨季进行。幼苗定植一个月后，开始追施速效肥料 3~4 次提苗，每隔 15~20 天一次，每次株施尿素 0.03~0.1 kg、复合肥 0.5 kg。第二年雨季来临前，即 5 月上、中旬（花期），株施尿素 0.15~0.2 kg、复合肥 0.2~0.3 kg，6 月夏梢抽生株施 0.15~0.2 kg 尿素、钙镁磷 0.5 kg，8 月下旬再株施 0.2 kg 尿素、复合肥 0.15 kg，11 月底至 12 月初结合清园扩塘深翻，株施农家肥 50~100 kg、绿肥杂草 50 kg。

在 30~40 cm 高时追施 150 kg/hm^2 氮肥，其他时期需氮较少。追肥主要以磷、钾肥为主，开花结荚前追施 225~300kg 磷、钾肥。

3）灌溉

罗望子是深根多年生植物，主要采取雨季扩塘截流集雨，年一次性环沟深施追肥。每年 7~8 月进行全面中耕、扩塘、弧形沟施肥，弧形沟位于滴水线内侧吸收根富集区，沟长为周长的 1/3，深 40 cm，宽 30 cm，覆草保墒渡旱；11 月初松植穴表土，就地割草覆盖整个塘穴表面，厚度不少于 10 cm，并从四周拢土压实，此项措施能较长时间保墒，促使罗望子根系深入到 1 m 深的营养土层下部，以能安全渡旱。

木豆具有耐旱的特性，需水量较少，雨水正常时可生长良好。旱季（11 月至翌年 5 月）有条件时可适量灌水，开花前补灌 1 次，灌浆前补灌 1 次，就能收获。刈割后补灌 1 次，可增加产草量。

4）整形修剪

罗望子树中心干不明显，树形多为自然圆头形，具有顶部芽萌发力强、发梢次数多和隐芽受刺激极易萌发等特点。一般定植当年任其自然生长，第二年 2~3 月进行定干，第一次定干 50~60 cm，第三年结合修剪稳定干高在 1 m 左右。修剪时间以每年采果后 2~3 月为宜。因罗望子以顶部花芽结果为主，易产生结果部位外移，树冠外围修剪以疏枝为主，去除过密枝、交叉枝、重叠枝、多余背上枝、下垂枝，同时结合撑枝，拉枝打开内膛。

5）病虫害防治

罗望子病害主要有白粉病和烟煤病，白粉病多在 9 月上旬秋梢抽生时发生，用 50%多菌灵可湿性粉剂 800 倍液，或 70%甲基托布津可湿性粉剂 1000 倍液喷雾防治。罗望子虫害主要有金龟子、天牛、兰绿象、黄蚂蚁等，用浓度为 2.5%的敌杀死乳剂 2500 倍液防治。

结荚初期用 50%杀螟松 1000 倍液、5.5%阿维-毒死蜱 1000~1500 倍液、虫螨特 600~800 倍液、20%阿维-杀单微 1000~1500 倍液等进行喷雾防治，均有较好效果。根据害虫发生实际情况进行使用，通常连续防治两次以上，防治间隔 5~7 天效果最好。用 25%粉锈宁 WP1800 倍液和 75%百菌清 WP500 倍液喷雾防治白粉病，连喷施 2~3 次。

5. 利用

木豆刈割作为青饲料，每年 4~5 次，年产青饲料 60 000~120 000 kg/hm²。作为种子采收，籽粒要晒干至含水量 10%以下用药后才能储藏，收种后可一次性刈割青料 12 000~22 500 kg/hm²。

（八）罗望子园行间种植百喜草栽培技术

1. 品种选择

作为景观建设，一般选择宽叶型的百喜草；作为水土保持建设，一般选细叶型的百喜草。

2. 土地选择与平整

选择有机质丰富、保水保肥力强、排水良好、向阳开阔、避风寒、土层深厚的红壤，砖红壤，燥红土，沙壤土。排灌系统要做到涝能排、旱能灌，果园的灌溉系统可设计滴灌或沟灌等。间种百喜草地提前在种植前一年，雨季结束后 10~12 月准备。种植当年距离罗望子树 150~200 cm，在果树行间深耕土 30 cm 以上，施农家肥 15 000~22 500 kg/hm^2 和过磷酸钙肥 300~450 kg/hm^2，打碎土块，耙平地面，同时除去杂物。

3. 播种

种子直播选择雨季，育苗移栽选择在 4 月底，播后盖土 1 cm。百喜草前期生长慢，苗期应勤除杂草，干旱时注意淋水，保证土壤湿润以利于出苗，5~7 天出苗后要除去覆盖的稻草。

4. 栽植

以雨季移栽最好，幼苗生长旺盛，分蘖多，叶片长。为提高移栽苗的成活率，应剪除 2/3 的叶片，以减少气温过高、蒸发量大对苗茎的影响。移苗用量时，不同土壤条件应有差异。移栽时，清除杂草，埋好根系，压紧。干旱天气栽种，要浇灌 1~2 次定根水，促进成活。栽种密度株行距 50 cm×50 cm，每塘定植 2~3 株幼苗。

5. 田间管理

1）杂草防除

因前期生长较慢，封行前杂草较多，一般每年除杂草 2~3 次。后期只需清除高于百喜草的杂草，不影响整体美感即可。

2）追肥

罗望子施肥集中在雨季进行。幼苗定植一个月后，开始追施速效肥料 3~4 次提苗，每隔 15~20 天一次，每次株施尿素 0.03~0.1 kg、复合肥 0.5 kg。第二年雨季来临前，即 5 月上、中旬（花期），株施尿素 0.15~0.2 kg、复合肥 0.2~0.3 kg，6 月夏梢抽生株施 0.15~0.2 kg 尿素、钙镁磷 0.5 kg，8 月下旬再株施 0.2 g 尿素、复合肥 0.15 kg，11 月底至 12 月初结合清园扩塘深翻，株施农家肥 50~100 kg、绿肥杂草 50 kg。百喜草成活后追施少量氮肥 225.0 kg/hm^2。

3）灌溉

罗望子是深根多年生植物，主要采取雨季扩塘截流集雨，年一次性环沟深施追肥。每年 7~8 月进行全面中耕、扩塘、弧形沟施肥，弧形沟位于滴水线内侧吸收根富集区，沟长为周长的 1/3，深 40 cm，宽 30 cm，覆草保墒渡旱；11 月初松植穴表土，就地割草覆盖整个塘穴表面，厚度不少于 10 cm，并从四周拢土压实，此项措施能较长时间保墒，促使罗望子根系深入 1 m 深的营养土层下部，以能安全渡旱。

成活后的百喜草，能安全越冬，但叶片会干枯，待雨季来临，自然返青。人工草坪可以适当进行灌溉，可长年保持绿色。

4）整形修剪

罗望子树中心干不明显，树形多为自然圆头形，具有顶部芽萌发力强、发梢次数多和隐芽受刺激极易萌发等特点。一般定植当年任其自然生长，第二年 2~3 月进行定干，第一次定干 50~60 cm，第三年结合修剪稳定干高在 1 m 左右。修剪时间以每年采果后 2~3 月为宜。因罗望子以顶部花芽结果为主，易产生结果部位外移，树冠外围修剪以疏枝为主，去除过密枝、交叉枝、重叠枝、多余背上枝、下垂枝，同时结合撑枝，拉枝打开内腔。

5）病虫害防治

罗望子病害主要有白粉病和烟煤病，白粉病多在 9 月上旬秋梢抽生时发生，用 50%多菌灵可湿性粉剂 800 倍液，或 70%甲基托布津可湿性粉剂 1000 倍液喷雾防治。罗望子虫害主要有金龟子、天牛、兰绿象、黄蚂蚁等，用浓度为 2.5%敌杀死乳剂 2500 倍液防治。

百喜草播种前每公顷用 50%辛硫磷乳油 1500 g 拌细砂或细土 375~450 kg，在根旁开浅沟撒入药土，随即覆土防治地下害虫，幼苗期用印楝素等生物农药或锐劲特液喷杀蝗虫。

6. 利用

罗望子园种植百喜草作为景观利用，当百喜草种子采收后及时修剪一次。

第四节　优良牧草种子繁育利用模式

热带优良牧草是云南省草地生态与畜牧业现代化建设的骨干草种。在云南热区适宜气候环境下具有生长速度快、抗逆性强、利用年限长、饲用品质高的优点。目前，热带优良牧草在云南的林地山地均有种植，在利用上，除刈割饲喂牲畜和晒制干草外，也可进行种子生产。优良牧草良种繁育对确保云南热区草地生态建设和畜牧业可持续发展具有重要的现实意义，有利于规范干热河谷牧草种子生产、培植云南畜牧产业、促进农牧民增产增收，以及提升云南热带牧草种子生产标准化水平。

一、木豆种子生产技术

（一）背景技术

　　木豆全身是宝，属豆科多年生速生小灌木，原产于印度，是迄今为止唯一的一种木本食用豆科作物，可用作畜禽饲料、蔬菜、香酥豆加工、放养紫胶虫、水保经济林等。干热河谷地区气候干旱燥热，年平均降雨量为 558~801.2mm，蒸发量 2636~3830mm，水热平衡严重失调。近年来，随着国家退耕还林和环境保护工作的开展，针对干热河谷生态环境极度脆弱、水分短缺、土地退化严重、光热资源充足的地域特点，寻找一种能实现生态和经济"双赢"目标的物种显得尤其重要。木豆适应性强，根系发达，耐旱耐瘠，可防风固沙，防止水土流失，增加森林覆盖，提高水土保持能力，木豆自身所特有的生态和经济价值，是一个兼顾生态和经济效益的速生复合好树种。利用荒山荒地发展木豆生产，既可防止水土流失，保护农业生态环境，又可为人们提供营养丰富的绿色食品，为畜牧业提供高蛋白优质饲料。因此，在干热河谷地区开发木豆优质种植意义十分重大。然而，长期以来，木豆在该地区仍处于散生无栽培管理、少利用状态，免耕、不除草、不施肥、不灌水、不打药、不刈割、不采果、不收获，仅作为一种水土保持树种种植，其价值未得到真正体现。然而，现有技术中还没有一套系统的针对干热河谷地区的木豆旱坡地高产栽培技术。为此，云南省农业科学院热区生态农业研究所经过在该地区多年的摸索、研究，研究出了一套切实可行的在干热河谷旱坡地上种植木豆采收种子的栽培方法。

（二）具体操作步骤

1. 土地准备

　　（1）地块选择。木豆种植区域应选择亚热带低热地区。一般在海拔 1000 m 以下、年平均气温 17℃以上、≥10℃的年有效积温 5500℃以上，极端最低气温 0℃以上，无霜或少量轻霜的地区发展种植，土壤以石灰土、砂砾土、黄壤、红黄壤、砂页岩土为宜。坡地种植以坡度不大于 35°为宜。为保证木豆的生产效益，霜冻灾害频繁和坡度较陡的山区不能大面积发展。

　　（2）整地耕翻、施肥。整地在 3~4 月进行，一般采用 1 m×1.5 m，1.5 m×1.5 m 规格。在有条件时应施足基肥，可施磷肥、农家肥和复合肥，施钙镁磷 300 kg/hm^2、农家肥 7500 ~15 000 kg/hm^2、复合肥 300 kg/hm^2。

2. 种植方法

（1）种子处理。生产用种必须选择品种纯度高、无杂质、保管良好、无霉变、无虫蛀、发芽率达 90%以上的种子作种。不论是自留种或购入种，都需进行去杂处理后，用 2%的石灰水或 50%多菌灵粉剂 1000~1500 倍液浸种消毒 2~3 小时后再用清水洗干净方可播种。

（2）播种时期。最佳播种时期为每年的 3~6 月。

（3）播种。用抢雨直播法。雨前用干种子直播；雨后用 50℃±5 的温水浸种 45±3 分钟后再播；播种前，每穴施用 0.05~0.1 kg 的含 20%有效五氧化二磷、40%氧化钙、12%氧化镁的钙镁磷肥。木豆播种量可根据利用方式不同而有所区别。用作采收籽粒时，行距 150 cm，株距 100 cm，用种量为 7.5~15 kg/hm²；木豆最适宜的播种深度 2~4 cm，表层覆土。不宜播种过深，否则会由于幼苗顶土能力弱出不了土，播种过浅，又会由于表层干旱而影响其出苗。可采用条播或挖塘穴播，穴播每穴播种 2~3 粒。

3. 田间管理

1）施肥管理

木豆播种后 7~15 天种子开始发芽出土，待苗高 20 cm 左右时，在阴雨天进行间苗工作，每穴保留 1~2 株，同时将穴内杂草清除并松土。苗期以氮肥为主，除草后雨前追施尿素 150~225 kg/km² 一次。

种子和蔬菜鲜豆荚生产以磷、钾肥为主，在现蕾和花荚期距离植株根部约 15 cm 处施入含 11%磷铵、18%硫酸钾，以及磷、钾有效养分含量≥29%的复合肥 0.03~0.05 kg/株，可追施 2 次。在木豆种子采收结束后，须及时追施多元复合肥 450~600 kg/hm²，并结合清园，清除部分枯老枝、荫蔽枝、折断枝和病虫枝。

2）灌溉管理

木豆具耐旱性，雨水正常，可生长良好。在 11 月至翌年 2 月的旱季，花前补灌水 1 次，灌浆前补灌水 1 次，即可收获。

3）田间杂草管理

出苗后 20~30 天和 50~60 天进行两次中耕除草和培土，可基本保证木豆不受杂草危害。播种后 60 天后木豆生长非常迅速，杂草将被彻底抑制。

4）病虫害防治

木豆常见病害有木豆白粉病和木豆根腐病。常见病害为白粉病，旱季危害较重，用 25%粉锈宁 WP1800 倍液和 75%百菌清 WP500 倍液喷雾连续两次以上，间隔 5~7 天效果最好。木豆根腐病通常采用预防措施，即播种前用 50%

多菌灵可湿性粉荆进行土壤消毒，如若发生根腐病，可将受害植株连根挖出并烧毁。

木豆易感豆荚螟、豆荚野螟、豆芫青和豆像等。豆荚螟、豆荚野螟、豆芫青主要在花期咬吃花和嫩荚，豆象主要危害未晒干的种子。因此，在开花结荚期要注意防治，可用杀螟松 800~1000 倍液喷杀。

虫害在苗期较少，花荚期较严重，防治不力，损失极大。常见害虫为棉铃虫、扁豆蛀荚虫、蓝蝶、豇豆豆野螟、蛾类，现蕾至结荚期一直危害。棉铃虫、蓝蝶、蛾类防治：用 5.5%阿维-毒死蜱 1000~1500 倍液或 20%阿维-杀单微 1000~1500 倍液喷雾；扁豆蛀荚虫、豆野螟防治：用 50%杀螟松 1000 倍液喷雾；从现蕾至结荚期，先用阿维-毒死蜱喷雾，后每隔 5~7 天轮换不同药喷雾，既可全面防治，又可降低害虫的抗药性，合计连续喷 3~4 次即可。

4. 种子收获与储藏

采用刈割法或采摘法，刈割法效率较高。储藏的种子易受豆象的危害，留种籽粒晒干至含水量10%以下用每千克种子 5 g 的甲敌粉拌匀储藏。

二、柱花草种子生产技术

（一）背景技术

柱花草具有固氮、速生、耐割、适用性、耐旱性强等特点，适口性好，是牛、羊等畜禽喜食的热带、亚热带地区重要的豆科牧草和饲料植物，是适宜干热河谷旱坡地种植的优良牧草。金沙江干热河谷位于 25.5°~28.0°N，100.3°~103.60°E 之间的地区，属南亚热带气候，年均温 20~23℃，年降水量为 600~800 mm，年蒸发量 2500~3800 mm，是降水量的 3~6 倍，旱季集中在 9 月至翌年 6 月，一方面干旱造成土地开裂，这个时期是柱花草生产季节，因此给柱花草种子生产带来影响。另一方面，柱花草种子成熟具有种子成熟极不一致，不断开花不断结荚，在 30~50 天随时都有成熟种子产生的生物特性，成熟的种子产生后即易脱落在地里。现有的种子采收方法是在柱花草植株上有 90%的花蕾都产生了种子时才开始采收。采收种子的方法一是用人工刈割柱花草后（称为人工刈割植株收种），晒 1~2 天，用木棍敲打刈割的柱花草使种子落入盆里，再清除杂质，这种采收种子的方法存在在 30~50 天种子成熟期随时有成熟的种子脱落到土壤或土壤裂缝里，难以收集和清除杂质，影响种子产量和质量，造成种子产量损失严重。另一种方法是经常到地里观察，当观测到柱花草花蕾上出现较多种子时，人工拍打柱花草植株致使种子落入盆里（称为人工拍打植株收种），这种经常到地里多次观察采收种子的方法一方面费工费时，另一方面花蕾上还未成熟种子也会受拍打的影响而脱落，收到较多不成熟种子，影响种子质量，同时也会有较多种子落到土壤或土壤裂缝里，难以收集和清除杂质，影响种子产量和质量，造成种子产量损失严重。采用其中任一种方法均会影响种子产量和质量，导致有 47%~69%的种子损失，费工费时，操作性也不强等。因此，有必要研究一种成本较低，可操作性强，既能提高金沙江干热河谷柱花草种子产量，又能提高柱花草种子质量的技术措施。

（二）具体操作步骤

1. 合理密植

在金沙江干热河谷退化山地，结合整地施入腐熟农家肥 7500~15 000 kg/hm² 和过磷酸钙 400~600 kg/hm²，挖定植塘，株行距为 50 cm×100 cm 或 100 cm×100 cm；于金沙江干热河谷雨季，将柱花草苗移栽在定植塘中，每塘定植 2 株，等成活后留一株即可。

2. 田间管理

（1）柱花草苗移栽成活后，当新叶萌发时追施尿素 1~2 次，每次追施尿素用量为每塘 0.005 kg，两次追施尿素间隔 15~20 天。

（2）适时排涝与灌溉：雨季 6~10 月及时排水，控制土壤含水量不超过 15%，干旱季节（11 月至翌年 5 月）保持土壤含水量不低于 5%。

（3）中耕除杂：中耕时人工除杂草。

（4）病虫害防治：每年 6~11 月用质量分数为 50%的多菌灵可湿性粉剂 1000~1500 倍液喷雾两次，每次喷雾相隔 10~15 天，防止炭疽病的发生；每年 10~11 月用 20%啶虫脒粉剂 3000 倍液喷杀蚜虫或黏虫至蚜虫或黏虫死亡，每次喷杀该药液间隔 5~7 天。

3. 盖膜采收种子

当柱花草花蕾上出现柱花草种子时，将白色聚乙烯微膜铺置柱花草行间，在膜的两边每隔 5 m 用土壤覆盖压膜不被风吹起，待柱花草植株上 90%的花蕾上产生了柱花草种子时，刈割柱花草直接将种子打在收集种子的钵里，随后将钵里的种子和脱落在聚乙烯微膜上的种子合并在一起，用竹子制作的圆柱形筛子先清除部分枝叶、用孔径为 1 mm 钢丝做的圆柱形筛子清除土粒，然后用木制的风车清除碎的枝叶，再用种子精选机清除杂质等。

三、提那罗爪哇大豆种子生产技术

（一）背景技术

提那罗爪哇大豆起原于非洲，作为热带、亚热带优良豆科牧草，因其具有较高的牧草产量、良好的适口性和种子产量高的特点而于肯尼亚向各地引种，我国于1983 年从澳大利亚引入。

多年实践表明，提那罗爪哇大豆喜热带气候，耐瘠薄和碱、酸、瘦土壤，适于pH5.27~8.90、有机质含量 5.1~6.9 g/kg、全磷 0.15~0.27 g/kg、养分储量低的土壤。

该牧草适应性强，在年降水 600 mm 以上的热带、亚热带地区均可良好生长。11 月下旬开始开花，1 月至翌年 3 月中旬种子成熟，多年生草本。侵占性强，覆盖度>80%后无任何杂草侵入，藤蔓自然传播迅速。耐刈割，再生能力强，一般当年可刈割 1 次，第二年可刈割 2~3 次。适口性好，叶质柔软，粗纤维含量低，叶量大，羊、兔、鸡、鸭、鹅等畜禽喜食，牧草产量高，种植第二年每公顷干草产量 5000~10 000 kg。可抗冲固土，主根入土深，2 年主根入土>100 cm，40 cm 土层范围内土壤纵切面上的根系>180 条。抗旱耐高温，除旱坡地严重干旱季节枯萎外，冬旱春季后萌发返青，水利条件较好地段全年可保持青绿和产量。耐阴性较好，在果园下种植不影响产量。

云南省农业科学院热区生态农业研究所 1988 年 6 月从云南省草地动物科学研究院引进该草种，经多年在云南金沙江干热河谷引种试验表明其具有很强的适应性。金沙江干热河谷大多数退化山地种植作物以雨养为主，复种指数低，每年只能在雨季种植一茬作物，而在旱季由于受水分条件的限制，作物产值低。现有饲草利用植物中，通常重视单一利用，土地生产力不高（龙会英和张德，2016）。

（二）具体操作步骤

1. 种植和利用区域的选择

选择在金沙江干热河谷退化山地进行育苗、种植和利用。

2. 育苗

于每年 4~5 月育苗，育苗前先用 60~80℃水将提那罗爪哇大豆种子浸泡 2~4分钟，把水沥干后用沙子或过孔径为 1~3 mm 筛子的干土与提那罗爪哇大豆种子混拌，混拌时，沙子或所述干土与提那罗爪哇大豆种子的体积比为 2∶1，混拌了沙子或干土的提那罗爪哇大豆种子均匀撒播在育苗地的厢面上，提那罗爪哇大豆种子的播种量为 13~15 g/m²，播种后覆土 1~2 cm，盖上干草，浇透水，播种后 10

天内每一天淋水一次，出苗后除去覆盖的干草，并在育苗厢面上搭建遮光率为50%~75%的遮阳网。

3. 种植及种植当年的栽培管理与利用

1）种植地准备

种植前整地深耕土 20~30 cm 深，结合整地施入农家肥 10 500~15 000 kg/hm^2 和过磷酸钙肥 400~600 kg/hm^2 作为底肥，以质量分数计，过磷酸钙肥中 P$_2$O$_5$ 含量为 16%。之后按常规规划种植墒面，在每块种植墒面的边缘四周筑一圈土埂，用于储存所灌入的水，土埂高为 10~15 cm。

2）种植及种植当年的栽培管理与利用

（1）于雨季 6~7 月种植，在每块种植墒面内按株行距 50 cm×100 cm 挖 10~15 cm 深种植塘，将提那罗爪哇大豆种植苗种植塘内，每塘定植 1~2 株苗，浇定根水，种植后每隔 3~5 天浇水一次，直到苗成活为止。当新叶萌发时，施 N 含量为 46% 的尿素 1~2 次，所述尿素的施用量为 0.005 kg /塘，两次施尿素的间隔时间为 30~35 天；种植提那罗爪哇大豆后 1~3 个月期间及时铲除杂草，提那罗爪哇大豆生长期发现蚜虫时，用 5%吡虫啉乳油 1000~1500 倍液喷杀蚜虫。

（2）种植当年，提那罗爪哇大豆的利用方式一般作为饲草利用方式或作为种子利用方式。

作为饲草利用方式的具体措施是：种植当年进入旱季至当年 10~11 月刈割提那罗新罗顿豆前，1 个月浇灌 1 次水，使土壤含水量到下次浇水时不低于 3%，并于种植当年 10~11 月刈割提那罗爪哇大豆，刈割时地面留草层高 20~30 cm，刈割的提那罗爪哇大豆藤蔓作为饲草，刈割后立即浇水至水面距离土埂顶面 1~2 cm 为止，之后到旱季结束期间，1 个月浇灌 1 次水，使土壤含水量到下次浇水时不低于 3%。

作为种子利用方式的具体措施是：种植当年不刈割，让提那罗爪哇大豆生长至第 2 年的 1~3 月采收种子，并在种植当年进入旱季至种荚出现期间，1 个月浇灌 1 次水，使土壤含水量到下次浇水时不低于 3%，当种荚出现时至种子采收前，每隔 14~16 天浇一次水，使土壤含水量到下次浇水时不低于 7%；种子采收后立即浇水至水面距离土埂顶面 1~2cm 为止，之后到旱季结束期间，1 个月浇灌 1 次水，使土壤含水量到下次浇水时不低于 3%。

4. 第二年以后提那罗爪哇大豆的栽培管理与利用

从提那罗爪哇大豆种植的第二年起，每年 7 月或 8 月刈割 1 次，刈割的提那罗爪哇大豆藤蔓作为饲草，刈割时地面留草层高 20~30 cm，每次刈割后即追施混合肥一次，混合肥的用量为 0.005~0.01 kg/塘，追施混合肥的方式是在提那罗爪哇大豆的株距之间挖 5~10 cm 深的塘穴，将所述的混合肥施入塘穴中，所述的混合肥由复合肥与含 N 量为 46% 的尿素按质量比为 1∶1 混合而成，所述复合肥中 N∶P_2O_5∶K_2O 的质量比为 10∶10∶10。每次追施混合肥后到次年种荚出现结束，每个月浇灌一次水，使土壤含水量到下次浇水时不低于 3%；从提那罗爪哇大豆种植的第三年起，每年 1~2 月分 4~5 批采收种子，并当种荚出现至采收种子前，每 14~16 天浇一次水，使土壤含水量到下次浇水时不低于 7%；采收种子后到旱季结束期间，每个月浇灌一次水，使土壤含水量到下次浇水时不低于 3%。

四、坚尼草、黑籽雀稗种子的采收技术

（一）背景技术

坚尼草、黑籽雀稗是禾本科的一种植物，具有饲用价值，适合作青饲料，也可用来晒制干草或调制青贮料，或放牧利用。另外，坚尼草、黑籽雀稗种植于梯田边、排水沟边、水渠边或斜坡地，有保护梯田、河堤，以及防止水土流失和抑制杂草蔓延的作用。但坚尼草、黑籽雀稗种子成熟不一致，易脱落，不易整批采收，采收的种子饱满度差。采用种子套袋的方法可以克服以上缺点。

（二）具体操作步骤

1. 土地准备

坚尼草、黑籽雀稗适应性广，在有水灌溉条件下，山地、丘陵、平地、路边均可种植，稍加管理便获得一定收益。坚尼草、黑籽雀稗对土壤要求不严，适应各种土壤质地，在壤土、沙壤土和黏土的地方均能生长，但对土壤黏性较重、排水不良的土壤不宜种植。

选择近水源、排水良好、土质疏松肥沃的壤土育苗。播种前应深耕细致整地，为保证幼苗粗壮，要施足底肥。一般在早春深翻地，施腐熟的农家肥 15 000~22 500 kg/hm²，碎土整平，地平整后理高埂低墒，以便灌水。

2. 合理密植，适时移栽

为保证成活，减少投资，一般于雨季开始种植为宜，抢雨移栽成活率高，定植前用泥浆浸根，以促进成活。也可分株繁殖，移栽时选择生长粗壮的植株，剪除上部以便减少蒸腾，基部留 15~20 cm 后，连根挖起一半，再分成不同个带根的茎。后按株行距 50 cm×50 cm、50 cm×100 cm 或 60 cm×90 cm 塘栽，塘深 15~20 cm，每塘定植 3~4 条带根的茎。

3. 田间管理

1）施肥

成活后当新叶萌发时施尿素 1~2 次，穴植每塘施用 0.003 kg，或多元复合肥 0.025 kg。坚尼草、黑籽雀稗对施肥反应良好，特别对氮肥反应敏感，施肥后可明显增加产量，尤其是第一茬刈割后增施尿素有利于提高单位面积产量。为保证其产量，种植第二年应追施农家肥 7500~15 000 kg/hm^2 或尿素 200~400 kg/hm^2。

2）灌溉

云南热区雨量集中于 6~10 月，移栽初期遇高温无雨天气应适量浇苗。雨季对易集水的地段应注意排水，旱坡地在极端干旱时要根据土壤墒情和苗情适时灌水。

3）田间杂草

要在幼苗期加强杂草管理，中后期无需管理，坚尼草、黑籽雀稗生长旺盛，萌发力强，有自控杂草的能力。

4. 采收种子

以株为单位，当坚尼草、黑籽雀稗花穗种子由灌浆至 20%种子成熟时，用尼龙网袋一株一株花序套上，用袋子线固定在坚尼草植株上，待坚尼草、黑籽雀稗植株上 90%的花序种子脱落完后，刈割坚尼草、黑籽雀稗花穗，直接将种子打在收集种子的袋子里，再用筛子清除杂枝和杂质等。

参 考 文 献

鄂竞平. 2008. 中国水土流失与生态安全综合科学考察总结报告. 中国水土保持, (12): 3–6

高爱平, 陈业渊, 邓穗生, 等. 2002. "非洲骄傲"番荔枝生物学习性及栽培技术研究. 华南热带农业大学学报, 8(1): 5–9

格根图. 2005. 非常规粗饲料柠条、猪毛菜、杨树叶的饲用研究. 呼和浩特: 内蒙古农业大学博士学位论文

管仲新. 2005. 红地球葡萄浆果生长发育和品质形成规律的研究. 乌鲁木齐: 新疆农业大学硕士学位论文

郭英. 2003. 6 个无花果(*Ficus carica* L.)品种的系统学研究. 重庆: 西南农业大学硕士学位论文

何光熊, 史亮涛, 潘志贤, 等. 2015. 元谋干热河谷山羊圈舍优化设计与实践. 草业科学, 32(7): 1170–1178

何光熊, 史亮涛, 闫帮国, 等. 2013. 饲喂热带牧草对云南鹅生长的影响. 草业科学, 30(6): 940–948

何璐, 段曰汤, 沙毓沧, 等. 2006. 几种台湾水果在云南元谋干热河谷区的适应性研究. 亚热带植物科学, 35(2): 24–26

金杰, 张映翠, 史亮涛, 等. 2007. 几种鲜草混合饲喂肉兔效果及经济效益. 草业科学, 24(10): 72–75

金振洲, 欧晓昆, 区普定, 等. 1994. 金沙江干热河谷种子植物区系特征的初探. 云南植物研究, 16(l): 1–16

金振洲. 1999. 滇川干热河谷种子植物区系成分研究. 广西植物, 19(1): 1–14

冷疏影, 冯仁国, 李锐, 等. 2004. 土壤侵蚀与水土保持科学重点研究领域与问题. 水土保持学报, 18(1): 1–6, 26

李智广, 曹炜, 刘秉正, 等. 2008. 中国水土流失现状与动态变化. 中国水土保持, (12): 7–12

林国兴. 2005. 荔枝"妃子笑"特征特性及无公害高产栽培技术. 福建热作科技, 30(1): 24–25

刘方炎, 李昆, 孙永玉, 等. 2010. 横断山区干热河谷气候及其对植被恢复的影响. 长江流域资源与环境, 19(12): 1386–1391

刘方炎, 李昆. 2008. 萨王纳群落研究进展. 世界林业研究, 21(6): 25–30

龙会英, 张德, 金杰, 等. 2011.干热河谷退化山地不同立地条件种植柱花草效应研究. 热带农业科学, 31(8): 5–10

龙会英, 张德. 2016. 一种提那罗新罗顿豆分段刈割和采收种子的栽培与利用的方法. 中国, ZL201410391985

彭春江. 2004. 山羊高床舍饲配套饲养技术探讨. 家畜生态, 25(2): 68–70

史亮涛, 江功武, 金杰, 等. 2011. 一种南洋樱植物地埂围篱的利用方法. 中国, ZL20081 0058538.2

史亮涛, 金杰, 张明忠, 史亮涛, 等. 2009. 云南热带优质牧草栽培及利用技术. 昆明: 云南科技出版社

谢碧霞, 文亚峰, 何钢, 等. 2005. 我国人心果的品种资源、生产现状及发展对策. 经济林研究, 23(1): 1–3

杨庭硕, 伍孝成. 2011. 民族文化与干热河谷灾变的关联性. 云南社会科学, (2): 39–44

杨艳鲜, 纪中华, 沙毓沧, 等. 2009. 云南热区山羊生态圈养技术. 昆明: 云南科技出版社

杨兆平, 常禹. 2007. 我国西南主要干旱河谷生态及其研究进展. 干旱地区农业研究, 25(4): 90–99

杨治元. 2000. 无核白鸡心葡萄的特性及大粒丰产栽培. 中国南方果树, 29(2): 38-39

云南澳洲坚果产业调研组. 2007. 云南省澳洲坚果产业发展现状、存在问题及建议. 热带农业科技, 30(1): 10–14

张昌吉, 郝正里. 2005. 饲喂含不同秸秆的全日粮颗粒料对绵羊瘤胃及血液代谢参数的影响. 中国饲料, (11): 26–28

张德, 龙会英, 何光熊. 2012. 干热河谷退化山地龙眼和柱花草间作效应分析. 云南农业大学学报, 27(1): 112–116

张德, 龙会英, 腾春荣, 等. 2015. 干热河谷退化山地芒果园间种和翻压柱花草的效应研究. 热带农业科学, 35(1): 17–21

张德, 龙会英. 2002. 云南干热区荔枝栽培技术要点. 柑桔与亚热带果树信息, 18(1): 37

张明忠, 纪中华, 史亮涛, 等. 2013. 一种热带牧草加工饲料颗粒的方法. 中国, ZL20081 0058603.1

张明忠, 沙毓沧, 袁理春, 等. 2010. 一种基质改善酸性土壤的方法. 中国, ZL200810058603.1

张明忠, 史亮涛, 金杰, 等. 2015. 云南干热河谷热带牧草在混合草颗粒饲料中的应用. 中国农学通报, 31(8): 12–15

张映翠, 朱红业, 龙会英, 等. 2002. 金沙江干热河谷退化山地径流塘-草网络技术研究初报. 水土保持学报, 16(4): 30–33

赵岩. 2013. 水土保持区划及功能定位研究. 北京: 北京林业大学博士学位论文

周淑荣, 董昕瑜, 包秀芳, 等. 2013. 酸角的栽植和利用. 特种经济动植物, (8): 48–51

朱红业, 张映翠, 杨顺林, 等. 2003. 金沙江干热河谷退化山地径流塘-草网络技术研究初报. 云南农业科技, (6): 194–199

Boyazoglu J. 2005. The role of the goat in society: Past, present and perspectives for the future. Small Ruminant Research, 60: 13–23

Ekiza B, Demirelb G Yilmaza A, et al. 2013. Slaughter characteristics, carcass quality and fatty acid composition of lambs under four different production system. Small Ruminant Research, 114(1), 26–34

Eswaran H, Lal R, Reich P F. 2001. Land degradation: An overview. In: Bridge E M, et al (eds). Response to Land Degradation. Oxford & IBH Publishing Co. Pvt. Ltd. New Delhi, Indian, 24

Warner R D, Greenwood P L, Pethick D W, et al. 2010. Genetic and environmental effect on meat qulity. Meat Science, 86: 171–183

Yang D, Kanae S, Oki T, et al. 2003. Global potential soil erosion with reference to land use and climate changes. Hydrological Processes, 17(14): 2913–2928

第七章　干热河谷优良牧草利用评价

第一节　种草养殖

一、山羊生态圈养

（一）山羊生态圈养与传统放养差异

在无专用草场、畜牧承载率低的地区，山羊生态圈养能大大降低放养对生态脆弱区植被的破坏程度，防止水土流失和生态系统的退化，保护生态环境；降低环境过度破坏导致的区域内乡土和野生动植物资源衰退、减少甚至消失的风险，有效地保护生物资源；能采用人工种植优良牧草的方法，改善并合理搭配山羊的营养结构，促进生长和育肥；能从多角度维持生态农业模式系统的健康和稳定性；能从社会-经济-自然复合生态系统中实现种植业、养殖业及商业之间生产与生态良性循环的技术组装。

（二）山羊生态圈养的养殖生态系统与传统养殖业系统的差异

（1）从基础理论上看，养殖业生态工程除包含动物饲养、繁育等配套性专业学科理论之外，其突出点在于以生态学、生态经济学、系统科学与生态工程理论为基础；

（2）从内容上看，养殖业生态工程涉及领域比较广泛，除畜牧业本身外，还包括种植业、林果业、草业、农副产品加工业、农村能源、农村环保等学科的综合应用技术，而传统养殖业则突出第一学科的技术应用；

（3）从效益目标上看，传统养殖业重于单一学科经济效益目标的实现，而养殖生态工程则考虑综合的经济、生态、社会三大效益及目标的并重实现，谋求技术的综合配套应用和生态与经济的相互统一，从而提高其多种经营效率；

（4）从资源利用上看，养殖业生态工程强调自然资源的挖掘，合理配置，能量开发与转换，使其生产的成品与"废品"相互间通过合理利用与转化增值的过程，把低值资源转化为高值、无残毒的成品，从而把增值提高到最高限，把无效损失降低到最低限；

（5）从布局上看，养殖业生态工程把种植、养殖、加工业等合理地设计在一个系统的不同空间，既增加了生物种群和个体数目，又充分利用了土地、水分、植物等自然资源，更利于保持生态平衡（杨艳鲜等，1999；龙会英等，2010）。

（三）效果

杨艳鲜等（2008）开展了元谋干热河谷旱坡地双链型罗望子-牧草-羊生态农业模式高效配套技术研究，结果表明，作物增产部分80%以上是由施粪肥取得的。通过种草养畜、增草兴牧、立草为业，不仅促进粮食的稳产、增产，也是调整农村经济结构、发展生态农业、推动农业产业化发展的必由之路。模式建立3年后，共接待参观学习人员2200人次，接受培训农民620人次；给农户山羊配种、出售种羊和肉羊，以及种子、果蔬产品带来的直接平均经济净产值达4.22万元/hm^2，是传统罗望子纯林的3.7倍；劳动生产率达2.01万元/a，成本产值率提高到164%，成本利润率达64%。增加了山羊养殖增益环，使其对农副产品的转化增值率达154%；饲养60只山羊产粪量8.85t/a、沼气产量350m^3/a，能值总收入为1.05×10^{6}kJ/a，能量转化率达96%，饲料转化率达264.92%。在种植业中，最优秀、最养地的肥料当属农家肥，有机肥肥效长、无污染、营养完全，有熟化土壤、培肥、保养地力的作用，是其他物质不可替代的，模式环节中，有机沼肥、沼液还田后，可减少化肥施用量，改善土壤理化性质，使土壤有机质增加140%，种植制度的改变可有效控制病虫草害等有害生物的蔓延。套种牧草后，土地利用效率提高97%~112%，对有害杂草的削减率也达92.7%。

由于复合模式小气候效应的存在，以及农药使用量的减少，有效保护了天敌，提高了模式的生物多样性和农、畜产品的产量和质量，促进了循环经济的发展；模式系统增加灌草层后，降雨时罗望子是模式系统中影响降雨的第1个活动面，使降雨产生第1次分配，地表的牧草是影响降雨的第2个活动面，使降雨产生第2次分配，雨滴降落在牧草的茎叶上，由于茎叶对水分的吸附作用，很快形成水珠，当水珠质量超过茎叶吸附能力时，则会从茎叶上缓慢下落到地面，被枯枝落叶所吸收，并渗入地面，从而改变模式的地表降水量，削减雨滴势能，蓄积水源，保持水土，大大减少了雨水对土表的直接冲刷，使侵蚀模数削减率达98.52%。

豆科牧草被誉为没有机器和工人的"小氮肥厂"，紫花苜蓿能固氮330~375kg/hm^2（云锦风，2001），豆科牧草使该模式土壤中N素增加1.3倍，土壤容重减少0.07%，孔隙度增加2.7%，含水量提高2.0%，蓄水量增加106t/hm^2，牧草品质有较大提高，鲜草产量为自然草被的2.8~18.5倍。

双链型罗望子+牧草+羊复合生态农业模式的建立，使该区旱坡地发挥了较大生产潜力，提高了农民对生态农业和立体种养的认识，为农村经济和生态环境的可持续发展探索出了新路子（杨艳鲜等，2008）。

二、种 草 养 兔

金杰等（2007）在庭院经济种草养兔试验区开展的几种鲜草混合饲喂肉兔效果及经济效益研究表明，肉兔对不同混合的各饲草的采食率从低到高顺序为：坚尼草（55.3%）<柱花草（68.6%）<爪哇大豆（76.2%）<甘薯藤（83.0%）<菊苣（91.5%）；肉兔对爪哇大豆+坚尼草、菊苣+坚尼草、甘薯藤+坚尼草混合饲草的消化率间差异不显著，爪哇大豆+坚尼草、菊苣+坚尼草、甘薯藤+坚尼草混合饲草的消化率，均与柱花草+坚尼草混合饲草消化率差异显著；菊苣+坚尼草混合饲喂肉兔，平均日增重及利用率较高，分别与爪哇大豆+坚尼草、柱花草+坚尼草混合差异显著，与甘薯藤+坚尼草混合差异不显著；爪哇大豆+坚尼草、柱花草+坚尼草混合饲喂肉兔，平均日增重及利用率均与甘薯藤+坚尼草混合差异显著；菊苣+坚尼草混合饲喂肉兔在经济效益方面最佳，比甘薯藤+坚尼草高 40.68 元。饲喂新西兰肉兔，菊苣的适口性最好，饲喂效果较好，适宜在干热区扩大种植，发展肉兔养殖（表 7.1）。

表 7.1   几种鲜草混合饲喂肉兔效果及经济效益

处理 （牧草混合方式）	A 新罗顿豆+坚尼草	B 柱花草+坚尼草	C 菊苣+坚尼草	CK 甘薯+坚尼草	备注
干草采食量/[g/（只·d）]	205.2	195.9	184.3	197.3	注：兔粪产量比较标准误为 SE=10.6；消化率比较标准误为 SE=5.31；显著水平 n=0.05，同列不同字母表示差异显著
产生兔粪量/[g/（只·d）]	94.6^a	112.2^a	61.9^b	79.6^a	
饲草消化率/%	53.89^a	42.74^b	66.41^a	59.65^a	
平均日增量/（g/只）	6.7^b	6.2^b	16.2^a	12.9^{ab}	注：平均日增重比较标准误为 SE=1.8；料肉比比较标准误为 SE=3.373；显著水平 n=0.05，同列不同字母表示差异显著
料:肉比	30.6:1^a	32.0:1^a	11.6:1^b	16.0:1^b	
经济效益 毛利/元	0.77	0.67	2.09	1.48	
增收与对照相比/%	51.86	45.51	140.68	100.00	

三、种 草 养 鹅

每公顷黑麦草可养鹅 525~600 只，每只成鹅平均增益为 11.68 元，每公顷增效益为 6132~7008 元。同时可增加优质有机肥 300~500 kg，有机肥返还土壤后可逐步改善土壤理化性状，提高土壤肥力，以达到用地与养地有机结合的目的（陈功等，2006）。据报道：种 1 hm^2 草饲养 1 500 只鹅，70 日龄体重平均达 3.5 kg/只，按市场价 16 元/kg 计算，销售额达 7.56 万元/hm^2；成本 1500 只/hm^2 鹅苗，市场价 20 元/只，计 3 万元/hm^2，饲养期间补充精料按最高 10 元/只，计 1.5 万元/hm^2，牧草和施肥 6000 元/hm²，这样纯收入在 2.46 万元/hm²。

　　种草养鹅符合"畜产品安全行动计划"和畜牧业可持续发展的客观要求，是典型的生态农业项目。发展种草养鹅，增加绿色植被，有利于保护农业生态环境。另外，鹅抗病力很强，在自然状态下生长发育，不使用药物添加剂，其产品为无公害绿色食品，对促进人类身体健康具有重要的作用。

　　根据庐江县稻作区农业生产习惯，在试验示范"粮、经、饲"三元种植结构基础上，通过开展不同茬口搭配和复种试验，研究推广"一稻一草"、"二稻一草"、"一经一草"、"草草轮作"等 4 种高效栽培模式，很受农民欢迎。在实践中还探索出鹅鱼混养、立体开发，获得鹅鱼双丰收。这种新的种养方式达到了产品无公害、农民增收、农业增效和环境美好等诸多效果，是实现农业优质、高效和可持续发展的好路子（徐玉明，2010）。

　　何光雄等（2013）应用传统形态生物学的分析框架，在元谋干热河谷区，选取云南鹅为研究对象，设计黑麦草组、菊苣组、象草组 3 种热带牧草的基础日粮，采用配合饲料为对照，分析这 3 种热带牧草对云南白鹅生长的影响。研究结果显示：4 种不同日粮饲喂的云南鹅在体质发育、胸部相对发育、胸肌发育和脚的相对发育上水平相当，但饲喂象草、菊苣与配合饲料较饲喂黑麦草日粮条件下云南鹅背部发育更好，且饲喂象草的效果最为明显；在试验期内，饲喂云南鹅黑麦草和菊苣能取得与配合饲料相似的日增重和料重比，且日增重均高于饲喂象草组和配合饲料组，料重比均低于饲喂象草组；饲喂 4 种不同日粮对云南鹅平均体质量累积均呈现"快—慢—快"的生长模式，而对日增重的影响主要集中在 75 日龄以前，75 日龄后云南鹅的生长不受这 4 种不同日粮的影响，用黑麦草饲喂 30~50 日龄云南鹅可有效提高云南鹅平均日增重。就生产效益的比较而言，黑麦草和菊苣均适宜在云南鹅的养殖中使用，且黑麦草对 30~50 日龄云南鹅的平均日增重具有特殊作用，而象草不适宜在云南鹅的饲养中单独饲用。

四、种 草 养 鱼

　　项目组史亮涛、龙会英等通过对元谋干热河谷种草养鱼试验中四种牧草饲喂草鱼增重量以及鱼对牧草采食量的测定结果表明，四种牧草饲喂草鱼后，草鱼增重量从大到小顺序排列为：苏丹草>坚尼草>高丹草>银合欢（表 7.2）。表 7.3 的方差分析结果表明，草鱼对四种牧草采食量呈显著差异，坚尼草和苏丹草无显著差异，从大到小顺序排列为：高丹草>坚尼草>苏丹草>银合欢。增重情况说明四种牧草中草鱼对苏丹草转化利用率较高，苏丹草是最适饲喂草鱼的牧草品种。另外，由于银合欢富含粗蛋白，草鱼虽对银合欢采食量很低但增重效果明显，因此在饲喂过程中可将苏丹草和银合欢一起混合饲喂。

表 7.2　4 种牧草饲喂草鱼的草鱼增重情况

牧草品种	草鱼增重/g			
	8 月	9 月	11 月	总增重
高丹草	48.0	78.0	220.0	326
坚尼草	60.0	159.0	112.0	331
苏丹草	46.0	155.5	227.5	429
银合欢	37.8	118.1	163.9	319.8

表 7.3　草鱼对四种牧草采食量描述性统计及方差分析

牧草品种	最小值/g	最大值/g	平均采食量/g	变异系数/%
高丹草	0.17	0.66	0.47±0.11[a]	23.09
坚尼草	0.00	0.41	0.25±0.09[b]	34.73
苏丹草	0.00	0.36	0.24±0.06[b]	24.75
银合欢	0.03	0.14	0.08±0.02[c]	27.52

（一）种草养鱼直接降低饲料成本，从而提高养鱼经济效益

种草能直接利用太阳能的光合作用，养鱼将青饲料就地转化为动物蛋白质。其养殖成本比常规养鱼节约 30%~40%，养殖效益提高 15%左右，可节能增效，易于接受和推广，是发展生态渔业的好模式，是推进无公害水产品行动的有效途径。

（二）种草养鱼可提高鱼品质和质量，提高市场竞争力、占有率

随着生活水平的不断提高，人们对水产品追求的是口感好、营养丰富、无公害。直接投喂天然青饲料的水产品（种植青饲料不使用农药防虫治病）备受人们喜爱，且市场价格较高。

（三）节约劳动投入，减少鱼病发生

种草充分利用鱼池淤泥，少施或不施化肥。利用鱼池埂边坡及池边荒地种植牧草，易浇水，刈割青草不需要运输就地喂鱼，节约运输及劳力成本。投喂青饲料，草食性鱼类易消化吸收，并能减少鱼脂肪肝、肠炎等病害的发生。

第二节　饲草加工

一、效　果

（1）青贮饲料是解决养殖场全年饲料均衡供应的重要手段，通常在夏秋对大

量优质高产的鲜草进行集中收割、储存，在冬春缺草季作为家畜主要饲料或补充添加饲料。

（2）青贮饲料营养物质损失少，能保持原料青绿时的鲜嫩汁液，适口性好，消化率较高，且含有大量水分，具有多汁饲料的功能，饲喂奶牛、肉牛、羊等家畜效果良好。

（3）青贮饲料可以扩大饲料来源，改善饲料的适口性。例如，野生草、向日葵、甘蔗梢、玉米秸秆等适口性较差、家畜不喜食或利用率较低的青绿植物，如果调制成青贮饲料，则可明显改变口味和口感，增加畜禽采食量和利用率。

（4）青贮饲料相对于青干草而言，占地空间少、制作不受时间限制、保存时间长，在缺乏牧草干燥设备的养殖场或不适宜制作青干草的地区，夏秋季收获的牧草很难进行干燥，而通过青贮技术可将这些牧草资源有效的储藏。

（5）青贮饲料制作成本较低、制作方法简单、制作方式多样，青贮饲料制作过程中可采用青贮塔、青贮池、青贮堆等便于机械化作业的制作方式，也可采用青贮窖、塑料袋青贮、缸、木桶青贮等便于人工操作的制作方式，因此既适用于大型养殖场，也适用于小型养殖场或农户庭院养殖。

二、云南干热河谷热带牧草在混合草颗粒饲料中的应用

（一）有利于农村牧区饲草料资源的综合开发利用效应

将当地尚未充分有效开发利用的非常规饲草资源、农副产品等，经粉碎后按比例混合于优质牧草粉加工成混合草颗粒，可使低质粗饲草料变成反刍家畜所喜食的饲草，可扩大饲草料来源，有利于调控饲料的营养成分。

（二）混合草颗粒可以满足牛羊等反刍家畜不同生长发育阶段

不同生产性能要求的营养需要，有利于维持瘤胃内环境的相对稳定，有效防止反刍动物消化系统机能的紊乱，使瘤胃内发酵、消化、吸收及代谢正常进行，减少真胃移位、酮血症、乳热病、酸中毒、食欲不良及营养应激等疾病的发生。

（三）有利于提高家畜的采食量和饲草料的消化率

在混合草颗粒的压制过程中，由于水分、温度和压力的综合作用，饲料所含的淀粉糊化、酶的活性增强，显著改善了饲草料的适口性和消化率；草颗粒形成过程能杀灭寄生虫卵和其他病原微生物，减少其对消化的不良影响，提高反刍动物采食量，从而可以将饲料消化率提高10%~20%。

（四）有助于保持家畜体力，减少家畜体能消耗

用混合草颗粒饲喂家畜，可缩短采食时间，减少家畜体能消耗。经测定，牛采食普通饲草的时间每次为60~90分钟,而采食混合颗粒饲料的时间每次为45~60分钟,采食时间可缩短30%~50%。

（五）有利于改善生产环境

混合草颗粒在储运和饲喂过程中饲料组分不会分级，营养成份可保持其均匀性和稳定性，便于控制饲喂量，而且不易起尘，减少环境污染和自然损耗，减少饲喂和储运过程中的饲草浪费。

（六）有利于饲草料的有效储运和安全生产

混合草颗粒饲料体积比散状料体积减少1/2~2/3,储存时节省仓容,易于包装、运输和机械化饲养，节约费用。所以转变饲喂方式是云南干热区畜牧业发展的一条有效途径，它能有效调节牧草的利用空间和饲喂方式，确保丰沛时节有充足的原料储藏，又能在饲草缺乏时节确保饲草料的正常供应（张明忠等，2013；2015）。

第三节　牧草在生态治理的利用

一、银合欢在侵蚀沟治理技术中的应用效应

（一）改良土壤

人工银合欢林治理区土体根系较多、湿度较大和较为疏松的环境，说明了土壤理化性质得以改善，有益于抑制水土流失和提高保肥能力。容重的大小反映了土壤通透性的好坏，直接影响通透性，受土壤中有机质含量和机械组成的制约，随土壤质地发生变化。有机质含量降低，土壤结构变差，土壤容重会变大。治理区容重平均降低104%~118%，孔隙度平均增大106%~104%，粒径为0.1~0.01的土壤粉粒含量是未治理区含量的102%~276%；银合欢人工林区平均自然含水量为5.63%~15.45%，比对照区平均自然含水量4.09%~7.05%高1.37~2.19倍；>2mm石块比例降低，这些均表明了治理区的土壤理化性质得到了较好的改善。枯枝落叶层及草被植物的恢复，使土壤淋溶作用加强，土壤中有机质、全氮、水解氮、有效钾含量提高，分别是对照区的1.11~2.03倍、1.04~2.12倍、1.24~2.75倍、1.52~2.17倍。

（二）效益分析

治理区的经济效益显著，比未治理区单位面积增加 28 倍左右，达到了预期目标，既达到了生态效益，又有了一定经济效益，得到了社会效益，为当地农民脱贫致富起到了模范作用。胸径 2 cm 左右、高 5 m 左右的银合欢主根可达 3 m，侧根可达 1.5 m 左右，大量深根系的存在极大地增加了土壤抗蚀性能，降低了地表径流量和泥沙含量。与对照相比，治理区地表径流系数减少了 289.3%~307.9%，泥沙量减少了 67%~89.7%，可见治理区较对照区明显减少了水土养分的流失。由于治理后林区植被的覆盖率和蓄水量的增大，旱季最高温平均降低 0.93℃，相对湿度平均增加 17.14%，调节小气候效果明显。

二、自然封禁草和灌木保育效应

（一）自然封禁草和灌木保育区效应评价

1. 小垮山流域封禁过程中的植物群落动态

研究结果表明，小垮山流域试验区经多年封禁后，退化土壤植物群落的物种丰富度逐渐增加。燥红土植物种类从 10 种增加到 17 种，变性土从 12 种增加到 31 种，禾本科物种始终保持最高的优势度，蝶形花科物种数逐渐增加，多年生丛生禾草、其他多年生物种和一（二）年生物种及半灌木、亚灌木种类逐渐增加，其中白刺花灌丛个体密度从最初的平均 0.002 75 株/m²，增加到后来的平均 0.674 株/m²，车桑子从 0.002 75 株/ m²，增长到 0.662 株/m²；稀疏乔木逐渐恢复，植物群落呈现向灌木、草丛和稀树灌草丛逐渐发展的演进趋势。

2. 灌丛自然封禁过程中的植物群落动态

1）植物群落的物种数

从典型样地调查结果发现，封禁区内累计共有各类植物 33 种。其中，灌木 4 种，草本植物 29 种（表 7.4），分别占累计总物种数的 12.1% 和 87.9%。结构较为单一，草本植物充分显示其优势度，比例高达 87.9%。

表 7.4　不同样地植物群落物种构成

处理	群落物种总数	草本		半/亚灌木		灌木		乔木	
		物种数	比例%	物种数	比例%	物种数	比例%	物种数	比例%
封禁	33	29	87.9	0	0	4	12.1	0	0
对照	18	15	83.3	0	0	3	16.7	0	0

2）植物群落的生物量

对研究区植物群落的草本植物、半灌木和亚灌木及灌木地上生物量测定结果见表 7.5。封禁区群落生物量为 159.8 g/m²，而对照区生物量仅为 62.3 g/m²，比封禁区低 97.5%，草本植物生物量占群落总生物量的 78.9%。随着草本植物生物量降低，群落总生物量也相应降低，表明了草本植物在群落生物量构成中的主导地位。生物量是植被系统结构和功能最基本的特征之一，是表达系统能量流动和养分循环的重要参数，草、灌植物在各调查样地植物群落中的优势，说明在土壤退化过程（各放牧样地）和恢复过程（各封禁恢复样地）中，草本植物承担着系统主要的物质循环功能，对维持退化系统的结构与功能及抵御不良环境起到重要作用。

表 7.5　研究区群落地上生物量和覆盖度构成

处理	草本		灌木、半/亚灌木		乔木		群落		
	生物量 / （g/m²）	盖度/%	生物量 / （g/m²）	盖度 /%	生物量 / （g/m²）	盖度/%	生物量 / （g/m²）	盖度/%	高度/cm
封禁	126.1	59	33.7	31.3	0	0	159.8	61	27.9
对照	33.8	34	28.6	5	0	0	62.3	35	10.6

3. 封禁区生态效应评价

封禁恢复野生草、灌植物显著提高了退化区土壤的物质生产力和有机物的积累，封禁恢复野生草、灌植物是研究区退化土壤修复的有效途径。野生草、灌植物地表枯落物的形成，在季节上滞后于降水，旱季微生物活性低，分解减少，以及野生草枯落物分解缓慢，为来年雨季微生物生长与繁殖提供了有机物料，十分有利于土壤有机质积累。

退化区土壤以燥红土为主，封禁区土壤 N、P、K 及有机质含量随着封禁区草、灌植物恢复过程中逐渐增加，pH 则不同程度地降低，并呈现随恢复年限增加逐渐降低的趋势。由表 7.6 可知，0~10 cm 和 10~20 cm 土层有机质含量分别增加 62.33% 和 47.92%；0~20 cm 全氮含量平均增加 44.0%，全磷含量平均增加 88.89%，相同层次全钾含量增加了 0.90%。

本研究参试土壤的 pH 均为 6.56~7.88，呈弱酸性至碱性。草本植物过程中，退化土壤 pH 有一定的降低，并呈现随恢复年限增加逐渐降低的趋势。封禁野生草和灌木植物群落通过强化降雨入渗、削减径流和土壤水分蒸发，以及枯落物吸持降水等水土保持功能，改变了退化土壤生态系统的水分循环途径，封禁后恢复的野生草、灌植物启动了退化生态系统的自修复过程，植物群落呈现从稀草草丛逐渐向灌草丛和稀树灌草丛逐渐发展的演进趋势，预示着退化土壤水分、养分资源在空间层次上的分布正趋于良性方向发展，退化土壤生态系统水文过程、养分循环和能量捕获过程的自修复能力得以启动。

表 7.6 封禁区养分变化情况表

处理	土层	全氮 N/（g/kg）	全磷 P/（g/kg）	全钾 K/（g/kg）	有机质 OM/（g/kg）		pH
					0~10 cm	10~20 cm	
封禁前	0~20 cm	0.25	0.09	4.91	2.70	1.92	7.62~8.01
封禁多年后	0~20 cm	0.36	0.17	9.33	4.41	2.84	6.56~7.88
增加量	0~20 cm	0.11	0.08	4.42	1.71	0.92	

三、草本植物水保效应

通过在金沙江干热河谷典型区元谋设置野外及模拟试验观测平台，观测自然降雨、原生或人工构建优势乡土草群落在不同坡度条件下对干热河谷水土保持的影响。3 年的研究结果表明：干热河谷草被产流量和土壤侵蚀模数与降雨量呈正相关，与植被盖度呈负相关，且这种作用效能随坡度的增加变得更加显著。2013~2015 年，相关检测结果显示，与裸地相对照，由乡土草构建的草被可以使干热河谷土壤侵蚀模数降低 30%~90%，坡面径流下降 1/2~1/3，其中，草被使 5°~10°坡面土壤侵蚀模数由 179.7~229.2t/km^2 下降到 51.4~75.2 t/km^2，径流量由 44 379.7~63 016.5 m^3/km^2 下降到 19 880.7~23 241.0 m^3/km^2；草被对 20°坡面土壤侵蚀的控制效果更加明显，能使土壤侵蚀模数减少为原来的 1/4。

通过构建乡土草群落能有效地降低水土流失，增加降雨利用率，且这种作用与群落组成有显著相关，功能差异大的物种组成的群落，其水土流失治理效果越明显。例如，由多年生扭黄茅及一年生三芒草按不同比例构建的 N/S=10/0，N/S=5/5，N/S=3/7，N/S=0/10 四种群落，其水体流失量、土壤侵蚀量均呈现显著差异（$P<0.05$）；四种群落中，N/S=5/5 群落的水体流失量及土壤侵蚀量均达到最小，小于 0.03g/m^2，而 N/S=0/10 群落水体流失量及土壤侵蚀量均为最大，可达 0.13g/m^2，N/S=10/0 和 N/S=3/7 两种类型介于前两者之间。

草被对水土保持的效益还体现在对干热河谷土壤肥效特性的促进作用。台地与坡地种植柱花草后的土壤容重均比种植前降低，有效改善了土壤结构，提高了土壤的透气透水性。种植柱花草样地由于固氮及枯枝落叶的腐烂与分解，土壤肥力得到了提高，同时促进了土壤细菌等微生物的发育（龙会英等，2011）。

四、金沙江干热河谷退化山地径流塘-草网络固土稳水效应

（1）"径流塘-草网络固土稳水"所形成的纵横交错的草带网络具有力学上的

稳定性，人为定期刈割草，加速了草的地上地下部分的生长，从而增强了草带的稳定性，尤其改善了土壤表层结构，因而是固土稳水的关键机制之一。将草带以外的草刈割或铲除用于覆盖径流塘地表，覆草能削减雨水势能，增加入渗，减少土壤水分蒸发，利于保水保肥、冬季渡旱。径流塘下沿的弧形土埂，也防止了水土流失。这样整个地表形成由覆盖在径流塘地表的草、径流塘、径流阻截弧形土埂和草带网镶嵌而成的多重防护水土流失的网络。

（2）"径流塘-草网络固土稳水"在金沙江干热河谷退化旱坡山地实施后，植被恢复系统内的小环境及小气候发生改变，土壤湿度提高，植物群落物种多样性增加，植物群落物种数比对照增加 3 种，这三种物种分别是灌木白刺花、莎草科物种和禾本科尾稃草属物种。其中，相对喜欢荫湿和疏松土壤的灌木白刺花在该区域植被恢复后出现；喜湿莎草科物种和禾本科尾稃草属物种在种植果树的径流塘内茂盛生长，表明微区域土壤水分状况得到明显改善。

（3）"径流塘-草网络固土稳水"实施 2 年后，植物群落地上生长量增加。罗望子两年间增长的幅度分别是：株高为 0.6%、冠幅为 14.5%、地茎为 0.2%；龙眼树各项指标比对照方法分别增长：株高 14.6%、冠幅 21.2%、地茎为 14.0%。从群落空间分布看，实施本技术措施。群落的各层生长量都有增加，草本层所占比例小，表明植物群落的结构得到一定改善。

（4）提高植物群落果树物种经济产量："径流塘-草网络固土稳水"可以整合微区域的水分与养分，相对集中地支持果树的生长，并对其生物生长和经济产量形成正面影响。从果树经济产量动态看出，明显增加了果实产量，如罗望子的果实产量与现有技术相比，增长幅度为 3.4%。

（5）由于每年定期刈割草带覆盖于种植有果树的径流塘穴，同时，草本植物在旱季大量死亡（地上和地下部分）后腐解，增加了土壤尤其是果树塘穴土壤的有机物质来源，为微生物的活动提供更多的有机物料，土壤养分含量与现有技术相比：土壤有机质含量增加 0.77%，碱解氮增加 43.9 mg/kg，速效钾增加 106 mg/kg，全氮增加 0.08 g/kg，全磷增加 0.94 g/kg，因此土壤综合肥力提高，促进了果树的生长（张映翠等，2002）。

五、南洋樱作为植物地埂围篱的利用效应

（一）水土流失和土壤养分及土壤结构改变

1. 水土流失减少

种植 3 年期间，连续对研究区的地表径流量、土壤流失进行观测，结果为：种植 3 年后研究区地表径流减少了 167 470.87 m³，年径流模数减少了 $29.13 \times 10^4 m^3/km^2$，减少率为 76.90%，年减少土壤流失 12 986.8t/km²，减少率为 76.02%。

2. 土壤养分提高

土壤养分试验，选择 100 m² 试验小区，分别按 66.67 kg /hm²、86.67 kg /hm²、100 kg/hm² 鲜叶施用量分三次施用。根据测定结果表明：南洋樱施入 66.67 kg/hm²~100 kg/hm² 鲜叶，土壤养分有机质提高 10.5%~17%，水解氮提高 33.5%~50.05%，有效磷提高 4.5%~6.3%，有效钾提高 13.65%~20.5%。

（二）饲料方面的利用

2005 年 3 月至 2006 年 2 月，产叶片 5324.0 kg/hm²，共将 23.958×10⁴kg 叶片晒干，晒干粉碎后作为饲料每公顷每年可补充饲喂 135 头牛、345 只羊。

（三）燃料方面的利用

经测定，2005 年 3 月至 2006 年 2 月，产枝条 5896 kg/hm²，共将 26.532×10⁴kg 枝条晒干，直接作为燃料，供家庭生活使用。从以上结果可以看出，采用本技术中所选择的南洋樱植物和技术措施，特别有利于热带地区旱坡地的土壤水土流失的减少、生态的恢复、耕地土壤养分的提高及养殖业的发展等（史亮涛等，2011）。

六、牧草作为基质改善酸性土壤的效应

（一）作用

基质材料是适宜热带地区种植、生长迅速产量高、可持续利用的王草，经过晒干粉碎，用大地旺活菌原液发酵等工艺流程研制而成。通过确定中和 1 m² 酸性土壤需要的基质用量，计算所需改良土地的基质总量。基质分两次以上与酸性土壤定量混合。本技术措施能有效改变土壤的酸碱度、物理性状及提高土壤肥力。以王草为生物材料，可持续利用、易于取得，不污染环境。原料王草的成本低、加工简易和省力，易于操作、实用性强。

（二）效果

在旱坡地改良酸性土壤中，通过基质改善酸性土壤的实施，使酸性土壤的pH 从 4.5~6.5 提高到 6.5~7.2，已经适宜植物生长需求。同时，土壤的容重、孔隙度、土壤持水量等物理因子均有不同程度的改善，土壤容重从原来的 1.83g/cm³ 变为 1.68 g/cm³，减少了 9.19%，孔隙度和土壤持水量分别比原来提高 17% 和 20%。这说明本方法科学合理、切实可行，对植物正常生长有利（张明忠等，2010）（表 7.7）。

表 7.7　实施基质后，土壤的 pH 及土壤容重、孔隙度、持水量的变化

内容	pH		土壤容重			孔隙度增加率/%	持水量增加率/%
	改良前	改良后	改良前 /（g/cm³）	改良后 /（g/cm³）	减少率/%		
实施例 1	4.5~5.5	6.5~7.2	1.73	1.54	10.84	15	22
实施例 2	5.5~6.5	6.8~7.1	1.83	1.68	9.19	17	20
平均	5.5	6.8	—	—	10.02	16	21

七、柱花草作为生态牧草改良退化土壤的效应

（一）土壤养分

种植柱花草样地的土壤样品和对照地的土壤样品于移栽种植柱花草后两年采集；翻压柱花草样地的土壤样品于翻压柱花草后 6 个月采集。每样点挖土壤剖面采集的土壤样品 0.5~1 kg，送样到昆明诚尔信农业分析测试技术有限公司按常规方法测定土壤样品中有机质、全氮（N）、有效磷（P）的含量。种植柱花草样地（处理 1）的土壤有机质、全氮、有效磷含量比无种植柱花草样地（对照）分别平均提高 50.8%、29.2%、84.9%。翻压柱花草样地的土壤有机质、全氮、有效磷含量 6 个月即比无种植柱花草样地（对照）分别平均提高 96.6%~196.4%、135.5%~204.2%、96.2%~262.6%。

（二）土壤含水量

种植柱花草第二年，在旱季分别取种植柱花草样地和无种植柱花草样地（对照）0~20 cm 土层的土壤样品及 20~40cm 土层的土壤样品，按烘干法测土壤样品的含水。结果表明：0~20 cm 土层种植柱花草样地的含水量为 6.146%，无种植柱花草样地的含水量为 4.467%；20~40cm 土层种植柱花草样地的含水量为 6.105%，无种植柱花草样地的含水量为 5.212%。种植柱花草样地在旱季 0~20 cm 土层土壤含水量比无柱花草种植样地提高 37.6%，20~40cm 土层土壤含水量比无柱花草种植样地提高 17.1%。

（三）柱花草干草产量

每公顷年均产干草 9606.5~20 310.0 kg，增加了饲料来源，鲜柱花草可饲喂牛和山羊，促进养殖业的发展，起到了生态牧草的作用，既可以作为畜牧生产发展的饲草饲料，又能达到提高土壤有机质、全氮和有效磷含量，以及提高土壤保水能力、改良退化土壤的作用。

八、果园行间种植牧草效应

（一）龙眼园间种柱花草

1. 龙眼行间种植和翻压柱花草对土壤肥力的影响

1）龙眼行间间种柱花草对土壤养分的影响

从表 7.8 可以看出，龙眼园种植柱花草前土壤肥力低，间种牧草初步改善了这一现状，这在土壤的有机质、全氮量、土壤微生物中的细菌数量上得到体现。研究结果表明，龙眼园间种植柱花草后，土壤的速效钾显著高于龙眼单种样地，有机质、全氮量、土壤微生物中的细菌数量也有明显增加趋势，土壤的磷含量、钾含量有减少趋势。同样，种植柱花草后土壤的 pH 有升高趋势，与张德等（2012）研究一致。

表 7.8 不同样地土壤营养成分（测定日期：2010）

土壤营养成分	龙眼-柱花草间作		种植柱花草前		龙眼单作	龙眼单作区翻压柱花草
	0~20 cm 土层深	20~40 cm 土层深	0~20 cm 土层深	20~40 cm 土层深	20~40 cm 土层深	20~40 cm 土层深
全氮（N）/%	0.040±0.002 [a]	0.031±0.003 [A]	0.033±0.009 [a]	0.028±0.005 [A]	0.024±0.001 [b]	0.074±0.005 [a]
有机质/%	6.404±0.679 [a]	5.734±2.23 [A]	5.438±0.961 [a]	4.303±1.311 [A]	3.802±0.473 [b]	11.366±0.414 [a]
全磷量（P）%	0.012±0.005 [a]	0.011±0.005 [A]	0.015±0.007 [a]	0.013±0.009 [A]	0.008±0.001 [b]	0.009±0.002 [a]
全钾量（K）/%	0.897±0.050 [a]	0.927±0.027 [A]	1.472±0.835 [a]	1.311±0.625 [A]	0.964±0.043 [a]	0.873±0.019 [a]
有效磷（P）/(mg/kg)	1.983±1.183 [a]	2.163±1.001 [A]	2.497±2.217 [a]	4.414±2.902 [A]	1.170±0.100 [b]	4.290±1.081 [a]
速效钾（K）/(mg/kg)	63.817±14.536 [a]	43.867±9.144 [A]	92.567±12.798 [b]	50.867±2.705 [A]	50.150±2.265 [b]	307.667±21.517 [a]
容重/(g/cm³)	1.578±0.087 [a]	1.654±0.043 [A]	1.650±0.065 [a]	1.708±0.062 [A]	—	—
土壤细菌/(个/克湿土)	7.380×10⁵	2.400×10⁵	0.940×10⁵	0.380×10⁵	—	—
pH	6.497±0.086 [a]	6.447±0.193 [A]	6.303±0.133 [a]	6.557±0.280 [A]	6.17±0.135 [a]	6.33±0.140 [a]

注：同行中具有相同字母的数值表示差异不显著（$P>0.05$）；同行中具有不同字母的数值表示差异显著（$P<0.05$）；—：表示该项指标未测。

从土壤容重看，种植柱花草后的样地土壤容重比种植柱花草前低，从土壤垂直方向看，土层越深，改变量越小。这说明充分在龙眼行间种植豆科牧草柱花草，可以使土壤氮元素和有机质供应容量及供应强度都有一定程度的改善，微生物数量增加，有利于土壤环境改善，为生态恢复提供良好的物质基础。

2）龙眼行间翻压柱花草对土壤养分的影响

从表 7.8 看出，将柱花草刈割翻压后对土壤改良效果更佳，翻压后土壤全氮、有机质、有效磷和速效钾显著高于未翻压样地。所有测试指标中除全钾量稍低外，其他测定指标显著高于未翻压样地（$P<0.05$）。

2. 种植柱花草对龙眼园小环境的影响

1）柱花草间种后的土壤水分状况

龙眼行间间种柱花草后土壤含水量有所改善，随着旱情的加剧，其改善土壤水分效果更为明显。从表 7.9 可以看出，从气象要素得到元谋 1 月降雨量为零，龙眼和柱花草间种区与龙眼单作区间土壤湿度呈显著差异（$P<0.05$），旱季 0~20 cm 土层土壤含水量比龙眼单种高 1.679%，20~40cm 土层土壤含水量比龙眼单种高 0.833%。5 月降雨量为 12.3 mm，龙眼单作与间作无显著差异，说明龙眼行间种植柱花草的对雨季土壤含水量影响较小。

表 7.9　不同样地小环境效应

测定项目	1 月 30 日		5 月 30 日	
	龙眼+柱花草间作	龙眼单作	龙眼+柱花草间作	龙眼单作
0~20 cm 土壤湿度	6.154±0.492 [a]	4.467±0.173 [b]	5.394±0.746 [a]	5.575±1.273 [a]
20~40 cm 土壤湿度	6.105±0.474 [a]	5.272±0.048 [b]	5.558±0.080 [a]	5.096±0.290 [a]
8:00 地表温度	9.267±0.351 [a]	6.800±0.100 [b]	27.811±0.195 [a]	27.733±0.088 [a]
14:00 地表温度	37.567±0.306 [a]	37.300±0.954 [a]	38.470±1.113 [a]	39.134±0.757 [a]
18:00 地表温度	18.267±0.115 [a]	17.867±0.153 [b]	34.400±0.907 [a]	34.033±0.735 [a]
8:00 地表湿度	32.600±0.200 [a]	35.700±0.557 [a]	45.289±1.054 [a]	45.811±0.996 [a]
14:00 地表湿度	13.300±1.058 [a]	11.133±0.306 [b]	26.866±1.646 [a]	26.133±0.955 [a]
18:00 地表湿度	12.967±0.503 [a]	12.967±0.153 [a]	28.733±0.906 [a]	26.444±5.408 [a]

注：同行中具有相同字母的数值表示差异不显著（$P>0.05$）；同行中具有不同字母的数值表示差异显著（$P<0.05$）

2）调节地表温湿度效应

从表 7.9 可以看出，在 1 月（冬季），龙眼-柱花草间作区由于柱花草覆盖，在 8：00 和 18：00 大气温度降低时，间种区与单种区地表温度差异显著（$P<0.05$），有效提高了地表温度，有利于柱花草抗寒；间种区与单种区湿度差异显著（$P<0.05$），龙眼行间间种柱花草后旱季土壤水分得到提高，有利间作物抗旱越冬。在 5 月（夏季）月底下雨，间种区与单种区土壤湿度、地表温度差异虽不显著（$P>0.05$），但由于柱花草的覆盖，间作区地表温度均低于单作区。这说明种植柱花草能够自动调节地表温度，在寒冷季节可升高地表温度，而在炎热季节可降低地表温度，减少土壤水分蒸发。

3）保持水土能力

龙眼行间种植柱花草，不仅生物量大，而且有较多的枯落物，降雨对土壤的影响在经过植被和枯落物后出现较大的滞后现象；地形是梯田，能有效地减少地表径流的产生，增加雨季的土壤水分，促进其植被的生长，而这种褶皱的地形又增加了地表面积，植被的生长面积大，地形增加入渗，增加植被，植被的蒸腾作用又消耗较多的土壤水分，这种相互作用使得样地土层水分储存量变幅较大。在100~180 cm 土层深内，二者基本呈平行状态变化，含水量差异较 0~100 cm 内的差异明显，而且差值保持稳定。土壤入渗率大于未种植柱花草样地。较裸地减少水土流失分别为 57.4%和 34.5%。

4）柱花草间作模式生产潜力

龙眼的垂直根分布在深 100~160 cm，水平根的扩展范围较宽，大部分吸收根分布在 10~100 cm 深的土壤中，且多在 20~50cm 深度，可有效吸收由于种植柱花草提高的土壤养分，促进龙眼树生长，提高单位面积生产力，龙眼的生长和结果性状得到改善（表 7.10，表 7.11）。从表 7.10 可看出，龙眼行间种植柱花草后，间种区的龙眼株高显著高于单种区（$P<0.05$），龙眼株高、冠幅和地径分别高于龙眼单种41.000 cm、0.231 m^2、1.034 cm。分析 2010 年经济效益，间种区与单作区龙眼产量虽差异小，但从整体经济效益看，龙眼和柱花草间作区比龙眼单作高 4830.0 元/hm^2（张德等，2012）。

表 7.10 龙眼单作与龙眼-柱花草间作条件下龙眼生长量比较

年份	种植模式	龙眼株高/cm	龙眼冠幅/m^2	龙眼地径/cm
2010	龙眼+柱花草间作	316.0±13.874 [a]	9.897±0.616 [a]	12.091±1.222 [a]
2010	龙眼单作	275.0±27.386 [b]	9.666±2.857 [a]	11.057±0.929 [a]

注：同列中具有相同字母的数值表示差异不显著（$P>0.05$）；同列中具有不同字母的数值表示差异显著（$P<0.05$）

表 7.11　龙眼单作与龙眼-柱花草间作经济效益比较

年份	种植模式	柱花草鲜草产量/（kg/hm^2）	龙眼产量/（kg/hm^2）	经济效益/（元/hm^2）	间作与单作比较/（元/hm^2）
2010	间作样地	13100±173.205	2106.0±111.660 [a]	21302.0	4830.0
2010	龙眼单种	0	2059.0±31.432 [a]	16472.0	

注：同列中具有相同字母的数值表示差异不显著（$P>0.05$）；同列中具有不同字母的数值表示差异显著（$P<0.05$）

（二）芒果园间种柱花草

1. 不同栽培模式对土壤养分的影响

绿肥的幼嫩茎叶含有丰富的养分，在土壤中腐解，能大量地增加土壤中的有机质、氮和磷等。从表 7.12 可以看出，芒果园种植柱花草前土壤肥力低，间种柱

表 7.12　不同样地 0~30 cm 土壤营养成分

土壤营养成分	芒果-柱花草间种样地			芒果单种样地（CK）		
	种植前（17 个月前）	种植后（17 个月后）	种植后增减幅度/%	17 个月前（CK）	17 个月后（CK）	增减幅度/%
全氮（N）/%	0.0200±0.003	0.0206±0.001	0.580	0.0204±0.003	0.0201±0.018	−1.674
有机质/%	0.149±0.051	0.232±0.088	35.653	0.149±0.051	0.156±0.072	4.113
有机碳/%	0.087±0.029	0.135±0.051	35.653	0.087±0.030	0.090±0.042	4.113

注：①芒果-柱花草间种样地间种柱花草 17 个月土壤肥力增减幅度=100×（种植柱花草 17 个月后样地土壤肥力–种植柱花草前土壤肥力）/未种植柱花草前土壤肥力；②芒果单种样地土壤肥力与增减幅度（其取样时间与芒果-柱花草间种样地土壤肥力一致）=100×（17 个月后土壤肥力–17 个月前土壤肥力）/17 个月前土壤肥力土壤肥力。

花草后初步改善了这一现状，这在土壤的有机质、土壤全氮量和有机碳含量得到体现。研究结果表明，芒果园行间种植柱花草后，由于柱花草生物固氮、枯枝落叶腐烂及作物死根系的化学和物理作用，土壤的有机质、土壤全氮量和有机碳含量有增加趋势，分别增加 35.653%和 0.580%。未种植柱花草样地（CK）行间变化较小。另外，由于杂草生长消耗及吸收部分土壤养分，土壤全氮量有减少趋势。这说明在芒果行间种植豆科牧草柱花草，可以使土壤氮元素和有机质有一定程度的提高，有利于土壤环境改善。

2. 芒果园翻压柱花草对园内土壤养分的影响

从表 7.13 可以看出，芒果行间间种柱花草 17 个月后，芒果园间土壤全氮、有机质和有机碳得以提高，但增加幅度较小。作为一种多年生豆科牧草兼绿肥，柱花草既可种植改善土壤微环境，也可直接将柱花草刈割翻压改良土壤和饲喂牲畜。绿肥施入土壤后，增加了新鲜有机能源物质，使微生物迅速繁殖，活动增强，促进腐殖质的形成、养分的有效化，加速土壤熟化。翻埋绿肥可提高土壤中有效态氮和易分解的有机质含量。从表 7.13 看出，芒果树下翻压柱花草 8 个月后，土壤全氮、有机质、有效碳增幅显著高于未翻压样地和芒果行间种植柱花草样地。

表 7.13　不同处理 0~30 cm 土层土壤营养成分

土壤营养成分	芒果树下翻压柱花草			芒果树下未翻压柱花草（CK）		
	翻压前	翻压后	翻压后增减幅度/%	未翻压株 8 个月前（CK）	未翻压株 8 个月后（CK）	增减幅度/%
全氮（N）/%	0.018±0.008	0.059±0.029	68.495	0.024±0.001	0.031±0.006	23.828
有机质/%	0.116±0.051	0.815±0.276	85.801	0.138±0.068	0.249±0.041	44.597
有机碳/%	0.067±0.029	0.473±0.160	85.800	0.080±0.039	0.144±0.023	44.597

注：① 芒果树下翻压柱花草 8 个月后土壤肥力增加幅度=100×（翻压柱花草 8 个月后土壤肥力–翻压柱花草前土壤肥力）/翻压柱花草前土壤肥力；② 芒果树下未翻压后土壤肥力增加幅度（其取样时间与芒果树下翻压柱花草土壤肥力一致）=100×（未翻压株 8 个月后土壤肥力–未翻压株 8 个月前土壤肥力）/未翻压株 8 个月前土壤肥力。

3. 不同处理对芒果单株生长量和产量的影响

芒果主根粗大，入土较深，侧根数量少，且生长缓慢。芒果幼树经翻压柱花草和农家肥后，土壤养分可逐渐渗透到土壤深层，芒果的侧根可有效吸收由于翻压柱花草和农家肥提高的土壤养分，促进芒果树生长，从而提高芒果树的生长量及单株产量，芒果的生长和结果性状得到改善。从表7.14可看出，芒果树翻压柱花草和农家肥后，翻压柱花草和农家肥的芒果生长量和产量高于未翻压柱花草的芒果单株，翻压柱花草后，芒果树的株高、冠幅、地径及产量分别高于未翻压的芒果单株，增加幅度分别为46.238%、15.329%、1.333%和17.200%，翻压农家肥后芒果树的株高、冠幅、地径及产量分别高于未翻压农家肥的芒果单株幅度，分别为64.365%、16.909%、27.396%和17.922%。

表 7.14　不同处理芒果生长量增加量及芒果单株产量比较

种植模式	芒果株高/cm	芒果冠幅/m²	芒果地径/cm	芒果产量/(kg/株)
芒果树下翻压柱花草	57.667±7.637	5.381±0.742	3.459±0.100	9.213±1.505
芒果树下翻压农家肥	64.778±4.730	5.455±4.316	4.349±2.769	9.269±3.861
芒果树下未翻压柱花草	39.433±14.655	4.666±1.183	3.414±1.129	7.861±3.195
翻压柱花草后增加幅度/%	46.238	15.329	1.333	17.200
翻压农家肥后增加幅度/%	64.365	16.909	27.396	17.922

注：芒果树下翻压柱花草和农家肥，芒果株生长量和产量增加幅度=100×（芒果树下翻压柱花草和农家肥芒果生长量和产量–芒果树下未翻压柱花草和农家肥芒果生长量和产量）/芒果树下未翻压柱花草和农家肥芒果生长量和产量。

4. 不同种植和处理对芒果园生产力的影响

芒果园行间种植柱花草，一方面可有效提高果园的土壤养分，另一方面种植的柱花草可以喂牲畜，发展畜牧业。芒果树下翻压柱花草土壤有机质、有机碳及全氮得到提高，促进芒果树生长，提高单位面积生产力，芒果的生长和结果性状得到改善（表7.14）。从表7.15可看出，芒果行间种植和翻压柱花草和农家肥后，翻压柱花草的芒果经济效益高于未翻压芒果株和芒果单作区（张德等，2015）。

表 7.15　不同种植和处理芒果园经济效益比较

年份	种植模式	柱花草干草产量/（kg/hm²）	芒果产量/（kg/hm²）	经济效益/（万元/hm²）
2013 年	间作和翻压柱花草样地	4718.90	4606.50	3.71
	间作和翻压农家肥样地	4718.90	4634.50	3.73
	间作和未翻压样地	6718.90	3930.50	3.70
	芒果单种样地	0.00	3930.50	2.36

注：① 假设芒果单种样地和间作未翻压样地间种系统芒果的产量一致，芒果单种样地经济效益=每公顷芒果产量（kg）×6.00（元/kg）；② 假设在芒果滴水线下翻压柱花草和翻压农家肥的柱花草产量一致，芒果树下翻压农家肥样地柱花草产值=每公顷柱花草产量（kg）×2.00（元/kg）。

（三）罗望子园行间种植木豆、柱花草及象草光合特性

旱季，受干旱胁迫和光抑制，3 种牧草净光合速率（Pn）、气孔导度（Gs）日进程均呈双峰形走势，发生"午休"现象，蒸腾速率（Tr）日进程均呈单峰走势；雨季，Pn 随光合有效辐射（PAR）的增加而加快，3 种牧草 Pn、Gs、Tr 日进程呈单峰形走势；Pn 日均值为：象草＞柱花草＞木豆，Pn 受水分胁迫影响：木豆＞象草＞柱花草，Tr 和 Gs 的变化与土壤水分和气温等因素密切相关。

在 CO_2 浓度 0~400μmol/mol 范围内，3 种牧草的 Pn 随 CO_2 浓度增加而增加。光呼吸作用：木豆＞柱花草＞象草。光补偿点（LCP）：木豆＞柱花草＞象草，表观量子效率（AQY）：象草＞柱花草＞木豆，CO_2 补偿点（CCP）：木豆＞象草＞柱花草，羧化效率（CE）：柱花草＞象草＞木豆。象草为阳性耐荫 C_4 植物，柱花草属阳性耐荫植物，2 种都能在弱光环境下充分利用光能，有较强的 CO_2 同化能力，是干热河谷"林-草-牧"复合生态农业中套种牧草品种的较佳选择。木豆是强阳性作物，对光照的要求较高，对 CO_2 同化能力较弱，适宜在林间适时套种，当乔木林郁闭度较大时，不宜种植。

3 种牧草的水分利用效率（WUE）：象草＞柱花草＞木豆，与 Pn 排序一致，与干草产量排序［象草（51.42 t）＞柱花草（22.35 t）＞木豆（13.75 t）］结果一致。在元谋干热河谷，象草的适应性最强，产量最高，木豆对水分、光照等环境因子的要求最高，柱花草居中。如能加强管理，适时补给水分，给罗望子修枝整形，增加林内光照，木豆和柱花草将发挥更大的生产潜力。总体来看，3 种优质牧草能通过调节自身生理作用来应对干旱环境，在元谋干热河谷表现出良好的抗旱性和对南亚热带气候环境较强的适应性，适合在元谋干热河谷或相似区域推广种植。植物光合作用受土壤、气候、栽培管理及其他生理生态因子的综合影响较大，且较复杂，再加上元谋干热河谷的气候环境复杂多变，更深入的研究有待进行（龙会英等，2010）。

（四）元谋干热河谷旱坡地复合生态农业模式效益

试验建立了"罗望子+木豆""罗望子+木豆+柱花草""罗望子+木豆+绿肥""罗望子+象草" 4 种模式，以"罗望子+自然草被"模式为对照。结果表明，建立的 4 种模式与未建设的"罗望子+自然草被"相比，均体现了不同的综合效益。

1. 生态效益

1）培肥、改土效果

"罗望子+木豆"模式中水解氮下降 39.1%，有效磷和有效钾也明显下降。"罗望子+木豆+柱花草"和"罗望子+木豆+绿肥"模式中水解氮分别提高 39.2%和

53.5%，有效磷提高 7.4%和 8.9%，有机质分别提高 7.5%和 4.4%；4 种模式的有效钾含量明显降低，分别下降 39.9%、25.3%、20.1%、39.2%，应在种植过程中及时给土壤补充足够的钾元素。

从改土方面看，"罗望子+木豆+柱花草"、"罗望子+木豆+绿肥"和"罗望子+象草" 3 种模式的土壤持水量分别提高 7.9%、23.1%、5.1%，容重分别下降 1.9%、2.4%、1.6%，孔隙度分别增加 6.3%、4.6%、0.9%，土壤物理性状均有不同程度的改善。"罗望子+木豆"模式持水量提高 6.9%，容重和孔隙度下降。总体来看，"罗望子+木豆+柱花草"和"罗望子+木豆+绿肥"模式的培肥、改土效果较好。

2）改善局部小气候

与对照模式"罗望子+自然草被"相比，各模式可使地表温度下降 1.2~2.6℃不等，5 cm 地温下降 0.5~2.6℃，0~5 cm 土壤含水量提高 1.2%~6.1%；"罗望子+木豆"模式中地面相对湿度降低 4.0%，平均日蒸发量增加 16%，株高 2.0 m 左右；其余两种模式的地面相对湿度分别提高 5.0%和 0.8%，平均日蒸发量分别降低 28.0%和 12.0%。总体分析，3 种模式的局地小气候都得到了改善，"罗望子+木豆+柱花草"效果尤为明显。

2. 经济效益

木豆既是牧草，又是经济作物，可筛选提纯后将 20%作为种子出售，当地市场价为 20 元/kg，其余用作饲料。柱花草、绿肥、木豆叶和象草用于饲喂山羊、牛、鸡、鱼等，多余的柱花草制作成干粉，干粉适口性好，营养价值高，能被农户购买去喂猪，这样可大大提高牧草的利用率和经济价值。4 种模式单位面积的平均年收益均明显高于"罗望子+自然草被"模式；"罗望子+木豆"模式年均收益显著高于其他 3 种模式。

3. 社会效益

模式建立后，可促进种植模式的物质循环，充分利用种植副产品，产生更好的效益，并且引入了以山羊、鸡、鱼为辅的养殖增益环。各模式的示范推广，提高了人们的生态环保意识（杨艳鲜等，2005）。

第四节　优良牧草种子繁育利用模式

一、柱花草良种繁育

（一）不同种植密度对柱花草种子产量的影响

株行距（塘距）为（40~50）cm×100 cm 或 100 cm×100 cm，分别与常规种植密

度 50 cm×50 cm 相比,按盖膜采收柱花草种子方法采收种植并测产,种植密度(40~50)cm×100 cm、100 cm×100 cm 采收的种子分别比对照 50 cm×50 cm 平均提高 25.8%、18.4%。本方法充分考虑了柱花草生殖生长时期,植株彭大,易相互遮荫这一生长特性,改进了种植密度,与常规种植密度 50 cm×50 cm 相比,采用塘距为(40~50)cm×100 cm 的种植密度,种子产量更高,详见表 7.16。

表 7.16　不同种植密度对种子产量的影响(平均值)

处理编号	种植密度/(cm×cm)	种子产量/(kg/亩)	种子产量提高	种子产量提高
1	50×50	24.4		
2	(40~50)×100	30.7	比处理 1 提高 25.8%	比处理 3 提高 6.2%
3	100×100	28.9	比处理 1 提高 18.4%	

注:表 7.15 中百分数为质量分数。

(二)不同采收方式对柱花草种子产量的影响

不同采收种子方式对柱花草产量影响大,盖膜采收种子克服了以往因柱花草种子成熟时期极不一致,在 30~50 天的种熟期随时都有成熟种子产生的生物特性导致种子大量脱落在土壤和土壤裂缝里难以收集和清除杂质,从而影响种子产量和质量,以及人工刈割植株收种、多次观察的人工拍打植株收种(不可操作缺陷)造成种子严重损失 47%~69% 的缺陷。盖膜采收柱花草种子的技术措施,比人工刈割植株收种、人工拍打植株收种平均分别提高 225.3%、90.9%(表 7.17)。

表 7.17　不同采收方式对种子产量的影响(平均值)

处理编号	种子采收方式	种子产量/(kg/亩)	种子产量提高	种子产量提高
1	人工刈割植株收种	9.1		
2	人工拍打植株收种	15.5	比处理 1 提高 70.3%	
3	盖膜+刈割植株同时采收	29.6	比处理 1 提高 225.3%	比处理 2 提高 90.9%

注:表 7.16 中百分数为质量分数。

二、提那罗爪哇大豆分段刈割和采收种子的栽培与利用

(一)不同灌溉时间处理对提那罗爪哇大豆种子产量的影响

金沙江干热河谷高温干旱,10 月至翌年 6 月下雨较少,因此一方面应加强田间灌溉,但又要节水,达到既节约用水又增加土地单位面积效益。从具体试验可以看出,"提那罗爪哇大豆分段刈割和采收种子的栽培与利用的方法"中,

在种荚出现至采收种子前，每隔 15 天浇一次水，促进了荚果的饱满程度。在此期间，分别与 1 个月灌水 1 次、2 个月灌水 1 次或 3 个月灌水 1 次相比，种子产量分别提高 217.07 kg/hm²、444.07 kg/hm²、506.34 kg/hm²，即单位面积产值分别提高 21.43%、56.36%、69.71%。

（二）单一利用与分段刈割和采种利用效益对比

单一作为饲草的单一利用，每公顷年均产干草 7760.31 kg（每年刈割两次），每千克按 2.00 元计，每公顷获经济效益 1.55 万元。单一作为采收种子的单一利用，每公顷年均产 1232.47 kg 种子，每千克按 80.00 元计，每年每公顷获经济效益 9.86 万元。而按作为饲草和种子的分段利用，每年每公顷获经济效益 10.33 万元，比作为饲草的单一利用的经济效益提高 566.45%；比作为采收种子的单一利用，不仅一年单位面积效益有所增长（提高 4.77%），同时还可在从提那罗爪哇大豆种植至收种的一个生长周期可获得饲草和种子两种农产品。

（三）样地种植提那罗爪哇大豆后与未种植前土壤肥力对比分析

样地种植提那罗爪哇大豆后土壤肥力得到提高，全氮量提高 16.667%，有机质提高 218.792%，有机碳提高 217.241%（龙会英和张德，2016）。

三、不同处理技术对热研 11 号黑籽雀稗种子的影响

（一）不同处理对热研 11 号黑籽雀稗生育期的影响

从表 7.18 可以看出，灌溉和刈割处理对热研 11 号黑籽雀稗的生育期有影响。割 1 次灌溉条件下抽穗时间比未灌溉条件下提前 20~40 天。同样，不同灌溉处理对黑籽雀稗盛花时间也有影响，灌溉条件下，割 1 次灌溉条件下盛花期比未灌溉条件下提前 5~25 天。灌溉条件下，增加黑籽雀稗刈割次数，抽穗时间推后 10 天，未灌溉条件下处理变化不大。增加黑籽雀稗刈割次数，其盛花期推后。这说明灌溉条件下黑籽雀稗生长旺盛导致生育期推后。

表 7.18　不同处理对热研 11 号黑籽雀稗生育期的影响

处理	割 1 次	割 2 次	割 3 次	割 4 次	割 5 次	割 6 次
抽穗时间（灌溉条件下）（月-日）	10-05	10-15	10-15	10-20	10-25	10-25
抽穗时间（未灌溉条件下）（月-日）	11-05	11-05	10-25			
盛花期（灌溉条件下）（月-日）	10-15	10-25	10-20	10-25	10-25	10-30
盛花期（未灌溉条件下）（月-日）	11-10	11-10	10-30			

（二）不同处理对热研 11 号黑籽雀稗种子生长特性的影响

灌溉条件下的单个花序的小穗数、抽穗密度、百粒重、千粒重和产量比未灌溉条件下高。灌溉条件下刈割次数与单个花序的分枝数、单个花序的小穗数有关，刈割次数在 3~4 次的，单个花序的分枝数、单个花序的小穗数比其他刈割次数的相应要高。割的次数跟抽穗密度不成正比，但与百粒重成正比，割的次数越多，植株分蘖量越大。不灌溉条件下割的次数与单个花序的分枝数、单个花序的小穗数、抽穗密度及不成正比，但与百粒重和千粒重成正比。这说明适度刈割和灌溉及种子灌浆期对花穗套袋可以提高大雀稗种子的产量和质量。

（三）不作任何处理下热研 11 号黑籽雀稗种子脱落规律

不作任何处理下，大雀稗种子脱落在 12 天完成。种子产量呈四个高峰期，种子百粒重和千粒重也呈四个高峰期，但与种子产量高峰期不一致。大田生产下，当植株大多数花序脱落进入灌浆期时即可套袋，如果条件不允许套装，则在种子开始脱落 5 天左右既可刈割收种。

（四）套袋采收热研 11 号黑籽雀稗种子对其百粒重的影响

从试验可以看出，灌溉条件下，套袋采收黑籽雀稗种子的百粒重为 0.11~0.21 g，不套袋采收黑籽雀稗种子的百粒重为 0.09~0.21 g。无灌溉条件下，套袋采收黑籽雀稗种子的百粒重为 0.13~0.17 g，不套袋采收黑籽雀稗种子的百粒重为 0.08~0.10 g。灌水加套袋种子出苗率比灌水不套袋种子百粒重高。

参 考 文 献

陈功, 管春德, 薛世明, 等. 2006. 云南草地农业实用技术. 昆明: 云南科技出版社

何光熊, 史亮涛, 闫帮国. 等. 2013. 饲喂热带牧草对云南鹅生长的影响. 草业科学, 30(6): 940–948

金杰, 张映翠, 史亮涛, 等. 2007. 几种鲜草混合饲喂肉兔效果及经济效益研究. 草业科学, 24(10): 72–75

龙会英, 沙毓沧, 朱红业, 等. 2007. 8 份圭亚那柱花草在元谋干热河谷的引种研究. 西南农业学报, 20(5): 1078–1084

龙会英, 沙毓沧, 朱红业, 等. 2010. 干热河谷草和灌木资源引种及综合利用研究. 昆明: 云南科技出版社

龙会英, 张德, 金杰, 等. 2011. 干热河谷退化山地不同立地条件种植柱花草效应研究. 热带农业科学, 31(8): 5–10

龙会英, 张德. 2016. 一种提那罗新罗顿豆分段刈割和采收种子的栽培与利用的方法. 中国, ZL 201410391985

史亮涛, 江功武, 金杰, 等. 2011. 一种南洋樱植物地埂围篱的利用方法. 中国, ZL20081 0058538.2

徐玉明. 2010. 种草养鹅技术及其效益. 现代农业科技, 2010(11): 316

杨艳鲜, 纪中华, 方海东, 等. 2005. 元谋干热河谷旱坡地复合生态农业模式效益研究初评. 水土保持研究, 12(4): 88-99

杨艳鲜, 纪中华, 沙毓沧, 等. 2009. 云南热区山羊生态圈养技术. 昆明: 云南科技出版社

杨艳鲜, 廖承飞, 沙毓沧, 等. 2008. 元谋干热河谷旱坡地双链型罗望子-牧草-羊生态农业模式高效配套技术研究. 中国生态农业学报, 16(2): 464-468

云锦凤. 2001. 牧草及饲料作物育种学. 北京: 中国农业出版社

张德, 龙会英, 何光熊. 2012. 干热河谷退化山地龙眼和柱花草间作效应分析. 云南农业大学学报, 27(1): 112-116

张德, 龙会英, 腾春荣, 等. 2015. 干热河谷退化山地芒果园间种和翻压柱花草的效应研究. 热带农业科学, 35(1): 17-21

张明忠, 纪中华, 史亮涛, 等. 2013. 一种热带牧草加工饲料颗粒的方法. 中国, ZL20081 0058603.1

张明忠, 沙毓沧, 袁理春, 等. 2010. 一种基质改善酸性土壤的方法. 中国, ZL200810058603.1

张明忠, 史亮涛, 金杰, 等. 2015. 云南干热河谷热带牧草在混合草颗粒饲料中的应用. 中国农学通报, 31(8): 12-15

张映翠, 朱红业, 龙会英, 等. 2002. 金沙江干热河谷退化山地径流塘-草网络技术研究初报. 水土保持学报, 16(4): 30-33

后记：存在不足与展望

诚如前述，干热河谷由于其独特的气候和生态环境特征，制约着该区草牧业、林果业的发展和生态环境保护，是我国生态建设的重点区域之一。本书从牧草应用在生态治理、种草养殖和草产品加工利用三方面概括总结了该区优良牧草的利用研究进展与现状，但仍存在一些问题有待研究，如本区优良牧草利用中的研究手段、方法、内容深度和广度等方面的研究还存在不足，应结合该区的生态环境特征和特色及区域优势牧草资源的研究予以重视（龙会英等，2014）。

第一节　存在的不足

干热河谷自然条件的特殊性及生态环境的脆弱性，加剧了相关研究的复杂性。近年来，元谋干热河谷优良牧草应用在生态治理方面有了一些进展，其初步形成的技术规范和治理模式为今后本区的生态治理提供了科学依据。但适应本区较好的种植技术体系及种植模式尚未系统形成。①缺少从理论上深入研究种植不同牧草及牧草的种植模式、种植密度、管理水平对干热河谷退化生态系统（含退化草地）的影响和修复机理和机制等。②利用的对象有限，外来种普遍受到重视和应用，本地种重视不够，忽视了一些极具生态经济价值的乡土种和野生种。同时，对一些引进的外来牧草品种的习性及生态功能等也缺乏深入研究，缺乏对外来牧草对区域功能及景观的影响评价。③利用时间短，资料积累少，还不能系统和较好地评价种植优良牧草对区域生态环境的响应与影响。④空间尺度研究局限于某一样地及小流域，并不能以个别样地的成效代表整个区域干热河谷。

相关研究认为，干热河谷草被系统生态极度脆弱，同时放牧系统又进一步加剧了干热河谷草地的退化。目前，已有学者提出"干热河谷优良牧草的利用应在生态系统重建的基础上进行合理开发"的发展思路，并为之付出了巨大的努力，取得了一定成果。但由于区域的特殊性，干热河谷山区畜牧业以放牧为主，区域内草被恢复工作及畜牧业难以平衡发展。为解决这一矛盾，已有相关研究开展了区域草被恢复及引进种质建立的人工草被的实践，多年的生产和实践经验表明，优良牧草对本区草业和畜牧业发展占有重要位置。

虽然相关学者及部门开展了一些工作，也取得一些成绩，但在干热河谷对优良牧草创新和综合利用起步晚，评价体系不足，适应本区最佳种植技术、种植模式、养殖体系及养殖模式尚未形成，缺乏不同的牲畜所需要的饲草及饲料的合理配比、不同饲草配比对牲畜最佳增重及消化称度、肉质状况、不同退化生态系统养殖模式的研究，等等，养殖效益分析和评价指标少，深度不够。

第二节　干热河谷优良牧草综合利用展望

一、继续开展牧草资源创新利用与评价，开发牧草多元化利用技术

草灌资源是学科研究工作的基础，继续开展干热河谷种质创新，选育和筛选出适应本区种植的抗旱、耐轻霜冻、耐瘠耐低磷品种，选育或筛选出不同功能草（能源型草、水土保持型、景观建设型、饲草型等），为草类资源的开发提供理论依据。并开展生态系统恢复及经济服务功能牧草的开发及应用研究工作，开发及引进牧草能源化、饲料化等多元分级化利用、草地管理等技术，配套草食畜养殖、病虫害防控等相应技术。加强干热河谷野生优异种质资源的引种驯化及利用、干热河谷生态适应物种种子的繁育技术研究、退化草地人工补播恢复技术研究等，为干热河谷植被恢复和种草养殖提供资源与技术。

二、加强种植优良牧草在退化生态系统修复应用中的利用研究

干热河谷土地长期不合理的开发和利用，以及区内地表坡度较大、物质移动快，造成：①严重的水土流失，水分不足；②植物生长量小，植物根系发育差，固土能力弱；③雨季降水集中且时有暴雨天气，洪涝灾害严重等。因此，有必要对退化天然草地退化程度和草地资源进行调查、补播与利用，开展自然封禁灌木和草或人工保育技术措施下，草被植物对植物群落演替影响的研究。基于区域自然环境特征，有必要开展干热区优势乡土（野生）草、外引草资源抗旱机理、耗水规律及对退化生态系统修复机制研究。为达到区域生态保护与畜牧业平衡发展，有必要开展人工草地建设技术、坡耕地生态环境治理的草带种植技术、区域不同立地条件下林（果）草优化与配置技术、土壤培肥与改良技术及效应研究。在进行生态治理的同时，注重生态与经济、生态与景观的结合。

三、提倡生态养殖，加强优良牧草在种草养殖中的应用，
促进区域草牧业的发展，保护生态环境

近年来，畜牧业生产已经成为云南农业农村经济发展中的重要支柱产业，对

改善和提高人民生活水平及维护流域社会稳定起到了重要作用，干热河谷典型区元谋 2013 年年底存栏草食畜 25 万头（只）（何光熊等，2015），草地畜牧业是边疆民族地区赖以生存和发展的基础产业。加快云南草业的开发与保护，既是符合云南资源条件的必然选择，也是云南草原生态环境建设的需要。

　　在干热河谷应充分利用冬闲田、山地或幼林果树行间的闲置土地，选用和种植营养价值与产量高的优良牧草（冷季型和暖季型牧草），开展规范性种植养殖技术，建立以圈养和半圈养的生态模式，利用豆科与禾本科高效配置，发展以本地黑山羊、肉兔、肉牛和鹅等为主家畜以及草食性鱼类种草养殖配套技术研究，以提高家畜养殖管理水平和养殖效益，改善农村生态环境，促进本区农村可持续发展，同时配合沼气能源工程增加有机肥的投入，改善土壤结构，减少土壤退化，缓解项目区能源需求与环境保护间的矛盾（史亮涛等，2009）。

四、加强优良牧草在草产品加工的利用，促进区域冬季草牧业的发展

　　干热河谷饲草的生长和利用受季节影响，雨季饲草生长旺盛，人工种植的坚尼草、王草、象草、银合欢、木豆、柱花草及山地扭黄茅、孔颖草等的生物量大，饲草剩余。而冬季气温降低，饲草枯黄，饲草生物量小，家畜饲料缺乏。因此，有必要开展饲草的加工利用工作，充分利用牧草生长季牧草，将剩余的牧草青贮，或刈割晒干为干草，加工为干草粉，按不同配方（饲草、精料和其他原料）加工为草颗粒保存，用于冬季饲喂畜禽，缓解区域冬季饲草饲料缺乏的问题，以提高饲草转化率，确保区域四季饲草的均衡供应，保证区域畜牧业健康、稳定和持续发展。同时，根据畜牧业是庭园经济的一部分，有必要开展小型养殖户草颗粒饲料加工配套技术及机械研究。

参 考 文 献

何光熊, 史亮涛, 潘志贤, 等. 2015. 元谋干热河谷山羊圈舍优化设计与实践. 草业科学, 32(7): 1170–1178

龙会英, 张德, 史亮涛, 等. 2014. 元谋干热河谷优良牧草的利用现状与前景. 热带农业科学, 34(7): 46–49

史亮涛, 金杰, 张明忠, 等. 2009. 云南热带优质牧草栽培及利用技术. 昆明: 云南科技出版社

彩　版

部分禾本科牧草

贝斯莉斯克伏生臂形草
Brachiaria decumbens Stapf cv.
Basilisk

特高多花黑麦草
Lolium multiflorum Lam. cv.

糖密草
Melinis minutiflora Beauv

宽叶雀稗
Paspalum wettsteinii Hack

坚尼草
Panicum maximum Jacq.

象草
Pennisetum purpureum Schumach.

热研 4 号王草
Pennisetum purpureum×
P. americana cv. Reyan No. 4

纳罗克非洲狗尾草
Setaria sphacelata (Schum.)
Stapf ex Massey cv. Narok

香根草
Vetiveria zizanioides (L.) Nash

部分豆科牧草

木豆
Cajanus cajan (L.) Huch

圆叶决明
Chamaecrista rotundifolia
cv. Wynn

新银合欢
Leucaena leucocephala
L. Benth

大翼豆
Macroptilium atropurpureum
(Linn.) Urban

紫花豆
Macroptilium lathyroides
(Linn) Urb.

紫花苜蓿
Medicago sativa L.

提那罗爪哇大豆
Glycine wightii (Wight & Arn.)
Verdcourt cv. Tinaroo

柱花草
Stylosanthes guianensis

铺地木蓝
Indigofera endecaphylla

牧草综合利用之一——种草养殖

种草养羊

种草养兔

种草养鹅

种草养鱼

牧草综合利用之二——多元化草产品加工利用

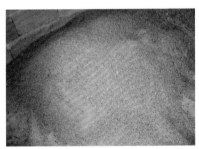

草粉

草颗粒

草颗粒

青贮

牧草综合利用之三——生态治理

侵蚀沟谷治理

木豆在植物篱的应用

护坡技术

生态景观

牧草综合利用之四——林果草间种

罗望子 - 百喜草 - 芒果复合种植

芒果 - 柱花草复合种植

印楝 - 柱花草复合种植

芒果 - 爪哇大豆复合种植